普通高等职业教育"十二五"规划教材

高等数学
（上册）

GAODENG SHUXUE

主　编◎赵润华
副主编◎张超敏　李跃武　郗多明

清华大学出版社
北京

内容简介

本书在高等数学教学实践的基础上,在保证知识的系统性和完整性的同时,以专业服务和应用为目的,以体现数学文化、加强实验教学、强化数学建模能力训练为指导思想而编写的。

本书分上、下两册,上册包括函数、极限与连续、导数与微分、微分中值定理与导数应用、不定积分、定积分及其应用。各章末附有习题,书末附有常用数学公式、常用数学符号和几种常用的曲线及其方程。

本书可作为普通高等院校教材,也可供管理、财经专业及非数学类理科专业的学生学习参考。

版权所有,侵权必究。举报:010-62782989,beiqinquan@tup.tsinghua.edu.cn。

图书在版编目(CIP)数据

高等数学. 上册 / 赵润华主编. --北京:清华大学出版社,2015(2023.9重印)
(普通高等院校"十二五"规划教材)
ISBN 978-7-302-40748-5

Ⅰ.①高… Ⅱ.①赵… Ⅲ.①高等数学-高等学校-教材 Ⅳ.①O13

中国版本图书馆 CIP 数据核字(2015)第 162041 号

责任编辑:刘志彬
封面设计:汉风唐韵
责任校对:刘海龙
责任印制:沈　露

出版发行:清华大学出版社
　　　网　　址:http://www.tup.com.cn, http://www.wqbook.com
　　　地　　址:北京清华大学学研大厦 A 座　　　邮　编:100084
　　　社 总 机:010-83470000　　　邮　购:010-62786544
　　　投稿与读者服务:010-62776969, c-service@tup.tsinghua.edu.cn
　　　质量反馈:010-62772015, zhiliang@tup.tsinghua.edu.cn

印 装 者:三河市君旺印务有限公司
经　　销:全国新华书店
开　　本:185 mm×260 mm　　　印　张:13　　　字　数:287 千字
版　　次:2015 年 8 月第 1 版　　　印　次:2023 年 9 月第 8 次印刷
定　　价:36.00 元

产品编号:066160-03

前言

为了适应"高等数学面向 21 世纪数学内容和课程体系改革规划"的需要,探索以工程应用为目的的高等数学改革模式,培养经济、管理、农林、生命科学等专业学生的数学素质和工程实践应用能力,我们在高等数学教学实践的基础上,本着理论体系完整、密切联系实际、专业应用突出的基本原则,编写了本书。

本书在保证知识的科学性、系统性和严谨性的基础上,还具有以下特点:

1. 科学性

本书在内容安排上力求由浅入深,重点突出,结构清晰;在认知规律上,以实践背景为主线,引入数学概念,以便学生理解和掌握,符合认知规律。本书理论严谨,叙述简练,体现数学文化理念,便于模块化教学。数学不仅是一种重要的工具,也是一种思维模式,即逻辑思维;数学不仅是一门科学,也是一种文化,即数学文化;数学教学不仅传授知识,更重要的是培养学生运用数学工具解决实际问题的能力,即数学建模能力,提升学生的数学素养。

2. 先进性

本书结构新颖,各章节相对独立,便于模块化教学;在内容编写上充分吸收国内外优秀教材的优点,在例题的配置与习题的选择上,注重与专业相结合,富有时代性;适合应用型人才兼顾拔尖创新型人才的能力培养。

3. 拓广性

本书注重知识的拓广,强化数学建模的能力训练。每个章节都安排有数学实验课、数学建模习题等板块,以此来培养学生用数学分析的方式解决工程实际问题的能力,提高数学素质,培养创新意识。

4. 适用性

本书针对不同专业学生对数学学科的不同要求,配备不同层次的习题,分为 A、B 两类。A 类是体现基本要求的习题,以够用为度;B 类是对基本内容提升、扩展及综合运用性质的习题,并与《全国硕士研究生入学统一考试大纲》的要求接轨。内容的安排以及习题选配都遵循了教学活动自身的规律性,以便组织教学。

本书由河北工程大学理学院数学教研室的老师编写,他们都是从事公共数学基础课程教学研究和高等数学课程教育教学改革实践的资深教育专家和教师。本书由主编负责设计编写大纲,编者共同完成。各章编写分工如下:赵润华编写第 1 章;李跃武编写第 2、3 章;赵晓芬编写第 4 章;石国红、张若平编写第 5,6,10 章;赵雪婷编写第 8 章;张超敏编写第 9 章;郗多明、孙静编写第 7,11 章。

在本书的编写过程中,参考了许多国内外优秀教材,并且得到了清华大学出版社及学校教务处的大力支持,在此一并表示衷心感谢。

由于编者水平有限,书中难免有不足和疏漏之处,敬请广大读者批评指正。

编　者

Contents 目 录

第1章 函 数

- 1.1 函数的概念 · 3
  - 1.1.1 集合及其运算 · 3
  - 1.1.2 区间与邻域 · 4
  - 1.1.3 函数概念 · 5
- 1.2 函数的几种基本性质 · 6
  - 1.2.1 有界性 · 6
  - 1.2.2 单调性 · 7
  - 1.2.3 奇偶性 · 7
  - 1.2.4 周期性 · 7
- 1.3 复合函数与反函数 · 8
  - 1.3.1 复合函数 · 8
  - 1.3.2 反函数 · 9
- 1.4 初等函数 · 10
  - 1.4.1 函数的四则运算 · 10
  - 1.4.2 初等函数 · 10
- 1.5 经济学中的常用函数 · 10
  - 1.5.1 单利与复利函数 · 10
  - 1.5.2 成本函数、收益函数与利润函数 · 11
  - 1.5.3 需求函数与供给函数 · 12

本章小结 · 12
习题一 · 13
实验 用 MATLAB 绘制二维平面图形 · 16
阅读材料 I · 16
阅读材料 II · 18

第2章 极限与连续

- 2.1 数列的极限 · 23

2.1.1 数列极限的定义 ··········· 23
2.1.2 数列极限的性质 ··········· 26
2.2 函数的极限 ··········· 27
2.2.1 $x \to x_0$ 时,函数的极限 ··········· 27
2.2.2 $x \to \infty$ 时,函数的极限 ··········· 29
2.2.3 函数极限的性质 ··········· 30
2.3 无穷小与无穷大 ··········· 31
2.3.1 无穷小 ··········· 31
2.3.2 无穷小的性质 ··········· 32
2.3.3 无穷大 ··········· 33
2.4 极限运算法则 ··········· 34
2.4.1 极限的四则运算法则 ··········· 34
2.4.2 复合函数的极限运算法则 ··········· 37
2.5 极限存在准则　两个重要极限 ··········· 38
2.5.1 极限存在准则 ··········· 38
2.5.2 两个重要极限 ··········· 39
2.6 无穷小的比较 ··········· 42
2.7 函数的连续性与间断点 ··········· 44
2.7.1 函数的连续性概念 ··········· 44
2.7.2 连续函数的运算法则与初等函数的连续性 ··········· 46
2.7.3 函数的间断点及其分类 ··········· 46
2.7.4 闭区间上连续函数的性质 ··········· 48
本章小结 ··········· 49
习题二 ··········· 52
实验　极限的 MATLAB 实现 ··········· 57
阅读材料 ··········· 57

第3章　导数与微分

3.1 导数概念 ··········· 61
3.1.1 引例 ··········· 61
3.1.2 导数定义 ··········· 62
3.1.3 左导数和右导数 ··········· 63
3.1.4 函数的导函数 ··········· 64
3.1.5 导数的几何意义 ··········· 65
3.1.6 函数可导性与连续性的关系 ··········· 66
3.2 求导法则与基本初等函数导数公式 ··········· 66
3.2.1 导数的四则运算法则 ··········· 66
3.2.2 反函数的求导法则 ··········· 68

  3.2.3 复合函数的求导法则 ··· 69
  3.2.4 隐函数与参变量函数求导法则 ··································· 70
3.3 高阶导数 ··· 73
  3.3.1 高阶导数的概念 ·· 73
  3.3.2 高阶导数的计算 ·· 73
3.4 微分及其运算 ··· 76
  3.4.1 微分的概念 ·· 76
  3.4.2 微分基本公式与微分法则 ·· 77
  3.4.3 微分的几何意义及在近似计算中的应用 ···················· 79
3.5 导数与微分在经济学中的应用 ···································· 80
  3.5.1 边际分析 ·· 81
  3.5.2 弹性分析 ·· 82
本章小结 ··· 84
习题三 ·· 86
实验 导数的 MATLAB 实现 ··· 89
阅读材料 ··· 90

第 4 章 微分中值定理与导数应用

4.1 微分中值定理 ··· 95
  4.1.1 罗尔定理 ·· 95
  4.1.2 拉格朗日中值定理 ··· 96
  4.1.3 柯西中值定理 ··· 98
4.2 洛必达法则 ··· 99
  4.2.1 洛必达定理 ·· 99
  4.2.2 其他类型的未定式 ··· 100
4.3 泰勒公式 ·· 101
4.4 函数的单调性、曲线的凹凸性与极值 ······················ 103
  4.4.1 函数的单调性 ·· 104
  4.4.2 曲线的凹凸性 ·· 105
  4.4.3 函数极值与最值 ··· 107
4.5 导数在经济学中的应用 ·· 111
  4.5.1 利润最大化 ·· 111
  4.5.2 成本最小化 ·· 112
4.6 函数图形的描绘 ··· 113
本章小结 ·· 116
习题四 ··· 118
实验 导数应用的 MATLAB 实现 ·································· 121

阅读材料 ··· 121

第 5 章　不定积分

5.1 不定积分的概念和性质 ··· 125
　　5.1.1　原函数的概念 ··· 125
　　5.1.2　不定积分的概念 ··· 125
　　5.1.3　基本积分表 ··· 126
　　5.1.4　不定积分的线性性质 ··· 128
5.2 换元积分法 ··· 129
　　5.2.1　第一换元法（或凑微分法） ··· 129
　　5.2.2　第二换元法 ··· 131
5.3 分部积分法 ··· 134
5.4 有理函数的积分 ·· 136
本章小结 ··· 138
习题五 ··· 140
阅读材料 ··· 143

第 6 章　定积分及其应用

6.1 定积分的概念与性质 ·· 149
　　6.1.1　引例 ·· 149
　　6.1.2　定积分的概念 ·· 150
　　6.1.3　定积分的性质 ·· 152
6.2 微积分基本公式 ·· 153
　　6.2.1　积分上限函数及其导数 ·· 154
　　6.2.2　微积分基本公式 ··· 155
6.3 定积分的计算方法 ··· 157
　　6.3.1　定积分的换元法 ··· 157
　　6.3.2　定积分的分部积分法 ··· 159
6.4 反常积分 ·· 161
　　6.4.1　无穷限的反常积分 ·· 161
　　6.4.2　无界函数的反常积分 ··· 162
6.5 定积分的应用 ··· 164
　　6.5.1　定积分的微元法 ··· 164
　　6.5.2　平面图形的面积 ··· 165
　　6.5.3　已知平面截面面积的立体的体积 ·· 168
　　6.5.4　旋转体的体积 ·· 169

  6.5.5 平面曲线的弧长 …………………………………………………… 170
  6.5.6 定积分在经济学上的应用 ………………………………………… 171
本章小结 ………………………………………………………………………… 173
习题六 …………………………………………………………………………… 176
实验 一元函数积分的 MATLAB 实现 ……………………………………… 183
阅读材料 ………………………………………………………………………… 183

附　录

附录 A 常用数学公式 …………………………………………………… **187**
附录 B 常用数学符号 …………………………………………………… **188**
附录 C 几种常用的曲线及其方程 ……………………………………… **189**
附录 D 习题参考答案 …………………………………………………… **191**

第 1 章

函　数

函数是高等数学的主要研究对象,也是现代数学的基本概念之一.在初等数学中已经学习过函数的相关知识,本章将对函数的概念进行系统复习和必要补充,并介绍常用经济函数,为今后的专业学习奠定必要的基础.

1.1 函数的概念

1.1.1 集合及其运算

自从德国数学家康托(Grorg Cantro,1845—1918)于19世纪末创立了集合论以来,集合论已渗透到数学的各个分支及工程技术领域,成为现代数学的基石和语言,有着非常广泛的重要应用.一般地,具有某种确定性质的对象的总体称为集合(简称集).组成集合的各个对象称为该集合的元素.例如,某大学一年级学生的全体组成一个集合,其中该大学的每个一年级学生为该集合的元素;全体自然数组成一个集合(称为自然数集)等.

通常用大写的英文字母(又称拉丁字母)$A,B,C,\cdots$表示集合,用小写字母$a,b,c,\cdots$表示集合的元素.用$a\in A$表示a是集合A的元素,读作a属于A,用$a\notin A$表示a不是集合A的元素,读作a不属于A.若集合的元素为有限个,则称为有限集,否则称之为无限集;不含任何元素的集合称为空集,记作$\varnothing$.

集合的表示方法主要有两种:列举法和描述法.列举法是将集合的元素一一列出的方法.例如,$A=\{0,1\}$,$B=\{-1,0,1,2\}$等.描述法是指明组成集合的元素所具有的确定性质,并将具有某种确定性质的元素x所组成的集合A记作:

$$A=\{x\mid x \text{ 具有某种确定性质}\}$$

例如,$\mathbf{N}=\{n\mid n=0,1,2,\cdots\}$;$\mathbf{R}=\{x\mid x \text{ 为实数}\}$.又如,方程$x^2+3x+2=0$的根组成的集合可记为$S=\{x\mid x^2+3x+2=0\}$,而集合$\{(x,y)\mid x^2+y^2=1,x,y \text{ 为实数}\}$表示$Oxy$平面单位圆周上点的集合.

习惯上,用$\mathbf{N}$表示自然数集,用$\mathbf{Z}$表示整数集,用$\mathbf{R}$表示实数集.

集合之间的关系主要有子集与相等.

子集:设A,B是两个集合,若A的每个元素都是B的元素,即若$a\in A$,必有$a\in B$,则称A是B的子集,记作$A\subseteq B$,读作A包含于B(或B包含A);若$A\subseteq B$,且存在元素$a\in B$,但$a\notin A$,则称A是B的真子集,记作$A\subset B$.例如$\mathbf{N}$是$\mathbf{Z}$的真子集.

注:约定空集是任何集合的子集,即对于任何集合A,有$\varnothing\subseteq A$.

集合相等:若$A\subseteq B$,且$B\subseteq A$,则称集合A与B相等,记作$A=B$.

集合的运算,就是以给定的集合为对象,按照确定的规律得到另外一些集合.主要的运算有并集、交集和差集.

并集:由属于A或属于B的所有元素组成的集合称为A与B的并集,记作$A\cup B$,即

$$A\cup B=\{x\mid x\in A \text{ 或 } x\in B\}.$$

交集:由既属于A又属于B的元素组成的集合称为A与B的交集,记作$A\cap B$,即

$$A\cap B=\{x\mid x\in A \text{ 且 } x\in B\}.$$

注:并集与交集可推广至任意有限个集合的情形.

差集：由属于 A 但不属于 B 的元素组成的集合称为 A 与 B 的差集，记作 $A-B$（或 $A\backslash B$），即
$$A-B=\{x\,|\,x\in A \text{ 但 } x\notin B\}.$$

两个集合的并集、交集、差集的文氏图如图 1-1 所示阴影部分.

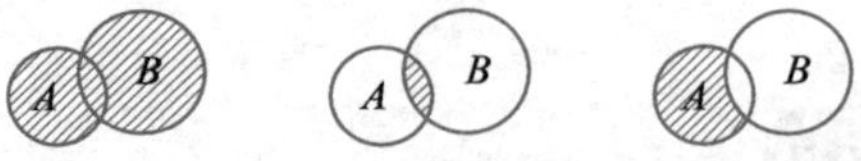

图 1-1

在一定范围内，如果所有集合均为某一集合的子集，则称该集合为全集，记作 E. E 与 E 中的任何集合 A 的差集 $E\backslash A$ 简称为 A 的补集（或余集），记作 $\bar{A}$（或 A^c）.

集合的运算满足以下运算律：

(1) $A\cup B=B\cup A$, $A\cap B=B\cap A$；（交换律）

(2) $(A\cup B)\cup C=A\cup(B\cup C)$, $(A\cap B)\cap C=A\cap(B\cap C)$；（结合律）

(3) $(A\cup B)\cap C=(A\cap C)\cup(B\cap C)$, $(A\cap B)\cup C=(A\cup C)\cap(B\cup C)$

　　$(A-B)\cap C=(A\cap C)-(B\cap C)$；（分配律）

(4) $A\cup A=A$, $A\cap A=A$；（幂等律）

(5) $A\cup(A\cap B)=A$, $A\cap(A\cup B)=A$；（吸收律）

(6) $\overline{A\cup B}=\bar{A}\cap\bar{B}$, $\overline{A\cap B}=\bar{A}\cup\bar{B}$.（德·摩根律）

▶ 1.1.2 区间与邻域

设 $a,b\in\mathbf{R}$，且 $a<b$，数集
$$(a,b)=\{x\,|\,a<x<b, x\in\mathbf{R}\}$$

称为开区间；数集
$$[a,b]=\{x\,|\,a\leqslant x\leqslant b, x\in\mathbf{R}\}$$

称为闭区间；数集
$$[a,b)=\{x\,|\,a\leqslant x<b, x\in\mathbf{R}\}$$

称为左闭右开区间；数集
$$(a,b]=\{x\,|\,a<x\leqslant b, x\in\mathbf{R}\}$$

称为左开右闭区间. a,b 分别称为区间的左端点和右端点，它们都是有限区间，$b-a$ 称为区间长度. 此外还有无限区间：
$$(-\infty,+\infty)=\{x\,|\,-\infty<x<+\infty, x\in\mathbf{R}\}=\mathbf{R};$$
$$(-\infty,b)=\{x\,|\,-\infty<x<b, x\in\mathbf{R}\};$$
$$(a,+\infty)=\{x\,|\,a<x<+\infty, x\in\mathbf{R}\}$$

等等. 这里"$-\infty$"与"$+\infty$"分别表示"负无穷大"与"正无穷大".

设 $x_0\in\mathbf{R}$, $\delta>0$，记 $U(x_0,\delta)=\{x\,|\,|x-x_0|<\delta, x\in\mathbf{R}\}$，称为点 x_0 的 δ 邻域，x_0 称为邻域中心，δ 称为邻域半径. 易知 $U(x_0,\delta)=(x_0-\delta, x_0+\delta)$.

$\mathring{U}(x_0,\delta)=\{x\,|\,0<|x-x_0|<\delta, x\in\mathbf{R}\}$，称为点 x_0 的去心 δ 邻域. 如图 1-2 所示.

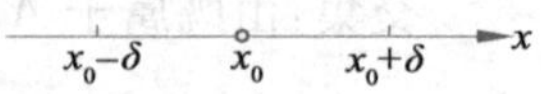

图 1-2

注：在不关心邻域半径 δ 的具体值时，常省 δ，邻域简记为 $U(x_0)$.

1.1.3 函数概念

函数是描述变量之间相互关系的一种数学模型.

定义 1-1 设 x,y 是两个变量,D 为非空实数集,如果对于每个数 $x \in D$,按照一定的法则 f,都有唯一的 $y \in \mathbf{R}$ 与之对应,则称 f 为定义在 D 上的一元函数,或称 y 是 x 的一元函数,记作 $y=f(x)$.D 称为函数 f 的定义域,记作 D_f,x 称为自变量,y 为因变量.对于 $x \in D$,称其对应的值 y 为函数 f 在点 x 的函数值,记作 $f(x)$,即 $y=f(x)$.通常,称因变量与自变量的这种相依关系为函数关系.所有函数值的全体组成的集合称为 f 的值域,记作 R_f(或 $f(D)$),即 $R_f = \{f(x) | x \in D\}$.

注 1:定义表明了函数模型的结构.定义域和对应法则是函数的两要素.如果两个函数 f 和 g 的定义域和对应法则都相同,那么这两个函数相同(也称相等).函数这一模型如同一部机器,把 D 中的任一原材料 x 输入 $f(x)$ 中,便能产出实数 $y=f(x) \in R_f$.

注 2:确定函数的定义域分为两种情形:一种是所谓的自然定义域,即使该函数解析式有意义的自变量的全体;一种是实际定义域,即若函数是实际问题的描述,则定义域是使实际问题有意义的自变量全体.

函数的表示法一般有三种:表格法、图像法和解析法(也称公式法).这三种方法各有优点,表格法一目了然;图像法形象直观;解析法便于运算和推导.

在平面直角坐标系中,点集 $\{(x,y) | y=f(x), x \in D\}$ 称为函数 $y=f(x)$ 的图像.通常,函数 $y=f(x)$ 的图像是一条曲线,$y=f(x)$ 也称为这条曲线的方程,如图 1-3 所示.

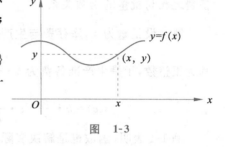

图 1-3

现列举一些函数的具体例子.

例 1-1 绝对值函数

$$y = |x| = \begin{cases} x, & x \geqslant 0 \\ -x, & x < 0 \end{cases},$$

定义域 $D_f = (-\infty, +\infty)$,值域 $R_f = [0, +\infty)$,其图像如图 1-4 所示.

例 1-1 所表示的函数在其定义域的不同子集上要用不同的表达式来表示对应法则,这种函数称为分段函数.

例 1-2 取整函数

$$y = [x]$$

其中 $[x]$ 表示不超过 x 的最大整数.其图像如图 1-5 所示.

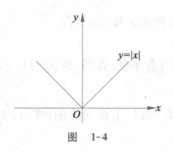

图 1-4

图 1-5

例 1-3 统计学上将饮食消费占日常支出的比例称为恩格尔系数. 它反映一个国家或地区富裕的程度(或生活水平),是国际通用的一项重要指标.

联合国根据恩格尔系数来划分一个国家国民的富裕程度:恩格尔系数<20%为绝对富裕;20%≤恩格尔系数<40%为比较富裕;40%≤恩格尔系数<50%为小康水平;50%≤恩格尔系数<60%为温饱水平;恩格尔系数≥60%为贫困. 其图像如图 1-6 所示.

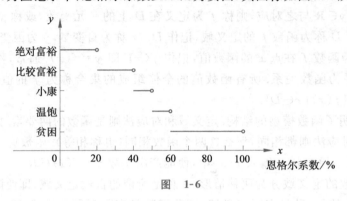

图 1-6

例 1-4 某企业生产某产品,年产量为 a 件,分若干批生产. 设每批生产准备费用为 b 元,平均库存量为批量的一半,每年每件产品的库存费为 c 元. 试求一年中库存费与生产准备费之和与批量的函数关系.

解 设批量为 x,库存费与生产准备费之和为 $f(x)$,则由题意知每年生产批数为 $\frac{a}{x}$,设其为正整数,于是生产准备费为 $b \cdot \frac{a}{x}$,由于库存量为 $\frac{x}{2}$,所以库存费为 $c \cdot \frac{x}{2}$. 故

$$f(x) = b \cdot \frac{a}{x} + c \cdot \frac{x}{2} = \frac{a \cdot b}{x} + \frac{c}{2}x \quad x \in (0, a] \text{ 且为正整数}.$$

例 1-4 表明,函数也是解决实际问题的一种数学模型;数学在各方面的应用是数学的生命,是数学发展最重要的动力;数学建模是联系数学与应用的必要途径和关键环节. 通过建模的方法去分析问题、解决问题是能力培养和锻炼的过程,应予以高度重视.

1.2 函数的几种基本性质

1.2.1 有界性

定义 1-2 设函数 $y = f(x)$ 在数集 D 上有定义,如果存在正数 M,使得
$$|f(x)| \leq M \quad x \in D,$$
则称函数 $y = f(x)$ 在 D 上有界,也称 $y = f(x)$ 是 D 上的有界函数;否则,称 $y = f(x)$ 在 D 上无界,或称 $y = f(x)$ 是 D 上的无界函数.

例如,$y = \sin x$ 是 $(-\infty, +\infty)$ 上的有界函数;$y = \frac{1}{x}$ 在 $(0, 1)$ 上是无界的,在 $[1, +\infty)$ 上是有界的.

1.2.2 单调性

定义 1-3 设函数 $y=f(x)$ 在区间 I 上有定义,如果对于任意的 $x_1,x_2\in I$,且 $x_1<x_2$,都有 $f(x_1)<f(x_2)$,则称函数 $y=f(x)$ 在区间 I 上单调增加;如果对于任意的 $x_1,x_2\in I$,且 $x_1<x_2$,都有 $f(x_1)>f(x_2)$,称函数 $y=f(x)$ 在区间 I 上单调减少. 单调增加和单调减少的函数统称单调函数.

例如,$y=\sin x$ 在 $\left[-\dfrac{\pi}{2},\dfrac{\pi}{2}\right]$ 上单调增加,在 $\left[\dfrac{\pi}{2},\dfrac{3\pi}{2}\right]$ 上单调减少;$y=e^x$ 在 $(-\infty,+\infty)$ 上单调增加.

1.2.3 奇偶性

定义 1-4 设函数 $y=f(x)$ 的定义域 D 关于原点对称(即若 $x\in D$,则 $-x\in D$),如果对于任意的 $x\in D$,都有

(1) $f(-x)=f(x)$,则称 $f(x)$ 为偶函数;

(2) $f(-x)=-f(x)$,则称 $f(x)$ 为奇函数.

例如,$y=x^2$,$y=\cos x$ 都是偶函数;$y=x^3$,$y=\sin x$,$y=\tan x$ 都是奇函数;$y=c(c\neq 0)$ 是偶函数;$y=x^2+x$ 既不是偶函数,也不是奇函数(称为非奇非偶函数).

注:偶函数的图像关于 y 轴对称,如图 1-7(a)所示;奇函数的图像关于原点对称. 如图 1-7(b)所示.

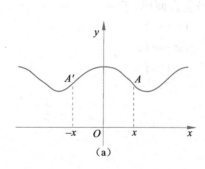
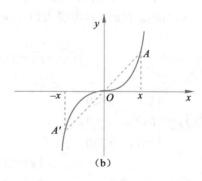

图 1-7

1.2.4 周期性

定义 1-5 设函数 $y=f(x)$ 的定义域为 D,如果存在常数 $T\neq 0$,使得对于任意 $x\in D$ 有 $x+T\in D$,并且 $f(x+T)=f(x)$,则称 $f(x)$ 为周期函数,T 称为 $f(x)$ 的周期. 周期函数的周期通常是指最小正周期.

例如,函数 $y=\sin x$,$y=\cos x$ 都是以 2π 为周期的周期函数;函数 $y=\tan x$ 是以 π 为周期的周期函数.

周期函数的图像在每个长度为 T 的区间上有相同的形状,如图 1-8 所示.

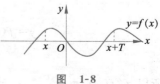

图 1-8

注：并非每个周期函数都有最小正周期.例如狄利克雷(Dirichlet)函数

$$D(x)=\begin{cases}1, & x\in Q \\ 0, & x\in \bar{Q}\end{cases}.$$

容易验证这是一个周期函数,任何一个有理数都是它的周期.因为不存在最小的正有理数,所以它没有最小正周期.

请读者思考中学期间学过的函数的以上基本性质.

1.3 复合函数与反函数

▶ 1.3.1 复合函数

定义 1-6 设函数 $y=f(u)$ 的定义域为 D_f,值域为 R_f,而函数 $u=\phi(x)$ 的定义域为 D_ϕ,值域为 R_ϕ.若 $R_\phi \subseteq D_f$,则 y 通过变量 u 成为 x 的函数,称它为由 $y=f(u)$ 和 $u=\phi(x)$ 构成的复合函数,记作 $y=f(\phi(x))$,u 称为中间变量.

复合函数可推广至多个中间变量的情形.

例 1-5 设 $f(x)=\begin{cases}1, & |x|<1 \\ 0, & |x|=1 \\ -1, & |x|>1\end{cases}$, $g(x)=e^x$,

求 $f(g(x))$ 和 $g(f(x))$,并作出这两个函数的图形.

解 (1)函数 $f(g(x))$ 可视为由 $f(u)$ 和 $u=g(x)$ 复合而成,于是

$$f[g(x)]=f(e^x)=\begin{cases}1, & |e^x|<1 \\ 0, & |e^x|=1 \\ -1, & |e^x|>1\end{cases},$$

即 $f(g(x))=\begin{cases}1, & x<0 \\ 0, & x=0 \\ -1, & x>0\end{cases}$;

(2) $g[f(x)]=e^{f(x)}=\begin{cases}e, & |x|<1 \\ 1, & |x|=1 \\ e^{-1}, & |x|>1\end{cases}.$

函数图形.请读者给出.

例 1-6 设 $f(x)=\dfrac{x}{x+1}(x\neq -1)$,求 $f[f(x)]$.

解 令 $y=f(u),u=f(x)$,则 $y=f[f(x)]$,是通过中间变量 u 构成的复合函数.因为

$$y=f(u)=\frac{u}{u+1}=\frac{\dfrac{x}{x+1}}{\dfrac{x}{x+1}+1}=\frac{x}{2x+1}, \quad x\neq -\frac{1}{2},$$

所以 $f(f(x))=\dfrac{x}{2x+1}$, $x\neq -1, x\neq -\dfrac{1}{2}$.

例 1-7 指出下列复合函数的复合过程.

(1) $y=\sqrt{\sin x^2}$；(2) $y=e^{\cos 2x}$.

解 (1) $y=\sqrt{\sin x^2}$ 是由 $y=\sqrt{u}, u=\sin v, v=x^2$ 复合而成.

(2) $y=e^{\cos 2x}$ 是由 $y=e^u, u=\cos v, v=2x$ 复合而成.

▶ 1.3.2 反函数

在研究两个变量的函数关系时,选择哪个变量作为自变量,哪个变量作为因变量是由具体问题来决定的.

例如在市场营销中,如果已知某种商品的价格 p 和销量 x,那么销售收入 y 应为 $y=px$,反之,如果已知销售收入 y,要求销量 x,那么相应的函数关系应为 $x=\dfrac{y}{p}$.

我们称 $x=\dfrac{y}{p}$ 是 $y=px$ 的反函数.一般地有如下定义.

定义 1-7 设函数 $y=f(x)$ 的定义域为 D,值域为 W,如果 $f(x)$ 满足:对任意的 $x_1 \neq x_2 \in D$,则 $f(x_1) \neq f(x_2) \in W$,此时对于任意一个 $y \in W$,必存在唯一的一个 $x \in D$ 满足 $f(x)=y$ 与之对应,则所确定的以 y 为自变量的函数 $x=\phi(y)$ 称为函数 $y=f(x)$ 的反函数,记作 $x=f^{-1}(y), y \in W$. 相对于反函数而言,原来的函数叫作直接函数.

由定义可知,反函数的定义域恰好是直接函数的值域,而反函数的值域恰好是直接函数的定义域,并且 $y=f(x)$ 与 $x=f^{-1}(y)$ 互为反函数.它们满足:

$$f^{-1}(f(x))=x, x \in D; \quad f(f^{-1}(y))=y, y \in W.$$

由于习惯上常用 x 表示自变量,y 表示因变量,于是 $y=f(x)$ 的反函数常记作:

$$y=f^{-1}(x).$$

关于反函数的几个结论:

(1) 在同一平面直角坐标系中,直接函数 $y=f(x)$ 的图像与其反函数 $y=f^{-1}(x)$ 的图像关于直线 $y=x$ 对称(图 1-9). 这是由于互为反函数的两个函数的因变量和自变量互换的缘故,即若 $P(x,y)$ 是 $y=f(x)$ 的图像上的点,则 $Q(y,x)$ 为 $y=f^{-1}(x)$ 的图像上的点,而在 xoy 平面上点 $P(x,y)$ 与点 $Q(y,x)$ 恰好关于直线 $y=x$ 对称.

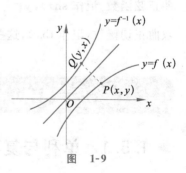

图 1-9

利用这一特性,由 $y=f(x)$ 的图像很容易作出其反函数 $y=f^{-1}(x)$ 的图像. 例如 $y=e^x$ 与 $y=\ln x$ 互为反函数,它们的图像请读者自己给出.

(2) $y=f(x)$ 存在反函数 $y=f^{-1}(x)$ 的充要条件是:对于任意的 $x_1, x_2 \in D$,若 $x_1 \neq x_2$,则 $f(x_1) \neq f(x_2)$.

(3) 单调函数 $y=f(x)$ 必存在反函数 $y=f^{-1}(x)$,且与直接函数具有相同的单调性.

1.4 初等函数

1.4.1 函数的四则运算

设函数 $f(x),g(x)$ 的定义域分别是 $D_1,D_2,D=D_1\bigcap D_2\neq\varnothing$,则定义这两个函数的下列运算(称为四则运算):

和(差): $f(x)\pm g(x)$, $x\in D$.
积: $f(x)\cdot g(x)$, $x\in D$.
商: $f(x)/g(x)$, $x\in D\setminus\{x|g(x)=0\}$.

为叙述简便,通常称以下 6 种函数为基本初等函数:
(1) 常值函数 $y=c$(c 为常数);
(2) 幂函数 $y=x^\mu$(μ 为任意常数);
(3) 指数函数 $y=a^x$($a>0,a\neq1$);
(4) 对数函数 $y=\log_a x$($a>0,a\neq1$);
(5) 三角函数 $y=\sin x,y=\cos x,y=\tan x,y=\cot x,y=\sec x,y=\csc x$;
(6) 反三角函数 $y=\arcsin x,y=\arccos x,y=\arctan x,y=\text{arccot}\,x$ 等.

1.4.2 初等函数

由基本初等函数经有限次四则运算及有限次复合运算所构成的并可用一个式子表示的函数,称为初等函数,否则称为非初等函数. 例如 $y=\sqrt{1-x^2}$,$y=\sin^2 x$,$y=\dfrac{e^x-e^{-x}}{2}$(称为双曲正弦函数,记作 $\text{sh}\,x$),$y=\dfrac{e^x+e^{-x}}{2}$(称为双曲余弦函数,记作 $\text{ch}\,x$),$y=\dfrac{\text{sh}\,x}{\text{ch}\,x}=\dfrac{e^x-e^{-x}}{e^x+e^{-x}}$(称为双曲正切函数,记作 $\text{th}\,x$),这些函数都是初等函数.

1.5 经济学中的常用函数

1.5.1 单利与复利函数

利息是指借贷者向贷款方支付的报酬,它是根据本金的数额按一定公式计算的. 设初始本金为 p(元),年利率为 r.

1. 单利函数

第一年末本息和为 $s_1=p+pr=p(1+r)$;
第二年末本息和为 $s_2=p(1+r)+rp=p(1+2r)$;
……

第 n 年末本息和为 $s_n = p(1+nr)$.

这是自变量为 $n(n \in \mathbf{N})$ 的函数.

2. 复利函数

第一年末本息和为 $s_1 = p + pr = p(1+r)$；

第二年末本息和为 $s_2 = p(1+r) + rp(1+r) = p(1+r)^2$；

……

第 n 年末本息和为 $s_n = p(1+r)^n$.

单利、复利函数都是自变量为 $n(n \in \mathbf{N})$ 的函数.

1.5.2 成本函数、收益函数与利润函数

1. 成本函数

在经济学中,产品成本是企业生产和销售既定产品的全部费用支出.产品成本分为固定成本和可变成本两部分.固定成本是指在一定时期内不随产量变化的那部分成本(如厂房、设备折旧费、保险费等);可变成本是指随产量增加而增加的那部分成本(如原材料费、燃料费、电费、提成费等).一般用 TC 表示总成本,用 c_0 表示固定成本,用 $c(x)$ 表示可变成本(x 为产量),则成本函数为 $TC(x) = c_0 + c(x)$ $(x \geqslant 0)$.成本函数是单调增加函数,其图像称为成本曲线.

有时还要考虑单位产量成本,即

$$\overline{TC}(x) = \frac{TC(x)}{x} \quad (x > 0)$$

称为平均单位成本函数.

2. 收益函数和利润函数

收益是指企业销售某种产品的收入 R. R 等于产品的单位价格 p 乘以销售量 x,即

$$R(x) = px$$

称为收益函数.

利润 L 指企业的总收益减去成本的差额,即

$$L(x) = R - TC$$

称为利润函数.

当 $L > 0$ 时,生产者盈利;当 $L < 0$ 时,生产者亏损;当 $L = 0$ 时,生产者盈亏平衡.使 $L(x) = 0$ 的点称为盈亏平衡点(又称为保本点).

1.5.3 需求函数与供给函数

1. 需求函数

需求函数是指在一定时期内,市场上某种商品的可能的购买量与决定这些购买量的诸因素之间的数量关系.

假若不考虑其他因素(消费者收入水平、偏好及相关商品的价格等)可以认为需求量 Q_d 是价格 p 的函数:$Q_d = f_d(p)$.

一般而言,当商品降价时,需求量增加,涨价使需求量减少,因此需求函数为单调减少函数.最简单的需求函数是线性需求函数,即 $Q_d = a - bp$,其中 a,b 为正常数.

在理想情况下,商品的生产应既满足市场需求又不造成积压,此时产量等于销量,也等于需求量.

2. 供给函数

供给函数是指在一定时期内,市场上某种商品的可能的供给量与决定这些供给量的诸因素之间的数量关系.

一般而言,降价使供给量减少,涨价使供给量增加,所以供给函数是价格的单调增加函数.设 Q_s 表示供给量,p 表示价格,则供给函数为 $Q_s = f_s(p)$.

最简单的供给函数是线性函数,即 $Q_s = c \cdot p - d$,其中 c,d 为正常数.

注1:在经济学的消费理论中,需求函数一般写成 $Q_d = f_d(p)$ 的形式,它强调的是既定价格下的需求量,但在厂商理论中,厂商一般把需求函数写成反函数形式,即 $p = f^{-1}(Q_d)$,它强调的是既定销售量下商品的单位价格,有时也称它为价格函数.

注2:根据市场的不同情形,需求函数与供给函数还有二次函数、多项式函数与指数函数等.

3. 市场均衡

对某种商品,如果需求量等于供给量,则称这种商品达到了市场均衡,如图 1-10 所示.
p_0 称为该种商品的市场均衡价格,Q_0 称为市场均衡量,(p_0, Q_0) 称为市场均衡点.

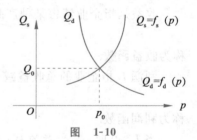

图 1-10

本章小结

一、集合及其运算
(1)集合的表示法.
(2)集合的运算律.
二、函数概念及其表示法
(1)函数的定义域.

(2) 函数的两要素(定义域,对应法则).
(3) 函数的表示法:图示法、列表法、公式法.
(4) 分段函数、复合函数与反函数.

三、函数的几种特性

(1) 有界性.
(2) 单调性.
(3) 奇偶性.
(4) 周期性.

四、基本初等函数与初等函数

(1) 基本初等函数:常值函数、幂函数、指数函数、对数函数、三角函数、反三角函数.
(2) 初等函数:由基本初等函数经有限次四则运算及有限次复合运算构成的可用一个式子表示的函数.

五、经济学中常用的函数

(1) 单利和复利函数.
(2) 成本函数、收益函数和利润函数.
(3) 需求函数与供给函数.

(A)

1. 设 $A=(-\infty,-5)\cup(5,+\infty)$,$B=[-10,3)$,求 $A\cup B$,$A\cap B$,$A\backslash B$ 及 $A\backslash(A\backslash B)$.

2. 设 A 表示某大学学习英语的学生的集合,B 表示学习日语的学生集合,则 $\bar{A}$,$\bar{B}$,$A\backslash B$,$\overline{A\cup B}$,及 $\overline{A\cap B}$ 各表示怎样的集合.

3. 求下列函数的定义域.

(1) $y=\dfrac{1}{x}-\sqrt{1-x^2}$;

(2) $y=\tan(x+1)$;

(3) $y=\arcsin(x-3)$;

(4) $y=\sqrt{3-x}+\arctan\dfrac{1}{x}$;

(5) $y=\ln(x^2-1)$;

(6) $y=e^{\frac{1}{x}}$.

4. 设 $f(x)$ 的定义域 $D=[0,1]$,求下列函数的定义域:

(1) $f(\sin x)$;

(2) $f(x+a),(a>0)$;

(3) $f(x+a)+f(x-a),(a>0)$.

5. 下列函数 $f(x)$ 和 $g(x)$ 是否相同?为什么?

(1) $f(x)=\ln x^2$,$g(x)=2\ln x^2$;

(2) $f(x)=\sqrt[3]{x^4-x^3}, g(x)=x\sqrt[3]{x-1}$；

(3) $f(x)=1, g(x)=\sec^2 x - \tan^2 x$；

(4) $f(x)=|x|, g(x)=\sqrt{x^2}$.

6. 已知 $f(x)=x^2-3x+2$，求 $f(-x), f\left(\dfrac{1}{x}\right), f(x+1)$.

7. 设 $f(x)=\dfrac{e^{-x}-1}{e^{-x}+1}$，证明 $f(x)$ 是奇函数.

8. 将函数 $y=5-|2x-1|$ 写成分段函数形式，并作出函数的图像.

9. 试证明下列函数在指定区间内的单调性：

(1) $y=\dfrac{x}{1-x}, (-\infty,1)$；

(2) $y=x+\ln x, (0,+\infty)$.

10. 设 $f(x)$ 为定义域在 $(-l,l)$ 内的奇函数，若 $f(x)$ 在 $(0,l)$ 内单调增加，证明 $f(x)$ 在 $(-l,0)$ 内也单调增加.

11. 设下面所考虑的函数都是定义在区间 $(-l,l)$ 内的，证明：

(1) 两个偶函数的和是偶函数，两个奇函数的和是奇函数；

(2) 两个偶函数的积是偶函数，两个奇函数的积是偶函数，偶函数与奇函数的乘积是奇函数.

12. 试证明：任何一个在 $(-l,l)$ 内有定义的函数 $f(x)$ 总可以表示为一个奇函数与一个偶函数的和.

提示：分别考查 $g(x)=f(x)+f(-x)$ 与 $h(x)=f(x)-f(-x)$ 的奇偶性.

13. 求下列函数的反函数，并注明反函数的定义域：

(1) $y=\sqrt[3]{x+1}$；

(2) $y=\dfrac{1-x}{1+x}$；

(3) $y=1+\ln(x+2)$；

(4) $y=\dfrac{2^x}{2^x+1}$.

14. 在下列各题中，求由所给函数构成的复合函数，并求该函数分别对应于给定自变量值 x_1, x_2 的函数值：

(1) $y=u^2, \quad u=\sin x, \quad x_1=\dfrac{\pi}{6}, x_2=\dfrac{\pi}{3}$；

(2) $y=e^u, \quad u=x^2, \quad x_1=0, x_2=1$；

(3) $y=u^2, \quad u=e^x, \quad x_1=1, x_2=-1$；

(4) $y=\sqrt{u}, \quad u=1+x^2, \quad x_1=1, x_2=2$.

15. 用铁皮做一个容器为 V 圆柱形罐头筒，试将它的表面积表示为底半径的函数，并确定此函数的定义域.

16. 已知水渠的横断面为等腰梯形，斜角 $\varphi=40°$（图 1-11）. 当过水断面 $ABCD$ 的面积为定值 s_0 时，求湿周 $L(L=AB+BC+CD)$ 与水深 h 之间的函数关系，并指明其定义域.

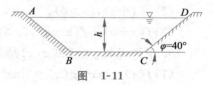

图 1-11

17. 设需求函数 Q_d 与供给函数 Q_s 分别为：$Q_d = \dfrac{100}{3} - \dfrac{2}{3}p$, $Q_s = -20 + 10p$，求市场均衡点.

18. 某企业生产某产品每日最多生产 100 单位，设日固定成本为 130 元，生产一个单位产品的可变成本为 6 元，求该企业日总成本函数及平均单位成本函数.

19. 设销售某商品的总收益是销售量 x 的二次函数，已知 $x = 0, 2, 4$ 时，总收益分别是 $0, 6, 8$，试确定总收益函数 $TR(x)$.

20. 已知需求函数为 $p = 10 - \dfrac{Q}{5}$，总成本函数为 $c = 50 + 2Q$，p, Q 分别为价格与销售量. 试求利润 L 与销售量 Q 的关系式，并求平均利润.

(B)

1. 设某厂生产某产品 1 000 t，定价为 130 元/t. 若以此售出不超过 700 t 时，按原价出售；若一次售出超过 700 t 时，超过 700 t 的部分按原价的 9 折出售，试求总收益与销售量的函数关系.

2. 现有初始本金 10 000 元，若银行年利率为 7%，问：
(1) 按单利计算，5 年末的本息和是多少？
(2) 按复利计算，5 年末的本息和是多少？
(3) 按复利计算，需多少年能使本息和超过初始本金的一倍？

3. 某企业计划生产一种新产品，定价不仅由生产成本而定，而且还要考虑销售方的出价，根据市场调研得出需求函数为 $Q_d = -900p + 45\,000$，设该企业生产该产品的固定成本是 270 000 元，单位产品的可变成本为 10 元.
(1) 求利润函数；
(2) 获得最大利润的出厂价格是多少？

4. 表 1-1 是联合国统计办公室提供的世界人口数据. 试建立世界人口的指数模型，并根据该模型预测 2020 年的世界人口.

表 1-1

年份	人口数/百万	当年人口与上一年人口的比值
1986	4 936	
1987	5 023	1.017 6
1988	5 111	1.017 5
1989	5 201	1.017 6
1990	5 329	1.024 6
1991	5 422	1.017 5

5. 借贷购房问题. 某房地产开发公司一则广告称："现本公司有某住宅楼已封顶，开始销售，每套平均只需一次性付款 30 万元，其余由公司贷款，分期付款，每月付 800 元，10 年还

清."试根据广告的信息和银行的贷款利率对问题进行研究:

(1)每套房子究竟值多少钱?(即交全款需付多少钱?)

(2)如果没有能力交全款,则实际上相当于借了多少钱?为什么要每月付800元?

6. 儿童保险问题.0~17岁儿童均可参加,投保费可趸交,也可按年交,每份保险金额为1 000元.保险公司要求各年龄段儿童需交投保费如表1-2所示.

表 1-2

年龄	0	1	2	3	4	5	6	7	8
年交	599	652	714	787	872	973	1 094	1 242	1 423
趸交	5 978	6 297	6 649	7 033	7 449	7 896	8 377	8 892	9 445
年龄	9	10	11	12	13	14	15	16	17
年交	1 605	1 888	2 266	2 795	3 584	4 886	—	—	—
趸交	10 036	10 669	11 346	12 070	12 843	13 669	14 551	15 492	16 496

保险公司对被保险人的保险项目和金额(每份)为:

(1)教育保险金:投保人到18、19、20、21周岁时每年可领取1 000元;

(2)创业保险金:至22周岁时,可领取4.7倍于保险金额的创业保险金;

(3)结婚保险金:至25周岁时,可领取保险金额的5.7倍的结婚保险金;

(4)养老保险金:至60周岁时,可领取保险金额的60倍的养老保险金.(假设被保险人能活到60周岁)

请根据以上信息,通过建模研究下列问题:

(1)若按银行存款年利率4.5%计算,投保是否合算?

(2)若按贷款年率8%计算,保险公司从中获利是多少?

实验 用MATLAB绘制二维平面图形

1. $y = \dfrac{\pi}{2\mathrm{e}}\cos 4\pi x, x \in [0, 2\pi]$.

2. 绘制 $r = \sin t \cos t, t \in [0, 2\pi]$ 的极坐标图形.

阅读材料 I

数学建模方法概论

数学建模方法(methmatical modeling),简称为MM方法.它是针对所研究的实际问题,经过抽象、简化构造出刻画相应问题的数学模型,并通过对数学模型的求解,使问题得以解决的一种数学方法.

1. 什么是数学模型

函数是描述变量之间相互依存关系的数学模型.其实,我们早在中学时代学习初等数学时就已经接触到了数学模型,例如求解诸如航行等问题的二元一次方程组等.

事实上,在数学及科学发展的历史长河中,人们用建立数学模型的方法解决那些需要数量规律的实际问题,并获得了巨大的成功,是不乏先例的.例如欧几里得几何、微积分、牛顿万有引力定律、微分方程、差分方程、线性方程组、积分变换等,都是数学模型的范例.

马克思说过:"一门科学只有成功地运用数学时,才算达到了完善的地步."随着科学技术的迅速发展,数学模型一词已越来越多地出现在人们的生产、工作和科学研究中.厂长、经理们为经济效益最优化,可根据产品的需求状况、生产条件和成本、贮存费用等信息建立一个生产安排和销售的数学模型.生理医学专家为了分析药物的疗效,要建立描述药物浓度在人体内随着时间和空间变化的数学模型.城市规划工程师为了对城市发展科学规划,需要建立包括人口、经济、交通、环境等大系统的数学模型等.

一般地讲,数学模型是针对现实世界的一个特定对象,为了一个特定目的,根据其特有的内在规律,作出一些必要的的简化和假设,运用适当的数学工具,采用数学语言、方法得出的一种数学结构.它是对所研究对象定量的概括或近似表述,是利用函数、方程等数学概念、方法创立的模型.其过程就是数学建模.数学模型是沟通现实世界与数学的一座理想的桥梁.

2. 数学建模的一般步骤

建立描述现实问题的数学模型的一般步骤,归结起来可用下面的流程图表示.

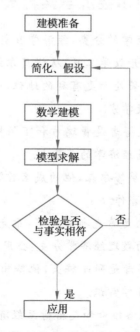

建模准备:建模前要深入了解实际问题的背景及相关知识、信息,将实际问题翻译成数学问题,用数学语言、方法确切地表述出来.

简化、假设:这是数学建模的关键一步,需要对实际问题进行分析,查阅有关资料,搜集信息,抓住主要矛盾,舍去一些次要因素,针对问题进行合理的假设和必要的简化,通过数学抽象,运用适当的数学工具,刻画对象的内在特性及其关系.甚至,当现有的数学工具不够用时,可根据对象的特性,大胆创新数学概念和方法来表现模型.

模型求解:选择适当的方法或算法求解模型解.

检验:数学建模的目的是为了解释所研究的实际问题,揭示其内在规律性,用实际数据等检验模型的合理性和适用性,确认模型解的正确性及稳定性.

应用:数学模型具有广泛的应用性,始于现实世界而终于现实世界.一方面,要解释现实问题,并预测未来的发展态势;另一方面,数学模型具有可转移性,因为模型是现实对象抽象化、理想化的产物,它不为对象的所属领域所独有,往往还可以刻画其他领域的问题.

3. 数学是技术

在当今的信息时代,在经济竞争中数学科学是必不可少的,其重要作用和地位正在不断地增强.数学科学与计算科学相结合,形成了一种关键的、普通的、能够实行的技术,人们称之为数学技术.我国著名数学家王梓坤院士曾说过:"当今的数学兼有科学和技术两种品质,数学科学是授人以能力的技术."计算和建模正在成为数学科学向数学技术转化的主要途径.

阅读材料 Ⅱ

诺贝尔经济学奖与数学

根据1979年《数学评论》中对数学的分类,经济学在数学上是数学的一个应用分支,由此可见,经济学研究、经济分析离不开数学工具.从诺贝尔经济学奖获得者的科学背景可以看到在经济学中应用数学的研究成果处于更有利的地位,而且获奖者中大部分都有极好的数学功底,其中甚至不少人称得上数学家.

1969年首届诺贝尔经济学奖获得者是费瑞希和丁伯根,后者是一位物理学博士,他们运用数学的方法研究经济,成为计量经济学的奠基人.

第二届诺贝尔经济学奖得主是萨缪尔森,他的成名作《经济分析基础》是一部用严格的数学理论总结数理经济学的划时代著作.

1972年的诺贝尔经济学奖得主是希克斯和阿罗,希克斯著有《价值与资本》等名著,阿罗则是一位数学博士,他创立了新的数理经济学分支:公用选择,社会选择.

1973年的诺贝尔经济学奖获得者是列昂替夫,他给出了著名的投入产出分析方法,这是一种数学方法,现在几乎成为经济学常识.

1975年的获奖者是苏联的康托洛维奇和美籍荷兰经济学家库普曼.前者是一个地道的数学家,他们都是运用数学规划理论来研究资源的最优利用和经济的最优增长的开创者,前者著有《经济资源的最优利用》一书.

1976年的获奖者费里德曼、1978年的西蒙、1980年的克莱因、1981年的托平、1982年的斯蒂格勒、1983年的德布罗、1984年的斯通、1985年的莫迪利阿尼、1987年的哈维尔莫等都有极高的数学修养,有的就是数学家兼经济学家.甚至1994年,破天荒地历史上首次将诺贝尔经济学奖颁给了一位做纯数学研究的学者——美国普林斯顿大学的数学家纳什,他是博弈论(即对策论)的奠基人之一.

从1969—1989年这21届诺贝尔经济学奖获得者来看,经济学与数学有着极高水平的联系.

有学者做过统计,1972—1976年间在《美国经济评论》上发表的各类文章中,有数学模型及有关分析的占50.1%,而1977—1981年间这个数字上升到了54%.

第 2 章

极限与连续

极限概念是高等数学的理论基础.极限方法是研究变量的变化趋势的基本工具,是高等数学的基本分析方法.高等数学中的所有重要概念,如连续、导数、定积分等都是通过极限来定义的,极限贯穿高等数学的始终.因此,掌握好极限方法是学好高等数学的关键.

2.1 数列的极限

极限概念是由于求某些问题的精确解而产生的.例如,我国古代数学家刘徽(公元3世纪)利用圆内接正多边形来推算圆面积的方法——割圆术就是极限思想在几何上的一个经典应用.又如,在中国古代哲学家庄周所著的《庄子》(被誉为中国古代哲学典籍)中"截丈问题"有一段富有深刻极限思想的名言:"一尺之捶,日取其半,万世不竭."

引例 2-1 刘徽的割圆术.

"割之弥细,所失弥少,割之又割,以至不可割,则与圆周合体而无所失矣."

刘徽的割圆术,实际上是"割圆求周"的方法:

将圆周分成:六等分、十二等分、二十四等分……,如图 2-1 所示.这样继续分割下去,得到圆的内接正六边形、正十二边形、正二十四边形……,其面积分别是 $A_1, A_2, A_3, \cdots$,用 A_n 表示圆内接正 $6 \times 2^{n-1}$ 边形的面积,则 $A_n = 6 \times 2^{n-1} \times \dfrac{1}{2} R^2 \sin \dfrac{2\pi}{6 \times 2^{n-1}}$ (留作读者自行推导).

当 n 无限增大时,A_n 无限接近于常数 $A = \pi R^2$(圆的面积).

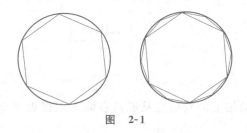

图 2-1

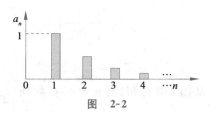

图 2-2

引例 2-2 "截丈问题".如图 2-2 所示,

$n = 1, 2, 3, \cdots$ 时,剩余的长度分别记作 $a_1, a_2, a_3, \cdots$,则 $a_n = \dfrac{1}{2^{n-1}}$.当 n 无限增大时,a_n 无限接近于常数 0.这里要注意的是,a_n 永远也取不到 0.

▶ 2.1.1 数列极限的定义

上述两个引例中,分别出现了按自然数由小到大顺序排成的一个序列,这样的序列称为数列.一般地,有如下定义.

定义 2-1 设 $x_n = f(n)$ 是由自然数集 $\mathbf{N}$ 为定义域的函数,将其函数值 x_n 按自变量 n 由小到大排成一个序列

$$x_1, x_2, \cdots, x_n, \cdots$$

称为一个数列.数列中的每一个数叫作这个数列的项,第 n 项 x_n 叫作这个数列的一般项或

通项. 简记作 $\{x_n\}$. 例如：

(1) $2,4,6,\cdots,2n,\cdots$；

(2) $1,0,1,\cdots,\dfrac{1+(-1)^{n-1}}{2},\cdots$；

(3) $1,-1,1,\cdots,(-1)^{n-1},\cdots$；

(4) $1,\dfrac{1}{2},\dfrac{1}{4},\cdots,\dfrac{1}{2^{n-1}},\cdots$；

(5) $2,\dfrac{1}{2},\dfrac{4}{3},\dfrac{3}{4},\cdots,\dfrac{n+(-1)^{n-1}}{n},\cdots$；

(6) $\dfrac{1}{2},\dfrac{2}{3},\dfrac{3}{4},\cdots,\dfrac{n-1}{n},\cdots$.

这些都是数列，它们的一般项依次为
$$2n,\dfrac{1+(-1)^{n-1}}{2},(-1)^{n-1},\dfrac{1}{2^{n-1}},\dfrac{n+(-1)^{n-1}}{n},\dfrac{n-1}{n}.$$

数列的极限就是考查当 n 无限增大（记作 $n\to\infty$，符号"$\to$"读作"趋（向）于"）时，一般项 x_n 的变化趋势.

为了直观，可将数列 $\{x_n\}$ 看作数轴上的一个动点，它依次取数轴上的点 $x_1,x_2,\cdots,x_n,\cdots$. 例如，将数列 (4),(5) 的各项用数轴上的对应点表示，如图 2-3 所示.

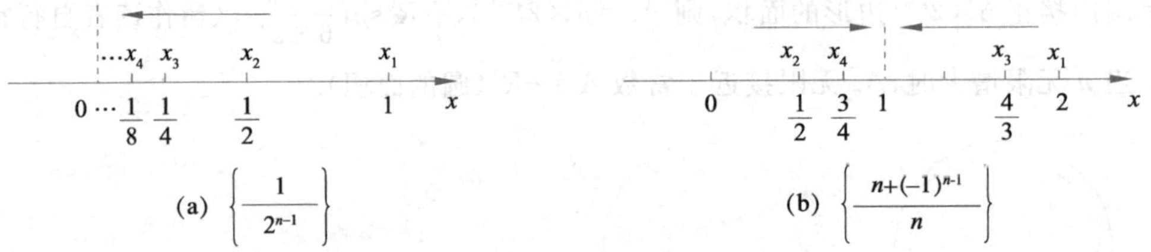

图 2-3

从图 2-3 可知，当 $n\to\infty$ 时，数列 $\left\{\dfrac{1}{2^{n-1}}\right\}$ 在数轴上的对应点从原点右侧无限接近于 0；数列 $\left\{\dfrac{n+(-1)^{n-1}}{n}\right\}$ 在数轴上的对应点从 $x=1$ 的两侧无限接近于 1. 一般地，有数列极限的以下描述性定义：

定义 2-2 设有数列 $\{x_n\}$，如果当 $n\to\infty$ 时，数列中对应的项 x_n（即通项）无限接近于一个确定的常数 A，则称 $\{x_n\}$ 为收敛数列，称 A 为数列 $\{x_n\}$ 当 $n\to\infty$ 时的极限，也称数列 $\{x_n\}$ 收敛于 A，记作
$$\lim_{n\to\infty}x_n=A \text{ 或 } x_n\to A(n\to\infty)$$

否则称 $\{x_n\}$ 的极限不存在，或称 $\{x_n\}$ 发散. 例如，$\{2n\},\left\{\dfrac{1+(-1)^{n-1}}{2}\right\},\{(-1)^{n-1}\}$ 都是发散的，即它们均无极限. 而数列 $\left\{\dfrac{1}{2^{n-1}}\right\},\left\{\dfrac{n+(-1)^{n-1}}{n}\right\}$ 都是收敛的，并且
$$\lim_{n\to\infty}\dfrac{1}{2^{n-1}}=0,\lim_{n\to\infty}\dfrac{n+(-1)^{n-1}}{n}=1.$$

定义 2-2 仅是数列极限的描述性定义，在这个定义中没有讲清楚"$n\to\infty$"和"$x_n\to A$"的量

化含义,难以用于理论推导.用这个定义,甚至难以令人信服地说明数列 $\left\{\dfrac{1+(-1)^{n-1}}{2}\right\}$ 的极限不是 0,也不是 1,而是不存在.因此,需要给数列极限用量化的数学语言来刻画"$n\to\infty$"和"$x_n\to A$"这一事实.

我们知道,两个实数 a,b 接近的程度可以由 $|a-b|$ 确定($|a-b|$ 表示数轴上两点 a 与 b 的距离).$|a-b|$ 越小,说明 a,b 越接近.因此,要说明"$n\to\infty$ 时 $x_n\to A$"只需说明"当 n 越来越大时,$|x_n-A|$ 会越来越小",但要注意 $|x_n-A|$ 可以不为 0.

例如,对数列 $\{x_n\}=\left\{\dfrac{n+(-1)^{n-1}}{n}\right\}$ 而言,因为

$$|x_n-1|=\left|(-1)^{n-1}\dfrac{1}{n}\right|=\dfrac{1}{n}.$$

由此可见,当 n 越来越大时,$|x_n-1|=\dfrac{1}{n}$ 会越来越小,例如给定 $\dfrac{1}{100}$,要使 $|x_n-1|<\dfrac{1}{100}$,只需 $\dfrac{1}{n}<\dfrac{1}{100}$,即 $n>100$.也就是说,从数列的第 101 项起,后面的各项都能使不等式

$$|x_n-1|<\dfrac{1}{100}$$

成立.同样地,如果给定 $\dfrac{1}{10\,000}$,则从数列的第 10 001 项起,后面的各项都能使不等式

$$|x_n-1|<\dfrac{1}{10\,000}$$

成立.一般地,无论给定的正数 ε 多么小,总存在着一个正整数 $N\left(N=\left[\dfrac{1}{\varepsilon}\right]\right)$,使得当 $n>N$ 时,不等式

$$|x_n-1|<\varepsilon$$

都成立.这就是数列 $\{x_n\}=\left\{\dfrac{n+(-1)^{n-1}}{n}\right\}$ 当 $n\to\infty$ 时无限接近于 1 这一事实的定量的刻画.

一般地,有如下数列极限的分析定义(或称为"$\varepsilon-N$"定义).

定义 2-3 设有数列 $\{x_n\}$,如果存在常数 A,对于任意给定的正数 ε(不论它多么小),总存在正整数 N,使得对于满足 $n>N$ 的一切 x_n,都有不等式

$$|x_n-A|<\varepsilon$$

成立,则称常数 A 为数列 $\{x_n\}$ 的极限,或称数列 $\{x_n\}$ 收敛于 A,记作 $\lim\limits_{n\to\infty}x_n=A$ 或者 $x_n\to A(n\to\infty)$.

下面给出 $\lim\limits_{n\to\infty}x_n=A$ 的一个几何解释:

将数列 $\{x_n\}$ 的每一项 $x_1,x_2,\cdots$,以及常数 A 用数轴上的对应点表示出来,再在数轴上作出点 A 的 ε 邻域即开区间 $(A-\varepsilon,A+\varepsilon)$,如图 2-4 所示.

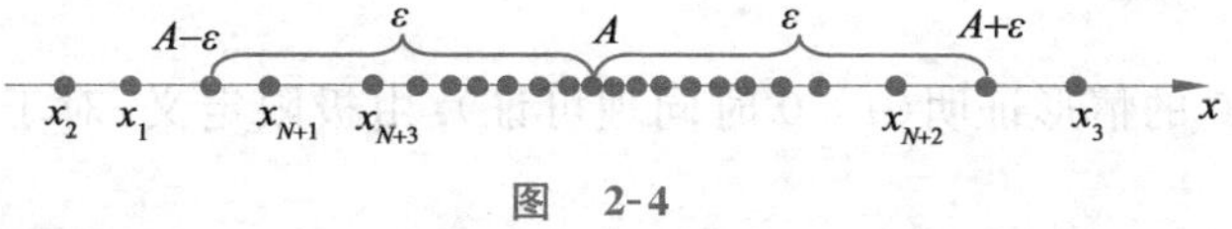

图 2-4

由绝对值不等式的性质可知,$|x_n-A|<\varepsilon$ 等价于 $A-\varepsilon<x_n<A+\varepsilon$,即 $x_n\in U(A,\varepsilon)$.因

此，$x_n \to A(n \to \infty)$ 从几何上看就是对以 A 为中心，以不论多么小的正数 ε 为半径的邻域 $U(A,\varepsilon)$，总存在一个正整数 N，从第 $N+1$ 项起，后面的所有项(无限多项)都落在邻域 $U(A,\varepsilon)$ 内，而不在 $U(A,\varepsilon)$ 内的至多有 N 项(有限项). 由于这邻域的半径 ε 可以任意小，邻域内总有无限项多个 $\{x_n\}$ 中的点，所以可以想象，$\{x_n\}$ 中 $n>N$ 的点"聚集"在点 A 的邻近.

为了表示简便，引入几个符号：

符号"$\forall$"：表示"对于任意给定的"或"对于每一个"；

符号"$\exists$"：表示"存在"或"有一个"；

符号"$\max\{X\}$"：表示数集 X 中的最大数；

符号"$\min\{X\}$"：表示数集 X 中的最小数.

▶ 2.1.2 数列极限的性质

定理 2-1(唯一性) 如果数列 $\{x_n\}$ 收敛，那么它的极限唯一.

证(反证法) 假设 $\lim\limits_{n\to\infty} x_n = a$，又有 $\lim\limits_{n\to\infty} x_n = b$，并且 $a \neq b$. 不妨设 $a<b$，由极限的分析定义知，取 $\varepsilon = \dfrac{b-a}{2}$，由于 $\lim\limits_{n\to\infty} x_n = a$，所以 $\exists$ 正整数 N_1，当 $n>N_1$ 时，有 $|x_n - a| < \dfrac{b-a}{2}$，即

$$\frac{3a-b}{2} < x_n < \frac{b+a}{2}. \tag{2-1}$$

又由于 $\lim\limits_{n\to\infty} x_n = b$，所以 $\exists$ 正整数 N_2，当 $n>N_2$ 时，有 $|x_n - b| < \dfrac{b-a}{2}$，即

$$\frac{a+b}{2} < x_n < \frac{3b-a}{2}. \tag{2-2}$$

取 $N = \max\{N_1, N_2\}$，则当 $n>N$ 时，式(2-1)及式(2-2)同时成立. 但由式(2-1)有 $x_n < \dfrac{b+a}{2}$，由式(2-2)有 $x_n > \dfrac{a+b}{2}$，这是不可能的，这矛盾证明唯一性定理为真.

定理 2-2(有界性) 如果数列 $\{x_n\}$ 收敛，那么数列 $\{x_n\}$ 一定有界.

证 设 $\lim\limits_{n\to\infty} x_n = a$，根据极限定义，对于 $\varepsilon = 1$，$\exists$ 正整数 N，当 $n>N$ 时，都有 $|x_n - a| < 1$. 于是，当 $n>N$ 时，

$$|x_n| = |(x_n - a) + a| \leqslant |x_n - a| + |a| < 1 + |a|$$

取 $M = \max\{|x_1|, |x_2|, \cdots, |x_N|, 1+|a|\}$，则对于一切 $n = 1, 2, \cdots, |x_n| \leqslant M$ 成立. 这就证明了数列 $\{x_n\}$ 是有界的.

定理 2-2 的逆命题未必成立，例如数列 $\{(-1)^n\}$ 有界，但它是发散的.

推论 2-1 无界数列必发散.

定理 2-3(保号性) 如果 $\lim\limits_{n\to\infty} x_n = a$，且 $a>0$(或 $a<0$)，则 $\exists$ 正整数 N，当 $n>N$ 时，都有 $x_n > 0$(或 $x_n < 0$).

证 仅就 $a>0$ 的情形证明($a<0$ 时同理可证). 由极限定义，对于 $\varepsilon = \dfrac{a}{2} > 0$，$\exists$ 正整数 N，当 $n>N$ 时，有

$$|x_n - a| < \frac{a}{2}, \text{即} \frac{a}{2} < x_n < \frac{3a}{2}.$$

从而当 $n>N$ 时,$x_n>\dfrac{a}{2}>0$.

推论 2-2　如果数列 $\{x_n\}$ 从某项开始有 $x_n>0$(或 $x_n<0$),且 $\lim\limits_{n\to\infty}x_n=a$,则 $a\geqslant 0$(或 $a\leqslant 0$).

注:推论 2-2 中只能推出 $a\geqslant 0$(或 $a\leqslant 0$),而不是 $a>0$(或 $a<0$).例如 $x_n=\dfrac{1}{n}>0$,但 $\lim\limits_{n\to\infty}\dfrac{1}{n}=0$.

2.2　函数的极限

上节讨论的数列 $x_n=f(n)$ 的极限是函数 $y=f(x)$ 极限的特殊情形,其特殊性是:自变量 n 是离散地取正整数无限增大(即 $n\to\infty$).在这一节中,讨论一般函数 $y=f(x)$ 的极限,主要研究两种情形:$x\to x_0$(有限数);$x\to\infty$($|x|$ 无限增大).

▶ 2.2.1　$x\to x_0$ 时,函数的极限

引例 2-3　设 $f(x)=\dfrac{x^2-1}{x-1}$,考察 $\lim\limits_{x\to 1}f(x)$.

解　函数的定义域 $D=\{x\,|\,x\in R,\text{且 }x\neq 1\}$.所考察的极限中,函数的自变量 x 的变化过程是:$x\neq 1$ 而无限趋向于 1.

由于 $f(x)=\dfrac{x^2-1}{x-1}\xlongequal{x\neq 1}\dfrac{(x+1)(x-1)}{x-1}=x+1$,

其图像如图 2-5 所示.从几何直观上,易知 $\lim\limits_{x\to 1}\dfrac{x^2-1}{x-1}=2$,

且 $f(x)$ 取不到 $2\left(2\text{ 不是函数}\dfrac{x^2-1}{x-1}\text{的函数值}\right)$.

另一方面,分别令 $x=2.0000,1.9000,1.0900,1.0090$,
1.0009 或令 $x=0.0000,0.9000,0.9900,0.9990,0.9999$.
从代数上确认这一清晰的模式,如表 2-1.

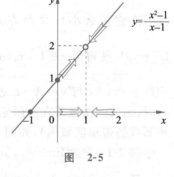

图 2-5

表 2-1　　　　$x\to 1$ 的过程中,函数 $f(x)=\dfrac{x^2-1}{x-1}$ 的函数值变化趋势表

x	$\dfrac{x^2-1}{x-1}$	x	$\dfrac{x^2-1}{x-1}$
2	3	0.0000	1.0000
1.9000	2.9000	0.9000	1.9000
1.0900	2.0900	0.9900	1.9900
1.0090	2.0090	0.9990	1.9990
1.0009	2.0009	0.9999	1.9999

总之,我们确认$\lim\limits_{x\to 1}\dfrac{x^2-1}{x-1}=2$.不过,值得注意的是,这里 $x_0=1$ 不是函数定义域内的点,而 2 也不是该函数的函数值.因此,一般地,精确刻画"在 $x\to x_0$ 的过程中,对应的函数值 $f(x)$ 无限接近于 A"这一事实,就是 $|f(x)-A|$ 能任意的小,如数列极限概念所述,$|f(x)-A|$ 能任意小可以用 $|f(x)-A|<\varepsilon$ 来刻画,其中 ε 是任意给定的不论多小的正数.由于函数值无限接近于 A 是在 $x\to x_0$ 的过程中实现的,所以对于满足上述不等式的 x 是充分接近 x_0 的 x,而充分接近 x_0 的 x 可以表示为 $0<|x-x_0|<\delta$,其中 δ 是某个正数,即 $x\in \overset{\circ}{U}(x_0,\delta)$.

通过以上分析,我们给出 $x\to x_0$ 时函数的极限的精确定义如下(通常称为"$\varepsilon-\delta$"定义).

定义 2-4 设函数 $f(x)$ 在点 x_0 的某去心邻域内有定义,A 为常数.如果对于任意给定的正数 ε(不论它多么小),总存在正数 δ,使得当 x 满足不等式 $0<|x-x_0|<\delta$ 时,对应的函数值都满足不等式

$$|f(x)-A|<\varepsilon,$$

则称常数 A 为函数 $f(x)$ 当 $x\to x_0$ 时的极限,记作

$$\lim_{x\to x_0}f(x)=A \text{ 或 } f(x)\to A(x\to x_0).$$

注 1:定义中 $0<|x-x_0|$ 表示 $x\neq x_0$,所以 $x\to x_0$ 时 $f(x)$ 是否有极限与 $f(x)$ 在 x_0 是否有定义无关.

注 2:$\lim\limits_{x\to x_0}f(x)=A$ 的几何意义.

由于 $|f(x)-A|<\varepsilon$ 等价于 $A-\varepsilon<f(x)<A+\varepsilon$,而 $0<|x-x_0|<\delta$ 等价于 $x_0-\delta<x<x_0+\delta$ 且 $x\neq x_0$,所以 $\lim\limits_{x\to x_0}f(x)=A$ 的几何意义是:对于任意给定的正数 ε(不论它多么小),总存在点 x_0 的一个去心 δ 邻域 $\overset{\circ}{U}(x_0,\delta)$,使得当 $x\in \overset{\circ}{U}(x_0,\delta)$ 时,函数的图像夹在两条直线 $y=A+\varepsilon$ 与 $y=A-\varepsilon$ 之间(或者说,当 $x\in \overset{\circ}{U}(x_0,\delta)$ 时,函数的图像落在由两条直线 $y=A+\varepsilon$ 与 $y=A-\varepsilon$ 所形成的带形区域内),如图 2-6 所示.

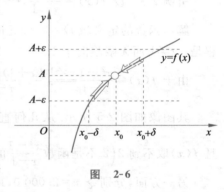

图 2-6

例 2-1 证明 $\lim\limits_{x\to x_0}c=c$,其中 c 为常数.

证 由于 $|f(x)-c|=|c-c|=0$,因此 $\forall \varepsilon>0$,可取任意正数 δ,当 $0<|x-x_0|<\delta$ 时,有不等式 $|f(x)-c|<\varepsilon$ 成立,所以 $\lim\limits_{x\to x_0}c=c$.

例 2-2 证明 $\lim\limits_{x\to x_0}x=x_0$.

证 由于 $|f(x)-x_0|=|x-x_0|$,因此 $\forall \varepsilon>0$,取 $\delta=\varepsilon$,则当 $0<|x-x_0|<\delta$ 时,有不等式 $|f(x)-x_0|<\varepsilon$ 成立,所以 $\lim\limits_{x\to x_0}x=x_0$.

例 2-3 证明 $\lim\limits_{x\to x_0}\sin x=\sin x_0$.

证 注意到 $|\sin x|\leqslant |x|$ 及 $|\cos x|\leqslant 1$,由于

$$|f(x)-\sin x_0|=|\sin x-\sin x_0|$$
$$=\left|2\cos\dfrac{x+x_0}{2}\sin\dfrac{x-x_0}{2}\right|\leqslant 2\left|\sin\dfrac{x-x_0}{2}\right|$$

$$\leqslant 2\left|\frac{x-x_0}{2}\right|=|x-x_0|$$

因此 $\forall \varepsilon > 0$，取 $\delta = \varepsilon$，则当 $0 < |x-x_0| < \delta$ 时，有不等式 $|\sin x - \sin x_0| < \varepsilon$ 成立，所以 $\lim\limits_{x \to x_0} \sin x = \sin x_0$.

类似地，可证明 $\lim\limits_{x \to x_0} \cos x = \cos x_0$.

单侧极限

在上述定义中，x 是既从 x_0 的左侧也从 x_0 的右侧趋于 x_0，但有些实际问题只能或只需考虑 x 仅从 x_0 的左侧趋于 x_0（记作 $x \to x_0^-$），或 x 仅从 x_0 的右侧趋于 x_0（记作 $x \to x_0^+$）的情形，分别称为 $f(x)$ 当 $x \to x_0$ 的左极限与右极限，分别记作

$$\lim_{x \to x_0^-} f(x) = A \text{ 或 } f(x_0 - 0) = A,$$

$$\lim_{x \to x_0^+} f(x) = A \text{ 或 } f(x_0 + 0) = A.$$

将定义中的 $0 < |x-x_0| < \delta$ 改为 $0 < x_0 - x < \delta$ 即为左极限的定义，类似地，将 $0 < |x-x_0| < \delta$ 改为 $0 < x-x_0 < \delta$ 就是右极限的定义.

根据定义可证 $\lim\limits_{x \to x_0} f(x) = A$ 的充要条件是 $f(x_0 - 0) = f(x_0 + 0) = A$.

例 2-4 设 $f(x) = \begin{cases} x-1, & x<0 \\ 0, & x=0 \\ x+1, & x>0 \end{cases}$，

讨论当 $x \to 0$ 时，$f(x)$ 的极限是否存在.

解 $x = 0$ 称为 $f(x)$ 的分界点.

$\lim\limits_{x \to 0^-} f(x) = \lim\limits_{x \to 0^-} (x-1) = -1$,

$\lim\limits_{x \to 0^+} f(x) = \lim\limits_{x \to 0^+} (x+1) = 1$,

由于 $\lim\limits_{x \to 0^-} f(x) \neq \lim\limits_{x \to 0^+} f(x)$，所以 $\lim\limits_{x \to 0} f(x)$ 不存在.（图 2-7 所示）

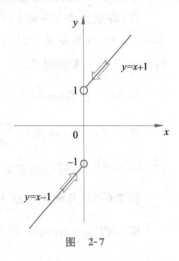

图 2-7

▶ 2.2.2 $x \to \infty$ 时，函数的极限

$x \to \infty$ 是指 $|x|$ 无限增大，它既包含 $x > 0$ 无限增大（此时记作 $x \to +\infty$），又包含 $x < 0$ 且 $|x|$ 无限增大（此时记作 $x \to -\infty$）. 先看一个引例.

引例 2-4，从几何上考察 $x \to \infty$ 时，函数 $\dfrac{1}{x}$ 的极限（如图 2-8 所示）

易知 $\lim\limits_{x \to \infty} \dfrac{1}{x} = 0$.

一般地，如果在 $x \to \infty$ 的过程中，对应的函数值 $f(x)$ 无限接近于确定的常数 A，那么 A 叫作函数 $f(x)$ 当 $x \to \infty$ 时的极限. 其精确量化的刻画定义

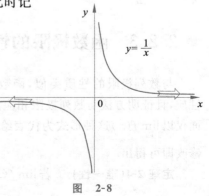

图 2-8

如下.

定义 2-5 设函数 $f(x)$ 当 $|x|$ 大于某正数时有定义.如果存在常数 A,对于任意给定的正数 ε(不论它多么小),总存在正数 X,使得当 x 满足不等式 $|x|>X$ 时,对应的函数值都满足不等式
$$|f(x)-A|<\varepsilon,$$
则称常数 A 为函数 $f(x)$ 当 $x\to\infty$ 时的极限,记作
$$\lim_{x\to\infty}f(x)=A \text{ 或 } f(x)\to A(x\to\infty).$$

定义 2-6 可简单地表述为:
$\lim\limits_{x\to\infty}f(x)=A \Leftrightarrow \forall \varepsilon>0, \exists X>0,$ 当 $|x|>X$ 时,有 $|f(x)-A|<\varepsilon$.

$\lim\limits_{x\to\infty}f(x)=A$ 的几何意义:

$\forall \varepsilon>0$,作直线 $y=A+\varepsilon$ 和 $y=A-\varepsilon$,则总存在 $X>0$,使得当 $x<-X$ 或 $x>X$ 时,函数 $y=f(x)$ 的图像位于这两条直线之间(图 2-9).这时,称直线 $y=A$ 为函数 $y=f(x)$ 的图像的水平渐近线.

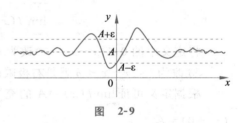

图 2-9

注:将定义 2-5 中的 $|x|>X$ 改为 $x>X$,就得到 $\lim\limits_{x\to+\infty}f(x)=A$ 的定义;将 $|x|>X$ 改为 $x<-X$,就得到 $\lim\limits_{x\to-\infty}f(x)=A$ 的定义.

例 2-5 证明 $\lim\limits_{x\to\infty}\dfrac{2x+3}{x}=2$.

证 $\forall \varepsilon>0$,要使 $\left|\dfrac{2x+3}{x}-2\right|=\dfrac{3}{|x|}<\varepsilon$,只需取 $X=\dfrac{3}{\varepsilon}>0$,则当 $|x|>X$ 时,有 $\left|\dfrac{2x+3}{x}-2\right|<\varepsilon$,所以由定义得 $\lim\limits_{x\to\infty}\dfrac{2x+3}{x}=2$.

例 2-6 从几何上考察 $\lim\limits_{x\to+\infty}\arctan x$ 及 $\lim\limits_{x\to-\infty}\arctan x$.

解 由 $y=\arctan x$ 的图像知 $\lim\limits_{x\to+\infty}\arctan x=\dfrac{\pi}{2}$,$\lim\limits_{x\to-\infty}\arctan x=-\dfrac{\pi}{2}$,但 $\lim\limits_{x\to\infty}\arctan x$ 不存在,并且 $y=\dfrac{\pi}{2}$,$y=-\dfrac{\pi}{2}$ 为 $y=\arctan x$ 的水平渐近线(图 2-10).

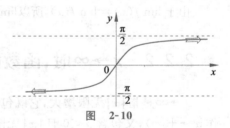

图 2-10

2.2.3 函数极限的性质

与数列极限的性质类似,函数极限也具有相应的性质,且证明方法与数列极限相应定理的证明方法类似.读者可自行完成各定理的证明.下面仅以 $\lim\limits_{x\to x_0}f(x)$ 这种形式为代表给出函数极限的性质,其他形式的极限,只需相应地做某些修改即可得出.

定理 2-4(唯一性) 若 $\lim\limits_{x\to x_0}f(x)$ 存在,则其极限是唯一的.

定理 2-5(局部有界性)　若 $\lim\limits_{x\to x_0}f(x)=A$,则存在常数 $M>0$ 及 $\delta>0$,当 $x\in\overset{\circ}{U}(x_0,\delta)$ 时,有 $|f(x)|\leqslant M$.

定理 2-6(局部保号性)　若 $\lim\limits_{x\to x_0}f(x)=A$,且 $A>0$(或 $A<0$),则存在常数 $\delta>0$,当 $x\in\overset{\circ}{U}(x_0,\delta)$ 时,有 $f(x)>0$(或 $f(x)<0$).

证　仅就 $A>0$ 的情形证明.

因为 $\lim\limits_{x\to x_0}f(x)=A>0$,所以取 $\varepsilon=\dfrac{A}{2}>0$,则 $\exists\delta>0$,当 $0<|x-x_0|<\delta$ 时,有

$$|f(x)-A|<\dfrac{A}{2}\Rightarrow f(x)>A-\dfrac{A}{2}=\dfrac{A}{2}>0.$$

类似地可证明 $A<0$ 的情形.

从定理 2-6 的证明过程可得下面更强的结论:

定理 2-6′　若 $\lim\limits_{x\to x_0}f(x)=A(A\neq 0)$,则存在 $\overset{\circ}{U}(x_0,\delta)$,当 $x\in\overset{\circ}{U}(x_0,\delta)$ 时,有 $|f(x)|>\dfrac{|A|}{2}$.

推论 2-3　如果在 x_0 的某去心邻域 $\overset{\circ}{U}(x_0)$ 内,$f(x)\geqslant 0$(或 $f(x)\leqslant 0$),并且 $\lim\limits_{x\to x_0}f(x)=A$,那么 $A\geqslant 0$(或 $A\leqslant 0$).

2.3　无穷小与无穷大

因为 $\lim\limits_{x\to x_0}f(x)=A$ 等价于 $\lim\limits_{x\to x_0}[f(x)-A]=0$,所以极限方法需要进一步研究一种特殊变量——无穷小.

▶ 2.3.1　无穷小

无穷小概念可回溯到古希腊时期伟大的数学家阿基米德(Archimedes,公元前 287—212).那时,他的数学思想中就已蕴含着"无穷小".他首用无限小量的方法研究几何学中有关面积、体积等问题,并获得了许多重要的数学结果.但当时对无限小量的认识是局限的,未能真正领悟"无穷小、无穷大和无穷步骤".直到 1821 年,法国数学家柯西(Cauchy)在他的著作《无穷小分析教程》中,才对无限小这一概念给出了明确的回答.无穷小理论就是在柯西的理论基础上发展而来的.

定义 2-6　如果函数 $\alpha(x)\to 0(x\to x_0$ 或 $x\to\infty)$,那么称函数 $\alpha(x)$ 是 $x\to x_0$(或 $x\to\infty$)时的一个无穷小量,简称无穷小.

例如,$\sin x$ 是 $x\to 0$ 时的无穷小;$\dfrac{1}{x}$ 是 $x\to\infty$ 时的无穷小;$\dfrac{1}{2^{n-1}}$ 是 $n\to\infty$ 时的无穷小.

注:无穷小是极限为 0 的函数,并且是相应于确定的极限过程而言的.不要将无穷小与很小很小的数混淆,$\alpha(x)\equiv 0$ 可以作为无穷小的唯一的常数.

下面的定理说明了无穷小与函数极限的关系.

定理 2-7 $f(x) \to A$（$(x \to x_0)$ 或 $(x \to \infty)$）的充要条件是 $f(x) = A + \alpha(x)$，其中 $\alpha(x)$ 是相应的极限过程中的无穷小量.

证 仅证 $x \to x_0$ 的情形，$x \to \infty$ 的情形证法类似.

必要性 因为 $\lim\limits_{x \to x_0} f(x) = A$，所以 $\forall \varepsilon > 0, \exists \delta > 0$，当 $x \in \overset{\circ}{U}(x_0, \delta)$ 时，有
$$|f(x) - A| < \varepsilon.$$
记 $\alpha(x) = f(x) - A$，则 $\alpha(x)$ 是 $x \to x_0$ 时的无穷小，并且
$$f(x) = A + \alpha(x) \quad x \in \overset{\circ}{U}(x_0, \delta).$$
充分性 设 $f(x) = A + \alpha(x)$，其中 A 是常数，$\alpha(x)$ 是 $x \to x_0$ 时的无穷小，于是，$\forall \varepsilon > 0$，$\exists \delta > 0$，当 $x \in \overset{\circ}{U}(x_0, \delta)$ 时，有
$$|\alpha(x) - 0| < \varepsilon, \text{即 } |f(x) - A| = |\alpha(x)| < \varepsilon.$$
由极限定义知，$\lim\limits_{x \to x_0} f(x) = A$.

例 2-7 由于 $\lim\limits_{x \to \infty} \dfrac{2x+3}{x} = 2$，所以函数 $\dfrac{2x+3}{x}$ 可表示为 $\dfrac{2x+3}{x} = 2 + \dfrac{3}{x}$，其中 $\alpha(x) = \dfrac{3}{x}$ 是 $x \to \infty$ 时的无穷小.

例 2-8 因为 $\lim\limits_{x \to 1} \dfrac{x^2-1}{x-1} = 2$，所以函数 $\dfrac{x^2-1}{x-1}$ 可表示为 $\dfrac{x^2-1}{x-1} = 2 + \dfrac{(x-1)^2}{x-1}$，其中 $\alpha(x) = \dfrac{(x-1)^2}{x-1}$ 是 $x \to 1$ 时的无穷小.

2.3.2 无穷小的性质

性质 2-1 有限个无穷小的代数和仍为无穷小.

证 只需证明两个无穷小的和的情形. 设 $\lim\limits_{x \to x_0} \alpha(x) = 0, \lim\limits_{x \to x_0} \beta(x) = 0$，

$\forall \varepsilon > 0, \exists \delta_1 > 0$，当 $x \in \overset{\circ}{U}(x_0, \delta_1)$ 时，有 $|\alpha(x)| < \dfrac{\varepsilon}{2}$；$\exists \delta_2 > 0$，当 $x \in \overset{\circ}{U}(x_0, \delta_2)$，有 $|\beta(x)| < \dfrac{\varepsilon}{2}$，取 $\delta = \min\{\delta_1, \delta_2\}$，则当 $x \in \overset{\circ}{U}(x_0, \delta)$ 时，有
$$|\alpha(x) + \beta(x)| \leqslant |\alpha(x)| + |\beta(x)| < \dfrac{\varepsilon}{2} + \dfrac{\varepsilon}{2} = \varepsilon.$$
这就证明了两个无穷小的和仍为无穷小.

性质 2-2 有界量与无穷小的乘积仍是无穷小.

证 设 $f(x)$ 是 $x \to x_0$ 时的有界量，$\alpha(x) \to 0 (x \to x_0)$，则 $\forall \varepsilon > 0, \exists M$ 及 $\delta_1 > 0$，当 $x \in \overset{\circ}{U}(x_0, \delta_1)$ 时，有
$$|f(x)| \leqslant M.$$
同时，$\exists \delta_2 > 0$，当 $x \in \overset{\circ}{U}(x_0, \delta_2)$ 时，有
$$|\alpha(x)| < \dfrac{\varepsilon}{M}.$$
于是取 $\delta = \min\{\delta_1, \delta_2\}$，则当 $x \in \overset{\circ}{U}(x_0, \delta)$ 时，有

$$|f(x) \cdot \alpha(x)| = |f(x)| \cdot |\alpha(x)| < M \cdot \frac{\varepsilon}{M} = \varepsilon.$$

这就证明了有界量与无穷小的乘积仍是无穷小.

例 2-9 证明 $\lim\limits_{x\to 0} x\sin\dfrac{1}{x} = 0$.

证 因为 $\lim\limits_{x\to 0} x = 0$,而当 $x\to 0$ 时 $\sin\dfrac{1}{x}$ 的极限不存在,但 $\left|\sin\dfrac{1}{x}\right|\leqslant 1$,即 $\sin\dfrac{1}{x}$ 是有界函数. 所以根据无穷小的性质知 $\lim\limits_{x\to 0} x\sin\dfrac{1}{x} = 0$.

由性质 2 可推得下面两个推论.

推论 2-4 常数与无穷小的乘积是无穷小.

推论 2-5 有限个无穷小的乘积仍是无穷小.

▶ 2.3.3 无穷大

有一种较有规律,但属于极限不存在的情形,即在自变量的某变化过程中,$|f(x)|$ 无限增大. 例如函数 $f(x) = \dfrac{1}{x}$,当 $x\to 0$ 时,$|f(x)| = \left|\dfrac{1}{x}\right|$ 无限增大,如图 2-11 所示.

一般地,如果当 $x\to x_0$(或 $x\to \infty$)时,相应的函数值的绝对值 $|f(x)|$ 无限增大,那么就称函数 $f(x)$ 为 $x\to x_0$(或 $x\to\infty$)时的无穷大量,简称无穷大. 其精确定义如下:

定义 2-7 设函数在 x_0 的某去心邻域内有定义(或 $|x|$ 大于某正数时有定义).

如果对于任意给定的正数 M(不论它多么大),总存在正数 δ(或正数 X),当 x 满足不等式 $0 < |x - x_0| < \delta$(或 $|x| > X$)时,对应的函数值总满足不等式

$$|f(x)| > M,$$

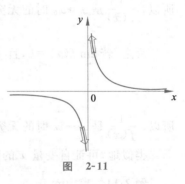

图 2-11

则称函数 $f(x)$ 是当 $x\to x_0$(或 $x\to\infty$)时的无穷大,并记作

$$\lim\limits_{x\to x_0} f(x) = \infty \;(\text{或} \lim\limits_{x\to\infty} f(x) = \infty).$$

注 1:无穷大不是数,它是一个变量. 这里借用记号" $\lim\limits_{\substack{x\to x_0\\(x\to\infty)}} f(x) = \infty$ "来表示 $f(x)$ 是 $x\to x_0$(或 $x\to\infty$)时的无穷大,并非意味着 $f(x)$ 的极限存在. 恰恰相反,$\lim\limits_{\substack{x\to x_0\\(x\to\infty)}} f(x) = \infty$ 意味着 $f(x)$ 的极限不存在.

注 2:无穷大又分为正无穷大和负无穷大,分别记作

$$\lim\limits_{\substack{x\to x_0\\(x\to\infty)}} f(x) = +\infty, \quad \lim\limits_{\substack{x\to x_0\\(x\to\infty)}} f(x) = -\infty.$$

例 2-10 (1) $\lim\limits_{x\to 0^+}\ln x = -\infty$; (2) $\lim\limits_{x\to 0^+}\dfrac{1}{x} = +\infty$, $\lim\limits_{x\to 0^-}\dfrac{1}{x} = -\infty$; (3) $\lim\limits_{x\to +\infty} e^x = +\infty$;

(4) $\lim\limits_{x\to \frac{\pi}{2}^-}\tan x = +\infty$, $\lim\limits_{x\to \frac{\pi}{2}^+}\tan x = -\infty$.

在例 2-10 中,由函数的图像知,直线 $x=0$ 是函数 $y=\ln x$, $y=\dfrac{1}{x}$ 的图像的铅直渐近线;同理,直线 $x=\dfrac{\pi}{2}$ 是函数 $y=\tan x$ 的图像的铅直渐近线.

一般地,若 $\lim\limits_{x\to x_0}f(x)=\infty$,则直线 $x=x_0$ 称为函数 $y=f(x)$ 的图像的铅直渐近线.

由无穷大的定义可知,无穷大量必是无界量,但无界量未必是无穷大量.例如,数列 $x_n=[1+(-1)^n]^n$,当 $n\to\infty$ 时是无界量,但它不是无穷大量.

无穷小与无穷大之间有如下互为倒数关系.

定理 2-8 在自变量的同一变化过程中,如果 $f(x)$ 是无穷大,则 $\dfrac{1}{f(x)}$ 是无穷小;反之,如果 $f(x)$ 是无穷小,且 $f(x)\neq 0$,则 $\dfrac{1}{f(x)}$ 是无穷大.

证 设 $\lim\limits_{x\to x_0}f(x)=\infty$,则根据无穷大的定义,$\forall \varepsilon>0$,取 $M=\dfrac{1}{\varepsilon}$,$\exists \delta>0$,当 $x\in \overset{\circ}{U}(x_0,\delta)$ 时,有

$$|f(x)|>M=\dfrac{1}{\varepsilon},\text{即}\left|\dfrac{1}{f(x)}\right|<\varepsilon.$$

所以,$\dfrac{1}{f(x)}$ 是 $x\to x_0$ 时的无穷小.

反之,若 $\lim\limits_{x\to x_0}f(x)=0$,且 $f(x)\neq 0$,则 $\forall M>0$,令 $\varepsilon=\dfrac{1}{M}$,$\exists \delta>0$,当 $x\in \overset{\circ}{U}(x_0,\delta)$ 时,有

$$|f(x)|<\varepsilon=\dfrac{1}{M}\text{ 即 }\left|\dfrac{1}{f(x)}\right|>M.$$

所以,$\dfrac{1}{f(x)}$ 是 $x\to x_0$ 时的无穷大.

类似地,可证自变量 x 的其他变化过程的情形.

例 2-11 求 $\lim\limits_{x\to +\infty}\dfrac{1}{\mathrm{e}^x}$.

解 因为 $\lim\limits_{x\to +\infty}\mathrm{e}^x=+\infty$,所以 $\lim\limits_{x\to +\infty}\dfrac{1}{\mathrm{e}^x}=0$.

2.4 极限运算法则

本节讨论极限的求法,主要是建立极限的四则运算法则和复合函数的极限运算法则,并利用这些法则求某些函数的极限,以后还将介绍求极限的其他方法.

2.4.1 极限的四则运算法则

为了简便,定理中记号"lim"下面略去了自变量 x 的变化过程,表示定理对 $x\to x_0$ 及 $x\to\infty$ 或其他变化过程都是成立的.

定理 2-9(四则运算法则) 如果 $\lim f(x)=A, \lim g(x)=B$，那么

(1) $\lim[f(x)\pm g(x)]=A\pm B=\lim f(x)\pm \lim g(x)$；

(2) $\lim[f(x)\cdot g(x)]=A\cdot B=\lim f(x)\cdot \lim g(x)$；

(3) $\lim\dfrac{f(x)}{g(x)}=\dfrac{A}{B}=\dfrac{\lim f(x)}{\lim g(x)}$ $(B\neq 0)$.

证 仅证(3)，(1)和(2)的证明建议读者作为练习. 证明方法是利用无穷小的性质及无穷小与函数极限的关系定理.

由 $\lim f(x)=A, \lim g(x)=B$，且 $B\neq 0$，有 $f(x)=A+\alpha(x), g(x)=B+\beta(x)$，其中 $\alpha(x),\beta(x)$ 为无穷小. 设

$$\gamma(x)=\dfrac{f(x)}{g(x)}-\dfrac{A}{B},$$

则

$$\gamma(x)=\dfrac{A+\alpha(x)}{B+\beta(x)}-\dfrac{A}{B}=\dfrac{1}{B[B+\beta(x)]}[B\alpha(x)-A\beta(x)].$$

上式中，$B\alpha(x)-A\beta(x)$ 是无穷小.

下面证明 $\dfrac{1}{B(B+\beta(x))}$ 是有界量. 不妨设极限过程是 $x\to x_0$，根据定理 2-6′，由于 $\lim\limits_{x\to x_0}g(x)=B\neq 0$，所以存在点 x_0 的某一去心邻域 $\mathring{U}(x_0)$，当 $x\in \mathring{U}(x_0)$ 时，$|g(x)|<\dfrac{|B|}{2}$，从而 $\left|\dfrac{1}{g(x)}\right|<\dfrac{2}{|B|}$，于是 $\left|\dfrac{1}{B[B+\beta(x)]}\right|<\dfrac{1}{|B|}\cdot\dfrac{2}{|B|}=\dfrac{2}{|B|^2}$，这就证明了 $\dfrac{1}{B[B+\beta(x)]}$ 在点 x_0 的某去心邻域 $\mathring{U}(x_0)$ 内有界.

由于

$$\dfrac{f(x)}{g(x)}=\dfrac{A}{B}+\gamma(x),$$

其中 $\gamma(x)$ 是无穷小，从而得

$$\lim\dfrac{f(x)}{g(x)}=\dfrac{A}{B}=\dfrac{\lim f(x)}{\lim g(x)} \quad (B\neq 0).$$

定理 2-9 中的(1)，(2)可推广至有限个函数的情形.

关于定理 2-9 中的(2)，有如下推论：

推论 2-6 若 $\lim f(x)$ 存在，c 为常数，则

$$\lim[cf(x)]=c\lim f(x).$$

推论 2-7 若 $\lim f(x)$ 存在，n 为正整数，则

$$\lim[f(x)]^n=[\lim f(x)]^n.$$

根据极限四则运算法则及其推论，可解决一类函数——有理整函数(多项式)及有理分式函数(多项式的商)当 $x\to x_0$ 时的极限问题.

设多项式

$$P(x)=a_0 x^n+a_1 x^{n-1}+\cdots+a_{n-1}x+a_n,$$

则

$$\lim_{x\to x_0}P(x)=a_0(\lim_{x\to x_0}x)^n+a_1(\lim_{x\to x_0}x)^{n-1}+\cdots+a_{n-1}\lim_{x\to x_0}x+\lim_{x\to x_0}a_n$$

$$=a_0 x_0^n+a_1 x_0^{n-1}+\cdots+a_{n-1}x_0+a_n=P(x_0).$$

又设有理分式函数

$$F(x)=\frac{P(x)}{Q(x)},$$

其中, $P(x)$、$Q(x)$ 都是多项式.

由于 $\lim\limits_{x \to x_0} P(x) = P(x_0)$, $\lim\limits_{x \to x_0} Q(x) = Q(x_0)$, 于是,

如果 $Q(x_0) \neq 0$, 则

$$\lim_{x \to x_0} F(x) = \frac{\lim\limits_{x \to x_0} P(x)}{\lim\limits_{x \to x_0} Q(x)} = \frac{P(x_0)}{Q(x_0)} = F(x_0).$$

例 2-12 求 $\lim\limits_{x \to 2}(x^2 - 5x + 3)$.

解 $\lim\limits_{x \to 2}(x^2 - 5x + 3) = 2^2 - 5 \times 2 + 3 = -3$.

例 2-13 求 $\lim\limits_{x \to 2} \dfrac{x^3 - 1}{x^2 - 5x + 3}$.

解 $\lim\limits_{x \to 2} \dfrac{x^3 - 1}{x^2 - 5x + 3} = \dfrac{2^3 - 1}{2^2 - 5 \times 2 + 3} = -\dfrac{7}{3}$.

但须注意: 若 $Q(x_0) = 0$, 则商的运算法则不能直接应用, 此时需区分不同情形特别考虑. 下面给出属于这种情形的几个例题.

例 2-14 求 $\lim\limits_{x \to 1} \dfrac{x + 1}{x^2 - 5x + 4}$.

解 因为分母的极限 $\lim\limits_{x \to 1}(x^2 - 5x + 4) = 1^2 - 5 \times 1 + 4 = 0$, 所以不能直接应用商的极限运算法则, 但分子的极限 $\lim\limits_{x \to 1}(x + 1) = 2 \neq 0$, 从而可先求其倒数的极限

$$\lim_{x \to 1} \frac{x^2 - 5x + 4}{x + 1} = \frac{0}{2} = 0,$$

再由无穷小与无穷大的关系, 得原极限

$$\lim_{x \to 1} \frac{x + 1}{x^2 - 5x + 4} = \infty.$$

例 2-15 求 $\lim\limits_{x \to 2} \dfrac{2x - 4}{x^2 - 4}$.

解 当 $x \to 2$ 时, 分子分母的极限均为零, 这种情形称为"$\dfrac{0}{0}$"型. 此时, 不能直接应用商的极限运算法则, 通常是先设法约去"趋于零的公因子"(称为"零因子"), 再应用极限运算法则.

$$\frac{2x - 4}{x^2 - 4} = \frac{2(x - 2)}{(x - 2)(x + 2)} = \frac{2}{x + 2},$$

所以

$$\lim_{x \to 2} \frac{2x - 4}{x^2 - 4} = \lim_{x \to 2} \frac{2}{x + 2} = \frac{1}{2}.$$

例 2-16 求 $\lim\limits_{x \to 2} \dfrac{\sqrt{x + 2} - 2}{x - 2}$.

解 该极限属于"$\dfrac{0}{0}$"型, 由于含有根式, 可采取使根式有理化的方法, 约去"零因子".

$$\lim_{x \to 2} \frac{\sqrt{x+2}-2}{x-2} = \lim_{x \to 2} \frac{(\sqrt{x+2}-2)(\sqrt{x+2}+2)}{(x-2)(\sqrt{x+2}+2)}$$
$$= \lim_{x \to 2} \frac{x-2}{(x-2)(\sqrt{x+2}+2)}$$
$$= \lim_{x \to 2} \frac{1}{\sqrt{x+2}+2} = \frac{1}{4}.$$

例 2-17 求 $\lim\limits_{x \to \infty} \dfrac{3x^3+4x^2+x}{x^3-5x+2}$.

解 当 $x \to \infty$ 时,分子分母均为无穷大,这种极限通常形象地称为"$\dfrac{\infty}{\infty}$"型. 这种极限不能直接应用商的极限运算法则,处理方法是设法将其变形,约去"趋于无穷大的因子"(称为"∞"因子),再应用极限运算法则.

$$\lim_{x \to \infty} \frac{3x^3+4x^2+x}{x^3-5x+2} = \lim_{x \to \infty} \frac{x^3\left(3+\dfrac{4}{x}+\dfrac{1}{x^2}\right)}{x^3\left(1-\dfrac{5}{x^2}+\dfrac{2}{x^3}\right)}$$
$$= \lim_{x \to \infty} \frac{3+\dfrac{4}{x}+\dfrac{1}{x^2}}{1-\dfrac{5}{x^2}+\dfrac{2}{x^3}} = 3.$$

一般地,当 $a_0 \neq 0, b_0 \neq 0, m, n$ 为正整数时,有

$$\lim_{x \to \infty} \frac{a_0 x^n + a_1 x^{n-1} + \cdots + a_{n-1} x + a_n}{b_0 x^m + b_1 x^{m-1} + \cdots + b_{m-1} x + b_m} = \begin{cases} \dfrac{a_0}{b_0}, & m=n \\ 0, & m>n \\ \infty, & m<n \end{cases}.$$

例 2-18 求 $\lim\limits_{x \to 1}\left(\dfrac{1}{1-x} - \dfrac{3}{1-x^3}\right)$.

解 由于当 $x \to 1$ 时, $\dfrac{1}{1-x}$ 与 $\dfrac{3}{1-x^3}$ 均为无穷大,所以不能直接应用极限运算法则,处理方法是先通分再求极限.

$$\lim_{x \to 1}\left(\frac{1}{1-x} - \frac{3}{1-x^3}\right) = \lim_{x \to 1} \frac{x^2+x+1-3}{1-x^3} = \lim_{x \to 1} \frac{(x-1)(x+2)}{(1-x)(1+x+x^2)}$$
$$= \lim_{x \to 1} \frac{-(x+2)}{1+x+x^2} = -1.$$

▶ 2.4.2 复合函数的极限运算法则

定理 2-10 设函数 $y=f[\varphi(x)]$ 是由 $y=f(x), u=\varphi(x)$ 复合而成,如果 $\lim\limits_{x \to x_0}\varphi(x)=u_0$,且在点 x_0 的某去心邻域 $\mathring{U}(x_0)$ 内 $\varphi(x) \neq u_0$, $\lim\limits_{u \to u_0} f(u)=A$,那么

$$\lim_{x \to x_0} f[\varphi(x)] = \lim_{u \to u_0} f(u) = A.$$

该定理要根据函数极限的定义推证,这里省略.

定理 2-10 表明在定理条件下,可用"变量代换"法求极限.

例 2-19 求 $\lim\limits_{x\to\frac{1}{2}}\sin(2x-1)$.

解 $\lim\limits_{x\to\frac{1}{2}}\sin(2x-1)\xlongequal{\diamondsuit 2x-1=u}\lim\limits_{u\to 0}\sin u=0$.

例 2-20 求 $\lim\limits_{x\to -8}\dfrac{\sqrt[3]{x}+2}{x+8}$.

解 $\lim\limits_{x\to -8}\dfrac{\sqrt[3]{x}+2}{x+8}\xlongequal{\sqrt[3]{x}=u}\lim\limits_{u\to -2}\dfrac{u+2}{u^3+8}$

$$=\lim\limits_{u\to -2}\dfrac{u+2}{(u+2)(u^2-2u+4)}$$

$$=\lim\limits_{u\to -2}\dfrac{1}{u^2-2u+4}=\dfrac{1}{12}.$$

读者可利用例 2-16 的方法求解例 2-20.

2.5 极限存在准则 两个重要极限

在上一节中,我们利用极限运算法则有效地解决了一类函数——有理函数(包括含有简单根式的函数)的极限问题.为了扩展求极限,本节再介绍判定极限存在的两个准则,作为准则的应用讨论两个重要极限.

$$\lim\limits_{x\to 0}\dfrac{\sin x}{x}=1,\quad \lim\limits_{x\to\infty}\left(1+\dfrac{1}{x}\right)^x=\mathrm{e}.$$

▶ 2.5.1 极限存在准则

准则 I(夹逼准则) 如果

(1) 当 $x\in \mathring{U}(x_0,r)$(或 $|x|>X$)时,
$$g(x)\leqslant f(x)\leqslant h(x);$$

(2) $\lim\limits_{\substack{x\to x_0\\(x\to\infty)}}g(x)=A$, $\lim\limits_{\substack{x\to x_0\\(x\to\infty)}}h(x)=A$,

那么 $\lim\limits_{\substack{x\to x_0\\(x\to\infty)}}f(x)=A$.

证 仅证 $x\to x_0$ 的情形. 因为 $\lim\limits_{x\to x_0}g(x)=A$, $\lim\limits_{x\to x_0}h(x)=A$, 所以 $\forall\varepsilon>0$,

$\exists\delta_1>0$,当 $0<|x-x_0|<\delta_1$ 时,有 $|g(x)-A|<\varepsilon$;

$\exists\delta_2>0$,当 $0<|x-x_0|<\delta_2$ 时,有 $|h(x)-A|<\varepsilon$.

取 $\delta=\min\{\delta_1,\delta_2,r\}$,则当 $0<|x-x_0|<\delta$ 时,同时有 $|g(x)-A|<\varepsilon$ 和 $|h(x)-A|<\varepsilon$,并且 $g(x)\leqslant f(x)\leqslant h(x)$,于是 $0<|x-x_0|<\delta$ 时,有

$$A-\varepsilon<g(x)\leqslant f(x)\leqslant h(x)<A+\varepsilon,$$

即
$$|f(x)-A|<\varepsilon.$$

所以，$\lim\limits_{x \to x_0} f(x) = A$.

类似可证 $x \to \infty$ 的情形.

注：夹逼准则对数列的情形依然成立.

准则 Ⅱ 单调有界数列必有极限.

该准则的证明涉及较多实数理论知识，故略去证明，但在几何上是不难理解的.

作为准则的应用，下面介绍两个重要极限.

▶ 2.5.2 两个重要极限

1. $\lim\limits_{x \to 0} \dfrac{\sin x}{x} = 1$

证 先设 $0 < x < \dfrac{\pi}{2}$. 如图 2-12 所示，$OA = OB = 1$，设 $\angle AOB = x$，
显然 △AOB 的面积 < 扇形 AOB 的面积 < △AOD 的面积.
所以，有

$$\frac{1}{2}\sin x < \frac{1}{2}x < \frac{1}{2}\tan x,$$

即

$$\sin x < x < \tan x.$$

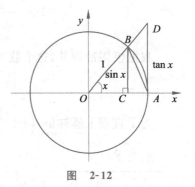

图 2-12

同时除以 $\sin x (\sin x > 0)$，得

$$1 < \frac{x}{\sin x} < \frac{1}{\cos x},$$

或

$$\cos x < \frac{\sin x}{x} < 1.$$

由于 $\dfrac{\sin x}{x}$ 和 $\cos x$ 均为偶函数，所以上式对 $-\dfrac{\pi}{2} < x < 0$ 及 $0 < x < \dfrac{\pi}{2}$ 都成立. 又 $\lim\limits_{x \to 0} \cos x = 1$，所以根据夹逼准则，得

$$\lim_{x \to 0} \frac{\sin x}{x} = 1.$$

2. $\lim\limits_{x \to \infty} \left(1 + \dfrac{1}{x}\right)^x = e$

(1) 先证 $\lim\limits_{n \to \infty} \left(1 + \dfrac{1}{n}\right)^n = e$

设 $x_n = \left(1 + \dfrac{1}{n}\right)^n$，证明数列 $\{x_n\}$ 单调增加并且有界. 根据牛顿二项式，有

$$x_n = \left(1 + \frac{1}{n}\right)^n$$

$$= 1 + \frac{n}{1!} \cdot \frac{1}{n} + \frac{n(n-1)}{2!} \cdot \frac{1}{n^2} + \frac{n(n-1)(n-2)}{3!} \cdot \frac{1}{n^3} + \cdots + \frac{n(n-1)\cdots(n-n+1)}{n!} \cdot \frac{1}{n^n}$$

$$= 1 + 1 + \frac{1}{2!}\left(1 - \frac{1}{n}\right) + \frac{1}{3!}\left(1 - \frac{1}{n}\right)\left(1 - \frac{2}{n}\right) + \cdots + \frac{1}{n!}\left(1 - \frac{1}{n}\right)\left(1 - \frac{2}{n}\right)\cdots\left(1 - \frac{n-1}{n}\right).$$

同理，有

$$x_{n+1} = \left(1+\frac{1}{n+1}\right)^{n+1}$$
$$= 1+1+\frac{1}{2!}\left(1-\frac{1}{n+1}\right)+\frac{1}{3!}\left(1-\frac{1}{n+1}\right)\left(1-\frac{2}{n+1}\right)+\cdots+\frac{1}{n!}\left(1-\frac{1}{n+1}\right)\left(1-\frac{2}{n+1}\right)\cdots$$
$$\left(1-\frac{n-1}{n+1}\right)+\frac{1}{(n+1)!}\left(1-\frac{1}{n+1}\right)\left(1-\frac{2}{n+1}\right)\cdots\left(1-\frac{n}{n+1}\right).$$

比较 x_n 与 x_{n+1} 的展开式,得
$$x_n < x_{n+1}.$$

于是,数列 $\{x_n\}$ 是单调增加的.这个数列还是有界的,这是因为
$$x_n < 1+1+\frac{1}{2!}+\frac{1}{3!}+\cdots+\frac{1}{n!} < 1+1+\frac{1}{2}+\frac{1}{2^2}+\cdots+\frac{1}{2^{n-1}}$$
$$= 1+\frac{1-\frac{1}{2^n}}{1-\frac{1}{2}} = 3-\frac{1}{2^{n-1}} < 3.$$

根据极限准则Ⅱ,这个数列 $\{x_n\}$ 的极限存在,并且
$$2 < \lim_{n\to\infty}\left(1+\frac{1}{n}\right)^n < 3.$$

为了直观上感知 $\lim\limits_{n\to\infty}\left(1+\frac{1}{n}\right)^n = \mathrm{e}$,见表 2-2.

表 2-2

n	1	3	5	10	100	1 000	10 000	100 000	⋯
$\left(1+\frac{1}{n}\right)^n$	2	2.37	2.488	2.594	2.705	2.716 9	2.718 15	2.718 27	⋯

注:无理数 $\mathrm{e} = 2.718281828459045\cdots$

(2) 再证 $\lim\limits_{x\to+\infty}\left(1+\frac{1}{x}\right)^x = \mathrm{e}$.

设 $n \leqslant x \leqslant n+1$,则 $\frac{1}{n+1} \leqslant \frac{1}{x} \leqslant \frac{1}{n}$,于是,有
$$1+\frac{1}{n+1} \leqslant 1+\frac{1}{x} \leqslant 1+\frac{1}{n}.$$

从而,有
$$\left(1+\frac{1}{n+1}\right)^n \leqslant \left(1+\frac{1}{x}\right)^x \leqslant \left(1+\frac{1}{n}\right)^{n+1}.$$

又 $\lim\limits_{n\to\infty}\left(1+\frac{1}{n+1}\right)^n = \lim\limits_{n\to\infty}\dfrac{\left(1+\frac{1}{n+1}\right)^{n+1}}{1+\frac{1}{n+1}} = \mathrm{e}$, $\lim\limits_{n\to\infty}\left(1+\frac{1}{n}\right)^{n+1} = \lim\limits_{n\to\infty}\left(1+\frac{1}{n}\right)^n\left(1+\frac{1}{n}\right) = \mathrm{e}$.

由夹逼准则,得
$$\lim_{x\to+\infty}\left(1+\frac{1}{x}\right)^x = \mathrm{e}.$$

(3) 证明 $\lim\limits_{x\to-\infty}\left(1+\dfrac{1}{x}\right)^x=\mathrm{e}$.

此时,令 $x=-(t+1)$,则 $x\to-\infty$ 时, $t\to+\infty$,从而

$$\lim_{x\to-\infty}\left(1+\frac{1}{x}\right)^x=\lim_{t\to+\infty}\left(1-\frac{1}{t+1}\right)^{-(t+1)}=\lim_{t\to+\infty}\left(\frac{t}{t+1}\right)^{-(t+1)}$$
$$=\lim_{t\to+\infty}\left(1+\frac{1}{t}\right)^{t+1}=\lim_{t\to+\infty}\left(1+\frac{1}{t}\right)^t\left(1+\frac{1}{t}\right)=\mathrm{e}.$$

综合可得

$$\lim_{x\to\infty}\left(1+\frac{1}{x}\right)^x=\mathrm{e}.$$

令 $\dfrac{1}{x}=u$,可得这个极限的等价形式为

$$\lim_{u\to\infty}(1+u)^{\frac{1}{u}}=\mathrm{e}.$$

例 2-21 求 $\lim\limits_{x\to 0}\dfrac{\tan x}{x}$.

解 $\lim\limits_{x\to 0}\dfrac{\tan x}{x}=\lim\limits_{x\to 0}\left(\dfrac{\sin x}{x}\cdot\dfrac{1}{\cos x}\right)=\lim\limits_{x\to 0}\dfrac{\sin x}{x}\cdot\lim\limits_{x\to 0}\dfrac{1}{\cos x}=1.$

例 2-22 求 $\lim\limits_{x\to 0}\dfrac{1-\cos x}{x^2}$.

解 $\lim\limits_{x\to 0}\dfrac{1-\cos x}{x^2}=\lim\limits_{x\to 0}\dfrac{2\sin^2\dfrac{x}{2}}{x^2}=\dfrac{1}{2}\lim\limits_{x\to 0}\dfrac{\sin^2\dfrac{x}{2}}{\left(\dfrac{x}{2}\right)^2}$

$$=\dfrac{1}{2}\lim_{x\to 0}\left[\dfrac{\sin\dfrac{x}{2}}{\dfrac{x}{2}}\right]^2=\dfrac{1}{2}\times 1=\dfrac{1}{2}.$$

例 2-23 求 $\lim\limits_{x\to 0}\dfrac{\arcsin x}{x}$.

解 $\lim\limits_{x\to 0}\dfrac{\arcsin x}{x}\xlongequal{\arcsin x=u}\lim\limits_{u\to 0}\dfrac{u}{\sin u}=1.$

例 2-24 求 $\lim\limits_{n\to\infty}\left(n\sin\dfrac{\pi}{n}\right)$.

解 $\lim\limits_{n\to\infty}\left(n\sin\dfrac{\pi}{n}\right)=\pi\lim\limits_{n\to\infty}\dfrac{\sin\dfrac{\pi}{n}}{\dfrac{\pi}{n}}=\pi\times 1=\pi.$

例 2-25 求 $\lim\limits_{x\to\infty}\left(1-\dfrac{1}{x}\right)^x$.

解 $\lim\limits_{x\to\infty}\left(1-\dfrac{1}{x}\right)^x\xlongequal{t=-x}\lim\limits_{t\to\infty}\left(1+\dfrac{1}{t}\right)^{-t}=\lim\limits_{t\to\infty}\dfrac{1}{\left(1+\dfrac{1}{t}\right)^t}=\dfrac{1}{\mathrm{e}}.$

例 2-26 求 $\lim\limits_{x\to\infty}\left(1+\dfrac{2}{x}\right)^{2x}$.

解法 1 $\lim\limits_{x\to\infty}\left(1+\dfrac{2}{x}\right)^{2x}=\lim\limits_{x\to\infty}\left(1+\dfrac{2}{x}\right)^{\frac{x}{2}\cdot 4}=\lim\limits_{x\to\infty}\left[\left(1+\dfrac{2}{x}\right)^{\frac{x}{2}}\right]^4=\left[\lim\limits_{x\to\infty}\left(1+\dfrac{2}{x}\right)^{\frac{x}{2}}\right]^4=\mathrm{e}^4.$

解法 2 $\lim\limits_{x\to\infty}\left(1+\dfrac{2}{x}\right)^{2x} \xlongequal{\diamondsuit\, t=\frac{x}{2}} \lim\limits_{t\to 0}(1+t)^{\frac{4}{t}} = \lim\limits_{t\to 0}[(1+t)^{\frac{1}{t}}]^4$
$= [\lim\limits_{t\to 0}(1+t)^{\frac{1}{t}}]^4 = e^4.$

2.6 无穷小的比较

我们已经知道无穷小是极限为零的变量,但它们趋于零的"快""慢"程度不尽相同(如 $x^2 \to 0, x \to 0$). 为了反映无穷小趋于零的"速度",我们引入无穷小阶的概念.

定义 2-8 设 $\alpha(x), \beta(x)$ 是同一自变量变化过程的两个无穷小量
$$\lim \alpha(x) = 0, \lim \beta(x) = 0.$$

(1) 如果 $\lim \dfrac{\beta(x)}{\alpha(x)} = 0$,则称 $\beta(x)$ 是比 $\alpha(x)$ 高阶的无穷小,记作 $\beta = o(\alpha)$;

(2) 如果 $\lim \dfrac{\beta(x)}{\alpha(x)} = \infty$,则称 $\beta(x)$ 是比 $\alpha(x)$ 低阶的无穷小;

(3) 如果 $\lim \dfrac{\beta(x)}{\alpha(x)} = c (c \neq 0,$ 是常数$)$,则称 $\beta(x)$ 与 $\alpha(x)$ 是同阶无穷小,记作 $\beta = O(\alpha)$,特别地,当 $c=1$ 时,称 $\beta(x)$ 与 $\alpha(x)$ 是等价无穷小,记作 $\alpha(x) \sim \beta(x)$;

(4) 如果 $\lim \dfrac{\beta(x)}{[\alpha(x)]^k} = c (c \neq 0, k > 0$ 均为常数$)$,则称 $\beta(x)$ 是关于 $\alpha(x)$ 的 k 阶无穷小.

例 2-27 证明:当 $x \to 0$ 时,$\sqrt[n]{1+x} - 1 \sim \dfrac{1}{n}x$.

证明 因为
$$\lim_{x\to 0} \frac{\sqrt[n]{1+x}-1}{\frac{1}{n}x} \xlongequal{\sqrt[n]{1+x}=t} \lim_{t\to 1} \frac{t-1}{\frac{1}{n}(t^n-1)}$$
$$= n \lim_{t\to 1} \frac{t-1}{(t-1)(t^{n-1}+t^{n-2}+\cdots+t+1)} = n \cdot \frac{1}{n} = 1.$$

所以 $\sqrt[n]{1+x} - 1 \sim \dfrac{1}{n}x \ (x \to 0)$.

关于等价无穷小,有以下几个结论.

定理 2-11 设 $\lim \alpha(x) = 0, \lim \beta(x) = 0, \lim \gamma(x) = 0$. 若 $\alpha(x) \sim \beta(x)$,且 $\beta(x) \sim \gamma(x)$,则 $\alpha(x) \sim \gamma(x)$.

该定理的证明,留给读者完成.

定理 2-12 $\alpha(x) \sim \beta(x)$ 的充分必要条件是
$$\beta(x) = \alpha(x) + o(\alpha).$$

证 必要性 设 $\alpha(x) \sim \beta(x)$,则
$$\lim \frac{\beta(x) - \alpha(x)}{\alpha(x)} = \lim \left[\frac{\beta(x)}{\alpha(x)} - 1\right] = 0.$$

因此，$\beta(x) - \alpha(x) = o(\alpha)$，即 $\beta(x) = \alpha(x) + o(\alpha)$.

充分性 设 $\beta(x) - \alpha(x) = o(\alpha)$，

则 $$\lim \frac{\beta(x)}{\alpha(x)} = \lim \frac{\alpha(x) + o(\alpha)}{\alpha(x)} = \lim \left(1 + \frac{o(\alpha)}{\alpha(x)}\right) = 1.$$

因此，$\alpha(x) \sim \beta(x)$.

定理 2-13 设 $\alpha(x) \sim \alpha'(x)$，$\beta(x) \sim \beta'(x)$，且 $\lim \frac{\beta'(x)}{\alpha'(x)}$ 存在，

则 $$\lim \frac{\beta(x)}{\alpha(x)} = \lim \frac{\beta'(x)}{\alpha'(x)}$$

证 $\lim \frac{\beta(x)}{\alpha(x)} = \lim \left(\frac{\beta(x)}{\beta'(x)} \cdot \frac{\beta'(x)}{\alpha'(x)} \cdot \frac{\alpha'(x)}{\alpha(x)}\right)$

$= \lim \frac{\beta(x)}{\beta'(x)} \cdot \lim \frac{\beta'(x)}{\alpha'(x)} \cdot \lim \frac{\alpha'(x)}{\alpha(x)}$

$= \lim \frac{\beta'(x)}{\alpha'(x)}.$

定理 2-13 表明，在求两个无穷小商的极限时，分子、分母都可以用等价无穷小来代替，这在极限计算中具有重要作用，常用的等价无穷小如下：

当 $x \to 0$ 时，$\sin x \sim x$；$\tan x \sim x$；$\arcsin x \sim x$；$\arctan x \sim x$；$1 - \cos x \sim \frac{x^2}{2}$；$e^x - 1 \sim x$；$\ln(1+x) \sim x$；$\sqrt[n]{1+x} - 1 \sim \frac{1}{n} x$；更一般地，有 $(1+x)^\alpha - 1 \sim \alpha x$ $(\alpha \in \mathbf{R})$.

例 2-28 求 $\lim\limits_{x \to 0} \frac{\tan 2x}{\sin 4x}$.

解 $\lim\limits_{x \to 0} \frac{\tan 2x}{\sin 4x} = \lim\limits_{x \to 0} \frac{2x}{4x} = \frac{1}{2}$.

例 2-29 求 $\lim\limits_{x \to 0} \frac{(1+x^2)^{\frac{1}{3}} - 1}{\cos x - 1}$.

解 $\lim\limits_{x \to 0} \frac{(1+x^2)^{\frac{1}{3}} - 1}{\cos x - 1} = \lim\limits_{x \to 0} \frac{\frac{1}{3} x^2}{-\frac{1}{2} x^2} = -\frac{2}{3}$.

例 2-30 求 $\lim\limits_{x \to 0} \frac{\tan x - \sin x}{\sin^3 x}$.

解 $\lim\limits_{x \to 0} \frac{\tan x - \sin x}{\sin^3 x} = \lim\limits_{x \to 0} \frac{\frac{1}{\cos x} - 1}{\sin^2 x} = \lim\limits_{x \to 0} \frac{1 - \cos x}{\sin^2 x \cdot \cos x}$

$= \lim\limits_{x \to 0} \frac{1 - \cos x}{x^2} \cdot \frac{1}{\cos x}$

$= \lim\limits_{x \to 0} \frac{\frac{x^2}{2}}{x^2} \cdot \lim\limits_{x \to 0} \frac{1}{\cos x} = \frac{1}{2}$.

例 2-31 求 $\lim\limits_{x \to \infty} x^2 \ln\left(1 + \frac{2}{x^2}\right)$.

解 $\lim\limits_{x \to \infty} x^2 \ln\left(1 + \frac{2}{x^2}\right) \xlongequal{\diamondsuit \frac{1}{x} = t} \lim\limits_{t \to 0} \frac{\ln(1 + 2t^2)}{t^2} = \lim\limits_{t \to 0} \frac{2t^2}{t^2} = 2$.

例 2-32 求 $\lim\limits_{x\to 0}\dfrac{e^{3x}-1}{\ln(1+x)}$.

解 $\lim\limits_{x\to 0}\dfrac{e^{3x}-1}{\ln(1+x)}=\lim\limits_{x\to 0}\dfrac{3x}{x}=3.$

2.7 函数的连续性与间断点

2.7.1 函数的连续性概念

在自然现象中,许多变量的变化都具有连续变化的特征,如气温的变化,植物的生长,岁月流逝,等等,其特点是当时间的变化很微小时,这些量的变化也很微小,这种现象反映在数学上就是函数的连续性.

函数的连续性是函数的基本性态之一.下面先引入改变量(或增量)的概念,然后来描述连续性.

定义 2-9 设函数 $y=f(x)$ 在点 x_0 的邻域内有定义,当自变量从 x_0 变到 x,相应的函数值从 $f(x_0)$ 变到 $f(x)$,称 $x-x_0$ 为自变量 x 的改变量(或增量),记作 Δx,即

$$\Delta x=x-x_0;$$

称 $f(x)-f(x_0)$ 为函数的改变量(或增量),记作 Δy,即

$$\Delta y=f(x)-f(x_0)$$

或

$$\Delta y=f(x_0+\Delta x)-f(x_0).$$

注1:改变量(或增量)可正可负,甚至还可能为零.

注2:改变量(或增量)的几何解释如图 2-13 所示.

由图 2-13 可知,当 $|\Delta x|$ 越来越小时,$|\Delta y|$ 也随之变小.于是,有下述定义:

定义 2-10 设函数 $y=f(x)$ 在点 x_0 的邻域内有定义,如果

$$\lim_{\Delta x\to 0}\Delta y=\lim_{\Delta x\to 0}[f(x_0+\Delta x)-f(x_0)]=0,$$

则称函数 $y=f(x)$ 在点 x_0 处连续,x_0 称为函数 $f(x)$ 的连续点.

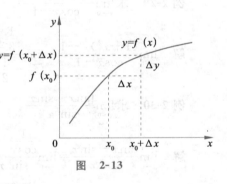

图 2-13

为了应用方便,将函数 $y=f(x)$ 在点 x_0 处连续的定义用另一种方式来叙述.

在定义 2-10 中,令 $x=x_0+\Delta x$,则 $\Delta x\to 0$ 等价于 $x\to x_0$,又由于

$$\Delta y=f(x_0+\Delta x)-f(x_0)=f(x)-f(x_0),$$

即

$$f(x)=f(x_0)+\Delta y,$$

于是 $\Delta y\to 0$ 等价于 $f(x)\to f(x_0)$.因此,函数 $y=f(x)$ 在点 x_0 处连续的定义又可叙述为定义 2-11.

定义 2-11 设函数 $y=f(x)$ 在点 x_0 的邻域内有定义,如果
$$\lim_{x\to x_0}f(x)=f(x_0),$$
则称函数 $f(x)$ 在 x_0 处连续.

有时需要考虑函数在点 x_0 一侧的连续性,为此引入左、右连续的概念.

定义 2-12 如果 $\lim\limits_{x\to x_0^-}f(x)=f(x_0)$,则称函数 $f(x)$ 在 x_0 左连续;如果 $\lim\limits_{x\to x_0^+}f(x)=f(x_0)$,则称函数 $f(x)$ 在 x_0 右连续.

由函数极限与其左、右极限的关系,容易得到函数连续与其左、右连续的关系:

定理 2-14 函数 $f(x)$ 在点 x_0 连续的充要条件是 $f(x)$ 在点 x_0 既左连续又右连续.

例 2-33 证明有理整函数(多项式)
$$P(x)=a_0x^n+a_1x^{n-1}+\cdots+a_{n-1}x+a_n$$
在任意点 x_0 处连续.

证 因为 $\lim\limits_{x\to x_0}P(x)=P(x_0)$,所以 $P(x)$ 在任意点 x_0 处连续.

例 2-34 设函数
$$f(x)=\begin{cases}\dfrac{\sin x}{x}, & x>0,\\ 1, & x=0,\\ x+a, & x<0,\end{cases}$$
试确定常数 a 的值,使函数 $f(x)$ 在 $x=0$ 处连续.

解 因为 $f(0)=1$,且
$$\lim_{x\to 0^+}f(x)=\lim_{x\to 0^+}\frac{\sin x}{x}=1=f(0),$$
所以函数在 $x=0$ 右连续. 又
$$\lim_{x\to 0^-}f(x)=\lim_{x\to 0^-}(x+a)=a=f(0)=1,$$
故当 $a=1$ 时,函数 $f(x)$ 在 $x=0$ 左连续,由定理 1 知 $a=1$ 时,函数 $f(x)$ 在 $x=0$ 处连续.

下面将函数在一点连续推广至在开区间内连续的情形.

定义 2-13 如果函数 $f(x)$ 在开区间 (a,b) 内每一点都连续,则称函数 $f(x)$ 在开区间 (a,b) 内连续,记作 $f(x)\in C(a,b)$,其中符号 $C(a,b)$ 表示在区间 (a,b) 内所有连续函数的集合.

如果函数 $f(x)$ 在 (a,b) 内连续,且在 $x=a$ 处右连续,在 $x=b$ 处左连续,则称函数在闭区间 $[a,b]$ 上连续,记作 $f(x)\in C[a,b]$.

在几何上,连续函数的图像是一条连绵不断的曲线.

由例 2-33 知,有理函数(多项式)$P(x)$ 在其定义域 $(-\infty,+\infty)$ 内连续. 对于有理分式函数 $F(x)=\dfrac{P(x)}{Q(x)}$,只要 $Q(x_0)\neq 0$,就有 $\lim\limits_{x\to x_0}F(x)=F(x_0)$,因此有理分式函数 $F(x)$ 在其定义域内每一点都是连续的.

又由于 $\lim\limits_{x\to x_0}\sin x=\sin x_0$,所以函数 $y=\sin x$ 在其定义域 $(-\infty,+\infty)$ 内处处连续,类似地,$y=\cos x$ 在 $(-\infty,+\infty)$ 内连续.

2.7.2 连续函数的运算法则与初等函数的连续性

由于函数的连续性是通过极限来定义的,因此根据极限运算法则,即可得出如下连续函数的运算法则.

定理 2-15(四则运算) 设函数 $f(x),g(x)$ 均在点 x_0 连续,则

$$f(x)\pm g(x), f(x) \cdot g(x), \frac{f(x)}{g(x)}(g(x_0)\neq 0)$$

都在点 x_0 连续.

定理 2-16(复合函数的连续性) 设 $U(x_0)\subset D_{f\circ g}$,若函数 $u=g(x)$ 在点 x_0 连续,且 $g(x_0)=u_0$,而函数 $y=f(u)$ 在 $u=u_0$ 连续,则复合函数 $y=f[g(x)]$ 在 x_0 处连续.

定理 2-16 表明,连续函数的复合函数仍为连续函数,并且可得如下事实:
若 $\lim\limits_{x\to x_0}g(x)=u_0$,$f(u)$ 在 u_0 连续,则

$$\lim_{x\to x_0}f[g(x)]=\lim_{u\to u_0}f(u)=f(u_0),$$

即

$$\lim_{x\to x_0}f[g(x)]=f[\lim_{x\to x_0}g(x)].$$

这表示函数符号 f 与极限符号 $\lim\limits_{x\to x_0}$ 可交换次序,但要注意条件.

例 2-35 $\lim\limits_{x\to 0}\dfrac{\log_a(1+x)}{x}$

解 $\lim\limits_{x\to 0}\dfrac{\log_a(1+x)}{x}=\lim\limits_{x\to 0}\dfrac{1}{x}\log_a(1+x)=\lim\limits_{x\to 0}\log_a(1+x)^{\frac{1}{x}}$

$=\log_a[\lim\limits_{x\to 0}(1+x)^{\frac{1}{x}}]=\log_a e=\dfrac{1}{\ln a}.$

例 2-36 $\lim\limits_{x\to 0}\dfrac{a^x-1}{x}.$

解 $\lim\limits_{x\to 0}\dfrac{a^x-1}{x}\xlongequal{a^x-1=t}\lim\limits_{t\to 0}\dfrac{t}{\log_a(1+t)}=\ln a.$

定理 2-17(反函数的连续性) 如果函数 $y=f(x)$ 在区间 I_x 上单调增加(或单调减少)且连续,那么其反函数 $x=f^{-1}(y)$ 在对应区间 $I_y=\{y|y=f(x),x\in I_x\}$ 上单调增加(或单调减少)且连续.

例 2-37 反正弦函数 $y=\arcsin x$ 在闭区间 $[-1,1]$ 上是单调增加且连续的.

根据函数的连续性概念可证:基本初等函数在其定义域内都是连续的.

由基本初等函数的连续性及连续函数的运算法则,可得如下定理.

定理 2-18 一切初等函数在其定义区间内都是连续的.

注 1:定义区间是指包含在定义域内的区间.

注 2:在求 $\lim\limits_{x\to x_0}f(x)$ 时,若函数 $f(x)$ 在 $x=x_0$ 连续,则极限就是其函数值 $f(x_0)$.

2.7.3 函数的间断点及其分类

定义 2-14 如果函数 $f(x)$ 在点 $x=x_0$ 处不连续,那么称函数 $f(x)$ 在点 x_0 处间断,x_0

称为 $f(x)$ 的间断点(或不连续点).

根据函数 $f(x)$ 在点 $x=x_0$ 连续的定义可知,如果函数 $f(x)$ 有下列三种情形之一:

(1) 在 $x=x_0$ 无定义;

(2) 虽然 $f(x)$ 在点 $x=x_0$ 有定义,但 $\lim_{x \to x_0} f(x)$ 不存在;

(3) 虽然 $f(x)$ 在点 $x=x_0$ 有定义,且 $\lim_{x \to x_0} f(x)$ 存在,但 $\lim_{x \to x_0} f(x) \neq f(x_0)$,

那么 $x=x_0$ 就是函数的间断点.

函数的间断点通常分为两大类:

(1) 如果函数 $f(x)$ 在间断点 $x=x_0$ 处的左、右极限 $f(x_0-0)$ 与 $f(x_0+0)$ 都存在,则称 $x=x_0$ 为函数 $f(x)$ 的第一类间断点.

第一类间断点又可细分为可去间断点和跳跃间断点两种.

若 $f(x_0-0)=f(x_0+0)$,即 $\lim_{x \to x_0} f(x)$ 存在,则称 $x=x_0$ 为函数 $f(x)$ 的可去间断点;

若 $f(x_0-0) \neq f(x_0+0)$,则称 $x=x_0$ 为函数 $f(x)$ 的跳跃间断点.

(2) 如果函数 $f(x)$ 在间断点 $x=x_0$ 处的左、右极限 $f(x_0-0)$ 与 $f(x_0+0)$ 中至少有一个不存在,则 x_0 称为函数 $f(x)$ 的第二类间断点.

第二类间断点中常见的有无穷间断点和振荡间断点两种.下面举例说明.

例 2-38 函数 $f(x)=\dfrac{\sin x}{x}$ 在 $x=0$ 无定义,但 $\lim_{x \to 0} \dfrac{\sin x}{x}=1$,所以 $x=0$ 是 $f(x)=\dfrac{\sin x}{x}$ 的第一类间断点,并且是可去间断点.

例 2-39 设 $f(x)=\begin{cases} x-1, & x<0, \\ 1, & x=0, \\ x+1, & x>0, \end{cases}$ 考察 $f(x)$ 在点 $x=0$ 处的连续性.

解 因为 $\lim_{x \to 0^-} f(x) = \lim_{x \to 0^-} (x-1) = -1$,

$$\lim_{x \to 0^+} f(x) = \lim_{x \to 0^+} (x+1) = 1,$$

所以 $x=0$ 是函数 $f(x)$ 的第一类间断点,并且是跳跃间断点(图 2-14).

例 2-40 正切函数 $f(x)=\tan x$,考察 $f(x)$ 在 $x=\dfrac{\pi}{2}$ 处的连续性.

解 由于 $f(x)=\tan x$ 在 $x=\dfrac{\pi}{2}$ 处无定义,因此 $x=\dfrac{\pi}{2}$ 是函数的间断点,又因

$$\lim_{x \to \frac{\pi}{2}} \tan x = \infty,$$

所以 $x=\dfrac{\pi}{2}$ 是 $\tan x$ 的第二类间断点(又称无穷间断点)(图 2-15).

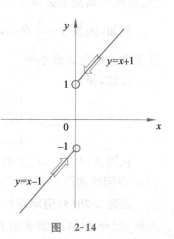

图 2-14

例 2-41 函数 $y=\sin \dfrac{1}{x}$ 在 $x=0$ 处无定义,所以 $x=0$ 是函数的间断点.但当 $x \to 0$ 时,$y=\sin \dfrac{1}{x}$ 的值在 -1 与 1 之间无限多次地变动,因而 $\lim_{x \to 0} \sin \dfrac{1}{x}$

不存在,故 $x=0$ 是函数的第二类间断点,并且是振荡型间断点(图 2-16).

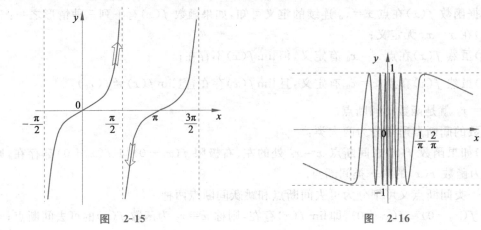

图 2-15　　　　　　　　　图 2-16

2.7.4　闭区间上连续函数的性质

闭区间上连续的函数有几个重要的性质,今后还会用到这些性质.下面以定理的形式叙述它们,均略去证明,仅给出几何解释.

定理 2-19(最大值、最小值定理)　设函数 $f(x)$ 在闭区间 $[a,b]$ 上连续,则在 $[a,b]$ 上至少存在两点 x_1, x_2,使得 $\forall x \in [a,b]$,都有
$$f(x_1) \leqslant f(x) \leqslant f(x_2).$$
其中,$f(x_1)$ 和 $f(x_2)$ 分别称为函数 $f(x)$ 在闭区间 $[a,b]$ 上的最大值和最小值(图 2-17).

注:对开区间内连续的函数或闭区间上有间断点的函数,定理的结论未必成立.

例如,函数 $y = \dfrac{1}{x}$ 在 $(0,1)$ 内连续,但该函数在 $(0,1)$ 内既无最大值也无最小值.

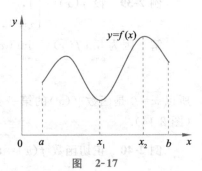

图 2-17

再如,函数
$$f(x) = \begin{cases} x+1, & -1 \leqslant x < 0 \\ 0, & x = 0 \\ x-1, & 0 < x \leqslant 1 \end{cases}$$

在闭区间 $[-1,1]$ 上有间断点 $x=0$,如图 2-18 所示,$f(x)$ 在闭区间 $[-1,1]$ 上不存在最大值和最小值.

定理 2-20(介值定理)　设函数 $f(x)$ 在闭区间 $[a,b]$ 上连续,记 m 和 M 分别表示 $f(x)$ 在 $[a,b]$ 上的最大值和最小值,则对于满足 $m \leqslant c \leqslant M$ 的任何实数 c,至少 $\exists x_0 \in [a,b]$,使得
$$f(x_0) = c.$$

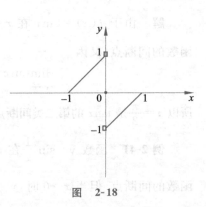

图 2-18

该定理的几何解释如图 2-19 所示.

推论 2-8(零点定理) 设函数 $f(x)$ 在闭区间 $[a,b]$ 上连续,且 $f(a)$ 和 $f(b)$ 异号,即 $f(a)f(b)<0$,则至少 $\exists x_0 \in (a,b)$,使得
$$f(x_0)=0.$$

其几何意义是说,当连续曲线 $y=f(x)$ 的端点 a,b 分别在 x 轴上方和下方时,曲线与 x 轴至少有一个交点,如图 2-20 所示.

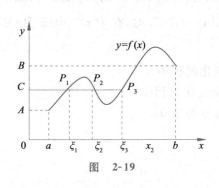

图 2-19

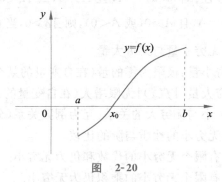

图 2-20

注:使 $f(x)=0$ 的点称为函数 $f(x)$ 的零点,函数 $f(x)$ 的零点也称为方程 $f(x)=0$ 的实根.

例 2-42 证明五次代数方程 $x^5-3x-1=0$ 至少有一个根介于 1 与 2 之间.

解 设 $f(x)=x^5-3x-1$,则 $f(x)$ 在闭区间 $[1,2]$ 上连续,且
$$f(1)=-3<0, f(2)=25>0.$$
根据零点定理,至少 $\exists x_0 \in (1,2)$,使 $f(x_0)=0$,即
$$x_0^5-3x_0-1=0, 1<x_0<2.$$
因此,方程 $x^5-3x-1=0$ 至少有一个根介于 1 与 2 之间.

本章小结

一、极限的概念与基本性质

1. 极限的定义

(1) $\lim\limits_{n\to\infty} x_n = A$,当且仅当:$\forall \varepsilon>0, \exists N$,当 $n>N$ 时,有 $|x_n-A|<\varepsilon$.

(2) $\lim\limits_{x\to x_0} f(x)=A$,当且仅当:$\forall \varepsilon>0, \exists \delta>0$,当 $0<|x-x_0|<\delta$ 时,有 $|f(x)-A|<\varepsilon$.

左极限 $f(x_0-0) = \lim\limits_{x\to x_0^-} f(x) = A$,当且仅当:$\forall \varepsilon>0, \exists \delta>0$,当 $-\delta<x-x_0<0$ 时,有 $|f(x)-A|<\varepsilon$.

右极限 $f(x_0+0) = \lim\limits_{x\to x_0^+} f(x) = A$,当且仅当:$\forall \varepsilon>0, \exists \delta>0$,当 $0<x-x_0<\delta$ 时,有 $|f(x)-A|<\varepsilon$.

$\lim\limits_{x\to x_0} f(x)=A$,当且仅当:$\lim\limits_{x\to x_0^-} f(x) = \lim\limits_{x\to x_0^+} f(x) = A$.

(3) $\lim\limits_{x\to\infty} f(x)=A$,当且仅当:$\forall \varepsilon>0, \exists X>0$,当 $|x|>X$ 时,有 $|f(x)-A|<\varepsilon$.

$\lim\limits_{x\to +\infty} f(x)=A$,当且仅当:$\forall \varepsilon>0, \exists X>0$,当 $x>X$ 时,有 $|f(x)-A|<\varepsilon$.

$\lim\limits_{x\to-\infty}f(x)=A$,当且仅当:$\forall\varepsilon>0,\exists X>0$,当 $x<-X$ 时,有 $|f(x)-A|<\varepsilon$.

$\lim\limits_{x\to\infty}f(x)=A$,当且仅当:$\lim\limits_{x\to-\infty}f(x)=\lim\limits_{x\to+\infty}f(x)=A$.

2. 极限的基本性质

唯一性:若极限存在,则极限是唯一的.

有界性:收敛数列必有界;函数收敛必局部有界.

保号性:若 $\lim\limits_{n\to\infty}x_n=A$,且 $A>0$(或 $A<0$),则 $\exists N$,当 $n>N$ 时,有 $x_n>0$(或 $x_n>0$);

$\lim\limits_{x\to x_0}f(x)=A$,且 $A>0$(或 $A<0$),则 $\exists\delta>0$,当 $0<|x-x_0|<\delta$ 时,有 $f(x)>0$(或 $f(x)>0$).

二、无穷小量与无穷大量

无穷小量:极限为零的量(在自变量的某个变化过程中).

无穷大量:$|f(x)|$ 无限增大(在自变量的某个变化过程中).

无穷小与无穷大的关系:互为倒数关系(分母不等于 0).

三、无穷小的性质与阶的比较

(1)有限个无穷小的代数和仍为无穷小.

(2)有限个无穷小的乘积仍为无穷小.

(3)有界量与无穷小的乘积仍为无穷小.

(4)无穷小与函数极限的关系

$\lim f(x)=A$ 的充要条件是 $f(x)=A+\alpha(x)$,其中 $\lim\alpha(x)=0$.

(5)无穷小阶的比较

设 $\lim\alpha(x)=0,\lim\beta(x)=0$,且 $\lim\dfrac{\beta(x)}{\alpha(x)}=c$.

①若 $c=0$,则称 $\beta(x)$ 是比 $\alpha(x)$ 高阶的无穷小,记作 $\beta=o(\alpha)$;反过来,称 $\alpha(x)$ 是比 $\beta(x)$ 低阶的无穷小;

②若 $c\neq0$,则称 $\alpha(x)$ 与 $\beta(x)$ 是同阶无穷小;

③若 $c=1$,称 $\alpha(x)$ 与 $\beta(x)$ 是等阶无穷小,记作 $\alpha(x)\sim\beta(x)$.

(6)常用的等价无穷小

当 $x\to0$ 时,$\sin x\sim x$;$\tan x\sim x$;$\arcsin x\sim x$;$\arctan x\sim x$;$1-\cos x\sim\dfrac{x^2}{2}$;$e^x-1\sim x$;$a^x-1\sim x\ln a$;$\ln(1+x)\sim x$;$\sqrt[n]{1+x}-1\sim\dfrac{1}{n}x$;$(1+x)^\alpha-1\sim\alpha x(\alpha\in\mathbf{R})$.

四、求极限的方法

1. 利用极限运算法则

如果 $\lim f(x)=A,\lim g(x)=B$,那么

(1)$\lim[f(x)\pm g(x)]=A\pm B=\lim f(x)\pm\lim g(x)$;

(2)$\lim[f(x)\cdot g(x)]=A\cdot B=\lim f(x)\cdot\lim g(x)$;

(3)$\lim\dfrac{f(x)}{g(x)}=\dfrac{A}{B}=\dfrac{\lim f(x)}{\lim g(x)}(B\neq0)$.

2. 利用两个重要极限及变量代换法

(1)$\lim\limits_{x\to0}\dfrac{\sin x}{x}=1$,$\lim\limits_{u(x)\to0}\dfrac{\sin u(x)}{u(x)}=1$.

(2) $\lim\limits_{n\to\infty}\left(1+\dfrac{1}{n}\right)^n=e$, $\lim\limits_{x\to\infty}\left(1+\dfrac{1}{x}\right)^x=e$

$\lim\limits_{x\to 0}(1+x)^{\frac{1}{x}}=e$, $\lim\limits_{u(x)\to 0}(1+u(x))^{\frac{1}{u(x)}}=e$.

3. 利用等价无穷小代换及无穷小的性质.

(1) 等价无穷小代换：设 $\alpha(x)\sim\alpha'(x),\beta(x)\sim\beta'(x)$，且 $\lim\dfrac{\beta'(x)}{\alpha'(x)}$ 存在,

则 $\lim\dfrac{\beta(x)}{\alpha(x)}=\lim\dfrac{\beta'(x)}{\alpha'(x)}$.

(2) 有界量与无穷小的乘积仍为无穷小.

4. 利用极限存在法则

(1) 准则 I （夹逼准则）如果

① 当 $x\in\overset{\circ}{U}(x_0,r)$（或 $|x|>X$）时

$$g(x)\leqslant f(x)\leqslant h(x)$$

② $\lim\limits_{\substack{x\to x_0\\(x\to\infty)}}g(x)=A$，$\lim\limits_{\substack{x\to x_0\\(x\to\infty)}}h(x)=A$，

那么 $\lim\limits_{\substack{x\to x_0\\(x\to\infty)}}f(x)=A$.

(2) 准则 II　单调有界数列必有极限.

5. 利用函数的连续性

(1) 若 $x=a$ 是初等函数 $f(x)$ 的定义区间内的点，则 $\lim\limits_{x\to a}f(x)=f(a)$;

(2) 若 $\lim\limits_{x\to x_0}\varphi(x)=u_0$，而函数 $y=f(u)$ 在 $u=u_0$ 连续，$\lim\limits_{x\to x_0}f[\varphi(x)]=f[\lim\limits_{x\to x_0}\varphi(x)]$.

五、函数的连续性与间断点

1. 函数连续的概念

(1) 若 $\lim\limits_{x\to x_0}f(x)=f(x_0)$ 或 $\lim\limits_{\Delta x\to 0}\Delta y=0$，其中 $\Delta y=f(x_0+\Delta x)-f(x_0)$，则称 $f(x)$ 在 x_0 处连续.

(2) 若 $\lim\limits_{x\to x_0^-}f(x)=f(x_0)$（或 $\lim\limits_{x\to x_0^+}f(x)=f(x_0)$），则称 $f(x)$ 在 x_0 左连续（或右连续）.

$f(x)$ 在 x_0 处连续 $\Leftrightarrow f(x)$ 在 x_0 左连续又右连续.

(3) $f(x)$ 在 (a,b) 内连续：$f(x)$ 在 (a,b) 内每一点都连续.

(4) $f(x)$ 在 $[a,b]$ 内连续：$f(x)$ 在 (a,b) 内连续，并且 $f(x)$ 在 $x=a$ 右连续，在 $x=b$ 左连续.

2. 间断点及其分类

(1) $f(x)$ 在 x_0 处不连续，则称 x_0 是 $f(x)$ 的间断点.

(2) 间断点的分类.

① 第一类间断点：使 $f(x_0-0)$ 与 $f(x_0+0)$ 都存在的点 x_0. 其中

可去间断点是使 $f(x_0-0)=f(x_0+0)$ 的点；跳跃间断点是使 $f(x_0-0)\neq f(x_0+0)$ 的点.

② 第二类间断点：使 $f(x_0-0)$ 与 $f(x_0+0)$ 至少有一个不存在的点 x_0.

常见的第二类间断点有无穷间断点和振荡间断点.

3. 连续函数的运算法则及初等函数的连续性

(1) 连续函数的和(差)、积、商(分母不为零)仍连续;

(2) 连续函数的复合函数仍连续;

(3) 单调连续函数的反函数在相应的区间上仍然单调且连续;

(4) 基本初等函数在其定义域内连续;

(5) 一切初等函数在其定义区间上都连续.

4. 闭区间上连续函数的性质

(1) 最值性: $f(x)$ 在 $[a,b]$ 必能取到最大值 M 和最小值 m.

(2) 介值性: 对于满足 $m \leqslant c \leqslant M$ 的任何实数 c, 至少 $\exists x_0 \in [a,b]$, 使得 $f(x_0) = c$.

(3) 零点存在性(或方程 $f(x) = 0$ 的实根存在性):

若 $f(a) \cdot f(b) < 0$, 则至少 $\exists x_0 \in (a,b)$, 使得 $f(x_0) = 0$.

习题二

(A)

1. 观察下列数列的变化趋势, 收敛的写出其极限:

(1) $x_n = \dfrac{n+(-1)^{n-1}}{n}$;

(2) $x_n = n + (-1)^n n$;

(3) $x_n = n - \dfrac{1}{n}$;

(4) $x_n = \dfrac{2^n - 1}{3^n}$;

(5) $x_n = 2 + (-1)^n \dfrac{1}{n}$;

(6) $x_n = 2 - (-1)^n$.

2. 判断下列命题是否正确:

(1) 收敛数列一定有界;

(2) 有界数列一定收敛;

(3) 无界数列一定发散;

(4) 若收敛数列的通项大于 0, 则其极限一定大于 0;

(5) 若数列的极限大于 0, 则数列的每一项也一定大于 0.

*3. 设 $x_n = \dfrac{1}{n} \cos \dfrac{n\pi}{2}$, 考察 $\lim\limits_{n \to \infty} x_n = 0$, 求出 N, 使得当 $n > N$ 时, 有 $|x_n - 0| < \varepsilon$. 当 $\varepsilon = 0.001$ 时, $N = $?

*4. 用数列极限的分析定义证明:

(1) $\lim\limits_{n \to \infty} \dfrac{3n-1}{2n+1} = \dfrac{3}{2}$;

(2) $\lim\limits_{n \to \infty} \dfrac{n^2 + 2}{n^2 + n} = 1$;

(3) $\lim\limits_{n \to \infty} 0.\underbrace{99\cdots 9}_{n\text{个}} = 1$;

(4) $\lim\limits_{n \to \infty} \left(1 - \dfrac{1}{2^n}\right) = 1$.

5. 利用函数的图形, 从几何上观察变化趋势, 并写出下列极限:

(1) $\lim\limits_{x \to -\infty} e^x$;

(2) $\lim\limits_{x \to \infty} c$ (c 是常数);

(3) $\lim\limits_{x \to +\infty} \arctan x$;

(4) $\lim\limits_{x \to 1}(1 + \ln x)$;

(5) $\lim\limits_{x\to 2}(x^2-1)$;   (6) $\lim\limits_{x\to 4}(\sqrt{x}+1)$.

6. $f(x)$在x_0处有定义是当$x\to x_0$时$f(x)$极限存在的_____.
   A. 必要条件   B. 充分条件
   C. 充分必要条件   D. 无关条件

7. $f(x_0-0)$与$f(x_0+0)$都存在是当$x\to x_0$时$f(x)$极限存在的_____.
   A. 必要条件   B. 充分条件
   C. 充分必要条件   D. 既非充分条件也非必要条件

8. 若$\lim\limits_{x\to\infty}x^k\arctan\dfrac{2}{x^2}=2$，则$k=$_____.
   A. 2   B. 0   C. $\dfrac{1}{2}$ D. 1

9. $f(x)$在x_0处有定义是$f(x)$在x_0处连续的_____.
   A. 必要条件   B. 充分条件
   C. 充分必要条件   D. 无关条件

*10. 用极限的分析定义证明下列极限：

(1) $\lim\limits_{x\to -2}\dfrac{x^2-4}{x+2}=-4$;   (2) $\lim\limits_{x\to 0}x\sin\dfrac{1}{x}=0$;

(3) $\lim\limits_{x\to\infty}\dfrac{x^2-1}{x^2+3}=1$;   (4) $\lim\limits_{x\to 0}\dfrac{1+2x}{x}=\infty$.

11. 设 $f(x)=\dfrac{x^2-9}{x+3}$.

问：(1) 在自变量的什么变化过程中，$f(x)$是无穷小？
   (2) 在自变量的什么变化过程中，$f(x)$是无穷大？

12. 求下列极限：

(1) $\lim\limits_{x\to 0}x^2\sin\dfrac{1}{x}$;   (2) $\lim\limits_{x\to\infty}\dfrac{\arctan x}{x}$;

(3) $\lim\limits_{x\to\infty}\dfrac{(3x-1)^{20}(2x+3)^{30}}{(5x+2)^{50}}$;   (4) $\lim\limits_{n\to\infty}\dfrac{2^{n+1}-3^{n+1}}{2^n+3^n}$;

(5) $\lim\limits_{x\to\infty}\left(\dfrac{x^3}{2x^2-1}-\dfrac{x^2}{2x+1}\right)$;   (6) $\lim\limits_{x\to\infty}\left(2-\dfrac{1}{x}+\dfrac{1}{x^2}\right)$;

(7) $\lim\limits_{h\to 0}\dfrac{(x+h)^3-x^3}{h}$;   (8) $\lim\limits_{x\to 0}\dfrac{4x^3-2x^2+x}{3x^2+2x}$;

(9) $\lim\limits_{x\to 1}\left(\dfrac{1}{1-x}-\dfrac{1}{1-x^3}\right)$;   (10) $\lim\limits_{n\to\infty}\dfrac{1+2+3+\cdots+n}{n^2}$;

(11) $\lim\limits_{n\to\infty}\dfrac{1+\dfrac{1}{3}+\dfrac{1}{9}+\cdots+\dfrac{1}{3^n}}{1+\dfrac{1}{2}+\dfrac{1}{4}+\cdots+\dfrac{1}{2^n}}$;   (12) $\lim\limits_{x\to 2}\dfrac{x^2+2x}{(x-2)^2}$.

13. 判断下列命题是否正确？如果正确说明理由，如果错误试给出一个反例．

(1) 如果$\lim\limits_{x\to x_0}f(x)$存在，但$\lim\limits_{x\to x_0}g(x)$不存在，那么$\lim\limits_{x\to x_0}[f(x)+g(x)]$不存在；

(2) 如果$\lim\limits_{x\to x_0}f(x)$不存在，且$\lim\limits_{x\to x_0}g(x)$也不存在，那么$\lim\limits_{x\to x_0}[f(x)+g(x)]$不存在．

(3) 如果 $\lim\limits_{x \to x_0} f(x)$ 存在，且 $\lim\limits_{x \to x_0} g(x)$ 不存在，那么 $\lim\limits_{x \to x_0} [f(x) \cdot g(x)]$ 不存在.

14. 求下列极限:

(1) $\lim\limits_{n \to \infty} \dfrac{1}{2} nR^2 \sin \dfrac{2\pi}{n}$;

(2) $\lim\limits_{x \to \pi} \dfrac{\sin x}{\pi - x}$;

(3) $\lim\limits_{x \to 0} \dfrac{\tan 2x}{\sin 3x}$;

(4) $\lim\limits_{x \to 0} \dfrac{1 - \cos x}{x \sin x}$;

(5) $\lim\limits_{x \to 0} x \cot x$;

(6) $\lim\limits_{x \to 1} \dfrac{\sin(x-1)}{x^2 - 1}$;

(7) $\lim\limits_{x \to \infty} \left(\dfrac{1+x}{x} \right)^{x-3}$;

(8) $\lim\limits_{x \to 0} (1 + 2x)^{\frac{1}{x}}$;

(9) $\lim\limits_{x \to \infty} \left(\dfrac{x+1}{x-1} \right)^x$;

(10) $\lim\limits_{x \to 0} (1 + 2\tan x)^{\cot x}$.

15. 利用极限存在准则证明:

(1) $\lim\limits_{n \to \infty} \sqrt{1 + \dfrac{1}{n}} = 1$;

(2) $\lim\limits_{n \to \infty} \left(\dfrac{1}{\sqrt{n^2 + 1}} + \dfrac{1}{\sqrt{n^2 + 2}} + \cdots + \dfrac{1}{\sqrt{n^2 + n}} \right) = 1$.

16. 设 $x_1 = \sqrt{2}, x_{n+1} = \sqrt{2 + x_n}, n = 1, 2, \cdots$, 证明这数列的极限存在，并求其极限.

17. 研究下列函数的连续性，并画出函数的图形:

(1) $f(x) = \begin{cases} x^2 + 1, & 0 \le x \le 1 \\ 3 - x, & 1 < x \le 2 \end{cases}$;

(2) $f(x) = \begin{cases} x, & -1 \le x \le 1 \\ 1, & |x| > 1 \end{cases}$.

18. 求下列函数的间断点，并判别间断点的类型.

(1) $f(x) = \dfrac{x^2 - 1}{x^2 - 3x + 2}$;

(2) $f(x) = x \sin \dfrac{1}{x}$;

(3) $f(x) = \dfrac{x}{\sin x}$;

(4) $f(x) = \begin{cases} x - 1, & x \le 1 \\ 3 - x, & x > 1 \end{cases}$;

(5) $f(x) = \lim\limits_{n \to \infty} \dfrac{1 - x^{2n}}{1 + x^{2n}} x$.

19. 求下列极限:

(1) $\lim\limits_{x \to \infty} e^{\frac{1}{x}}$;

(2) $\lim\limits_{x \to 0} (1 + x)^{\frac{1}{2x}}$;

(3) $\lim\limits_{x \to \infty} \left(\dfrac{3+x}{6+x} \right)^{\frac{x-1}{2}}$;

(4) $\lim\limits_{x \to 0} \dfrac{\sqrt{1 + \tan x} - \sqrt{1 + \sin x}}{x \sqrt{1 + \sin^2 x} - x}$.

20. 设函数
$$f(x) = \begin{cases} e^x, & x < 0 \\ a + x^2, & x \ge 0 \end{cases}$$
常数 a 为何值时，使得 $f(x) \in C(-\infty, +\infty)$.

21. 证明方程 $\sin x + x + 1 = 0$ 在 $\left(-\dfrac{\pi}{2}, \dfrac{\pi}{2} \right)$ 内至少有一个实根.

22. 设多项式
$$P(x) = x^n + a_1 x^{n-1} + \cdots + a_{n-1} x + a_n.$$

证明:当 n 为奇数时,方程 $P(x)=0$ 至少有一个实根.

23. 如果存在直线 $L: y=ax+b$,使得当 $x\to\infty$(或 $x\to+\infty$,$x\to-\infty$)时,曲线 $y=f(x)$ 上的动点 $M(x,y)$ 到直线 L 的距离 $d(M,L)\to 0$,则称 L 为曲线 $y=f(x)$ 的渐近线,当 $a\neq 0$ 时,称 L 为斜渐近线.

(1) 证明:直线 $L: y=ax+b$ 为曲线 $y=f(x)$ 的斜渐近线的充分必要条件为
$$a=\lim_{\substack{x\to\infty\\(x\to+\infty)\\(x\to-\infty)}}\frac{f(x)}{x},\qquad b=\lim_{\substack{x\to\infty\\(x\to+\infty)\\(x\to-\infty)}}[f(x)-ax].$$

(2) 求曲线 $y=(2x-1)e^{\frac{1}{x}}$ 的斜渐近线.

(B)

1. 一块岩石突然松动从峭壁顶上掉落下来,求:(1)头两秒钟岩石的平均速度;(2)求岩石在时刻 $t=2$(秒)时的速度.

2. 终极性态模型. 对数值很大的 x,我们有时可以对复杂函数的性态用一个较为简单的函数作为该复杂函数的模型.

设 $X>0$,函数 $f(x),g(x)$ 当 $x>X$ 时有定义,如果
$$\lim_{x\to+\infty}\frac{f(x)}{g(x)}=1,$$
则称函数 $g(x)$ 是 $f(x)$ 的右终极性态模型.

类似地,设函数 $f(x),g(x)$ 当 $x<-X$ 时有定义,如果
$$\lim_{x\to-\infty}\frac{f(x)}{g(x)}=1,$$
则称函数 $g(x)$ 是 $f(x)$ 的左终极性态模型.

(1) 设 $f(x)=x+e^{-x}$,试证明 $g(x)=x$ 是 $f(x)$ 的右终极性态模型;而 $h(x)=e^{-x}$ 是 $f(x)$ 的左终极性态模型,并求 $f(x)=x+e^{-x}$ 的渐近线.

(2) 设 $f(x)=3x^4-2x^3+3x^2+5x-6$,试证明 $g(x)=3x^4$ 是 $f(x)$ 的终极性态模型.

3. 请根据刘徽"割圆术"的相关结论,推导圆面积公式.

4. 根据"截杖问题"建立截下的总长度(截下长度之和)的模型,并根据问题的实际意义,猜想这总长度值应等于多少?

思考:这是一个新的运算吗? 如何求解?

5. 连续复利的数学模型. 设初始本金为 $p(x)$,年利率为 r,按复利计息,若一年分 m 次付息,则第 t 年末的本利和为
$$s_t=p\left(1+\frac{r}{m}\right)^{mt}$$

(1) 试证明:这里的 s_t 大于第 1 章中单利情形的相应值及复利($m=1$)情形的相应值.

(2) 求复利计算次数愈来愈频繁($m\to\infty$)时,连续复利的模型.

说明:

i 上述(2)中所得结果只是一个理论公式,t 可视为连续变量,实际应用中,当 m 较大且存期较长时,即用之作为一种近似估计公式.

ii 在经济学中,s_t 称为 p 元 t 年后的终值,$p \cdot \dfrac{p}{s_t}$ 称为 p 元 t 年后的现值(其意义是当年的 p 元现在只值 $p \cdot \dfrac{p}{s_t}$ 元).

iii (2)中所得的结论又是生物群体繁殖数目的模型(如人口模型),即本利总和与生物群体数目遵循同一数学规律.

6. 设小孩出生后,父母拟以 p 元作为初始投资,希望到孩子 20 岁时能达到 100 000 元. 请帮助解决以下问题:(1)如果投资按 8% 连续复利计算,则初始投资应该是多少元?(2)如果按单利计算,则初始投资又应该是多少元?(3)编制一个按不同利率 r 的连续复利的现值、终值表,以供参考.

7. 在经济、社会活动中,几个实体(个人、公司、党派、国家)相互合作或结盟所获得收益往往比各自单独行动所获得的收益要大得多. 但是如何分享合作收益呢?合作对策理论对该问题作了深入的研究,提出了以下解决问题的方法. 下面是其中的称为 shapley 值方法:

设局中人集 $I=\{1,2,\cdots,n\}$,对于 $s \subseteq I$,定义合作总收益 $V=V(s)$ 的分配为
$$\Phi(V)=(\Phi_1(v),\Phi_2(v),\cdots,\Phi_n(v))$$
其中,$\Phi_i(v)$ 表示局中人 i 所获得的收益,并且
$$\Phi_i(V)=\sum_{s_i} W(|s_i|)[V(s_i)-V(s_i-\{i\})] \quad i=1,2,\cdots,n$$

式中 s_i 是 I 中含局中人 i 的所有子集,$|s_i|$ 是子集 s_i 的元素个数(又称集合 s_i 的基数). $[V(s_i)-V(s_i-\{i\})]$ 是局中人 i 对合作 s_i 的贡献,$W(|s_i|)=\dfrac{(|s_i|-1)!\,(n-|s_i|)!}{n!}$ 是这贡献在总分配中所占的权重因子.

$\Phi_i(V)$ 称为由合作收益 V 定义的 shapley 值.

合作能够实现的基础之一是每个局中人合作收益应不小于单独行动的收益,即 $\Phi_i(V) \geqslant V(\{i\})$, $i=1,2,\cdots,n$.

设某市沿河有三个城镇,城 1、城 2、城 3 地理位置如图 2-21 所示.

三城镇的污水必须经处理后方能排入河中,三城镇可单独建立污水处理厂,也可通过管道输送联合建厂,但合作建厂时,污水输送应顺河流方向,即若城 1 与城 3 合作建厂时,污水处理厂应建在城 3 处,并由城 1 向城 3 铺设污水输送管道.

根据经验公式,建污水处理厂的费用为 $730Q^{0.712}$(千元),铺设管道费用为 $6.6LQ^{0.51}$(千元). 其中 Q 是污水量 (m^3/s),L 是管道长度(km).

设三城镇污水量分别为 $Q_1=5m^3/s$, $Q_2=3m^3/s$, $Q_3=5m^3/s$,市政府要求以节约总投资为目标,请按 shapley 方法给出对策. 若是合作建厂,则每城镇分担的费用应各为多少?

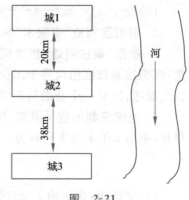

图 2-21

实验 极限的 MATLAB 实现

1. 求数列 $x_n = \left(1 + \dfrac{1}{n}\right)^n$ 的极限，并绘制图形，观察其变化趋势．

2. 利用求极限的命令说明 $x = 0$ 时，$\sin(x^3)$ 与 $\sin^3 x$ 是等价无穷小，并作图比较它们收敛到 0 的速度．

阅读材料

让我们共勉

"对自然界的深刻研究是数学最富饶的源泉．"

——Joseph Fourier[①]

"没有任何问题可以像无穷那样深深地触动人的情感，很少有别的观念能像无穷那样激励理智产生富有成果的思想，然而也没有任何其他的概念能像无穷那样需要加以阐明．"

——D. Hibert[②]

阿基米德——数学之神

阿基米德(Archimedes, 287BC—212BC)是古希腊伟大的数学家、科学家．他最著名的名言是："给我一个支点，我就可以撬动地球．"

阿基米德从小热爱学习，善于思考，才智高超，兴趣广泛，并具有非凡的机械技巧．当他刚满 11 岁时，就漂洋过海到埃及的亚历山大求学，师从当时著名的科学家欧几里得的学生柯农，掌握了丰富的希腊文化，博古通今．他继承了欧几里得的严谨性，但他的才智和成就却远远超过了欧几里得．他把数学研究和力学、机械学紧密相结合，用数学方法研究力学和其他实际问题．

阿基米德的主要成就是在纯几何方面，他使用无限小量运用穷竭法解决了几何图形的面积、体积、曲线弧长等一系列的几何计算问题．这些方法是微积分学的先导，其结果也与微积分的结果相一致．阿基米德在数学上的成就在当时达到了登峰造极的地步，对后世影响的深远程度是其他任何一位数学家无与伦比的，被后世的数学家们尊称为"数学之神"．任何一张列出人类有史以来三位最伟大的数学家名单中，必有阿基米德．

此外，阿基米德亦对杠杆原理作了深入的研究，并建立了杠杆和滑轮的理论．

不过，最引人入胜，最受人尊敬的是他发明了测金王冠掺假的一个科学基本原理．国王让金匠做了一顶纯金王冠，交货后他怀疑其中掺杂贱金属，就让阿基米德测定王冠所含成分，而不得将金冠损毁．

阿基米德日思夜想百思不得其解．一天他洗澡时，发现有水溢出，而他的部分身体被水浮起．这使他恍然大悟，突然发现了解决这一问题的原理．为此他非常兴奋，竟光着身子跑到大街上高喊："有了！"

[①] 约瑟夫·傅里叶(Joseph Fourier, 1768—1830)，法国著名数学家、物理学家．

[②] 大卫·希尔伯特(D. Hibert, 1862—1943)，德国著名数学家．

这次发现的意义远远大于测出金匠在金王冠中掺假,而是他发现了浮力定律,即物体浸在水中减轻的重量等于它所排出液体的重量,这条原理后人以他的名字命名.至今,人们仍在利用该原理测定船舶的载重量等.

正因为阿基米德的杰出贡献,美国的 E.T 贝尔在《数学人物》上是这样评价的:"除了伟大的牛顿和伟大的爱因斯坦,再没有一个人像阿基米德那样为人类的进步做出过这样大的贡献.牛顿和爱因斯坦也都曾从他身上汲取过智慧和灵感,他是理论天才与实验天才合于一人的理想化身."

另两位最伟大的数学家当属英国数学家、科学家牛顿和德国数学家高斯,其中高斯被后人尊称为"数学王子".

(资料来源:莫里斯·克莱因.古今数学思想)

第 3 章

导数与微分

高等数学主要由两大部分内容组成——微分学与积分学,因此高等数学又名微积分学.

微积分学是现代数学及科学技术的基础,是人类认识客观世界、探索宇宙奥秘的典型数学模型之一,是培养人们正确的世界观、科学方法论和文化熏陶的无与伦比的素材.恩格斯曾指出:"在一切理论成就中,未必再有什么像17世纪下半叶微积分的发明那样被看作人类精神的最高胜利了."

微分学内容由导数、微分及其应用组成,导数与微分是它的两个基本概念.

本章主要介绍导数和微分的概念及其计算方法.在下一章中,研究导数的应用.

3.1 导数概念

在科技、经济等工程学科对数学提出的种种要求中,下列三类问题导致了微分学的产生:

(1)变速运动的瞬时速度;

(2)求曲线的切线;

(3)求最大值或最小值.

这三类问题的共性在数学上归结为函数相对于自变量的变化而变化的快慢程度,即所谓的函数变化率问题.牛顿从第一个问题,莱布尼茨从第二个问题出发,分别各自独立地给出了导数概念.

▶ 3.1.1 引例

1. 变速直线运动的瞬时速度

设运动的物体在$[0,t]$这段时间内所经过的路程为s,则s是时间t的函数$s=s(t)$,称为路程函数(或位置函数).如何求t_0时刻的瞬时速度$v(t_0)$呢?

设想任取接近t_0的时刻$t_0+\Delta t$,则物体这段时间内所经过的路程为
$$\Delta s = s(t_0+\Delta t) - s(t_0).$$

这段时间内的平均速度为
$$\bar{v} = \frac{\Delta s}{\Delta t} = \frac{s(t_0+\Delta t) - s(t_0)}{\Delta t}.$$

当时间间隔很小时,可以用$\bar{v}$作为$v(t_0)$的近似值,而且Δt越小,其近似程度越高,根据极限思想,我们有理由认为当$\Delta t \to 0$时,平均速度$\bar{v}$的极限称为t_0时刻的瞬时速度$v(t_0)$,即
$$v(t_0) = \lim_{\Delta t \to 0} \frac{\Delta s}{\Delta t} = \lim_{\Delta t \to 0} \frac{s(t_0+\Delta t) - s(t_0)}{\Delta t}.$$

2. 平面曲线的切线的斜率

如图3-1,设曲线c的方程为$y=f(x)$,$M(x_0,y_0)$是c上的一点.求曲线c在M处的切

线 MT 的斜率.

在点 M 邻近取曲线上的另一点 $N(x_0+\Delta x, y_0+\Delta y)$，连接 M 与 N 的直线 MN 称为曲线 c 的割线．设割线 MN 的倾角为 φ，其斜率为

$$\tan\varphi = \frac{\Delta y}{\Delta x} = \frac{f(x_0+\Delta x)-f(x_0)}{\Delta x}.$$

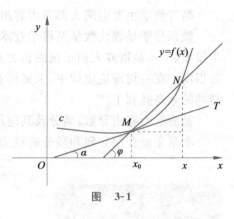

图 3-1

如果当 N 沿曲线趋向 $M(\Delta x \to 0)$ 时，割线绕点 M 转动至一个确切的极限位置 MT，则 MT 就称为曲线 c 在点 M 处的切线．设切线 MT 的倾角为 α，那么其斜率为

$$k = \tan\alpha = \lim_{\Delta x \to 0}\tan\varphi = \lim_{\Delta x \to 0}\frac{\Delta y}{\Delta x} = \lim_{\Delta x \to 0}\frac{f(x_0+\Delta x)-f(x_0)}{\Delta x},$$

并且切线 MT 的方程为

$$y - y_0 = k(x - x_0).$$

当 $k = \infty$ 时，MT 垂直于 x 轴，其方程为 $x = x_0$.

3. 产品总成本的变化率

设某产品的总成本 C 是产量 q 的函数，若产量由 q_0 变为 $q_0 + \Delta q$，则总成本相应的改变量为

$$\Delta C = C(q_0 + \Delta q) - C(q_0);$$

总成本的平均改变量为

$$\frac{\Delta C}{\Delta q} = \frac{C(q_0+\Delta q)-C(q_0)}{\Delta q}.$$

如果当 $\Delta q \to 0$ 时，极限

$$\lim_{\Delta q \to 0}\frac{\Delta C}{\Delta q} = \lim_{\Delta q \to 0}\frac{C(q_0+\Delta q)-C(q_0)}{\Delta q}$$

存在，则称此极限为产量 $q = q_0$ 时的总成本的变化率.

上面三个引例中，所求量虽然它们的实际意义完全不同，但从数量关系来看，其实质都是函数的改变量与自变量的改变量之比，当自变量的改变量趋于零时的极限.在自然科学和工程技术领域中，还有许多量，例如电流强度、角速度、密度等，都可归结为这种特定形式的极限，从而产生了导数概念.

▶ 3.1.2 导数定义

定义 3-1 设函数 $y = f(x)$ 在 $U(x_0)$ 内有定义，当自变量 x 在点 x_0 处产生改变量 Δx ($\Delta x \neq 0$，且 $x_0 + \Delta x \in U(x_0)$) 时，函数 y 产生相应的改变量为

$$\Delta y = f(x_0 + \Delta x) - f(x_0).$$

如果极限

$$\lim_{\Delta x \to 0}\frac{\Delta y}{\Delta x} = \lim_{\Delta x \to 0}\frac{f(x_0+\Delta x)-f(x_0)}{\Delta x} \tag{3-1}$$

存在,则称函数 $y=f(x)$ 在点 x_0 处可导,并称此极限为函数 $y=f(x)$ 在点 x_0 处的导数,记为

$$f'(x_0) \text{ 或 } y'|_{x=x_0}, \frac{dy}{dx}\bigg|_{x=x_0} \text{ 或 } \frac{df(x)}{dx}\bigg|_{x=x_0}.$$

如果极限式(3-1)不存在,则称函数 $y=f(x)$ 在点 x_0 处不可导,x_0 称为函数 $f(x)$ 的不可导点;如果不可导的原因是式(3-1)的极限为 ∞,为方便起见,此时也称函数 $y=f(x)$ 在 x_0 处的导数为无穷大.

导数的定义可以采取不同的表达形式:

例如,在式(3-1)中,令 $h=\Delta x$,则有

$$f'(x_0) = \lim_{h \to 0} \frac{f(x_0+h) - f(x_0)}{h}; \tag{3-2}$$

令 $x = x_0 + \Delta x$,则有

$$f'(x_0) = \lim_{x \to x_0} \frac{f(x) - f(x_0)}{x - x_0}. \tag{3-3}$$

例 3-1 常值函数 $f(x)=c$(c 为常数). 求 $f'(x_0), x_0 \in (-\infty, +\infty)$.

解 $f'(x_0) = \lim\limits_{\Delta x \to 0} \dfrac{f(x_0+\Delta x) - f(x_0)}{\Delta x} = \lim\limits_{\Delta x \to 0} \dfrac{c-c}{\Delta x} = 0.$

这就是说,常数的导数等于零.

例 3-2 设 $f(x) = x^n$(n 为正整数),求 $f'(x_0)$.

解 $f'(x_0) = \lim\limits_{x \to x_0} \dfrac{f(x) - f(x_0)}{x - x_0} = \lim\limits_{x \to x_0} \dfrac{x^n - x_0^n}{x - x_0}$
$= \lim\limits_{x \to x_0} (x^{n-1} + x_0 \cdot x^{n-2} + \cdots + x_0^{n-2} \cdot x + x_0^{n-1}) = n x_0^{n-1}.$

注 1:在导数定义中,$\dfrac{\Delta y}{\Delta x}$ 是函数 $y = f(x)$ 在以 x_0 和 $x_0 + \Delta x$ 为端点的区间上的"平均变化率",而导数 $f'(x_0)$ 是函数 $y = f(x)$ 在 x_0 点处的变化率,它反映了函数随自变量变化而变化的快慢程度. 如例 3-2 中,当 $n=2$ 时,$(x^2)'|_{x=x_0} = 2x_0$;当 $n=3$ 时,$(x^3)'|_{x=x_0} = 3x_0^2$. 在 $|x| \geq 1$ 范围内的同一点 x_0 处,$y = x^3$ 的变化率大于 $y = x^2$ 的变化率;而在 $0 < |x| < 1$ 范围内的同一点 x_0 处,$y = x^2$ 的变化率大于 $y = x^3$ 的变化率.

注 2:在导数定义中,Δx 可正可负,式(3-1)中的极限是双侧的. 如果将双侧极限换为单侧极限,随之便产生了左(右)导数概念.

▶ 3.1.3 左导数和右导数

如果极限

$$\lim_{\Delta x \to 0^-} \frac{f(x_0 + \Delta x) - f(x_0)}{\Delta x} \left(\text{或} \lim_{\Delta x \to 0^+} \frac{f(x_0 + \Delta x) - f(x_0)}{\Delta x} \right)$$

存在,则称此极限为函数 $y = f(x)$ 在点 x_0 处的左导数(或右导数),记为 $f_-'(x_0)$ 或 $f_+'(x_0)$. 根据极限的性质,有下列定理.

定理 3-1 函数 $y = f(x)$ 在点 x_0 处可导的充分必要条件是:函数 $y = f(x)$ 在点 x_0 处的左导数和右导数都存在且相等.

在讨论分段函数在分界点处的可导性时,常利用左、右导数.

例 3-3 绝对值函数 $y=|x|=\begin{cases} x, & x>0, \\ 0, & x=0, \\ -x, & x<0, \end{cases}$ 在 $x=0$ 处是否可导?

解 $f'_-(0)=\lim\limits_{\Delta x\to 0^-}\dfrac{f(0+\Delta x)-f(0)}{\Delta x}=\lim\limits_{\Delta x\to 0^-}\dfrac{-\Delta x}{\Delta x}=-1$,

$f'_+(0)=\lim\limits_{\Delta x\to 0^+}\dfrac{f(0+\Delta x)-f(0)}{\Delta x}=\lim\limits_{\Delta x\to 0^+}\dfrac{\Delta x}{\Delta x}=1.$

由于 $f'_-(0)\neq f'_+(0)$,所以函数 $y=|x|$ 在 $x=0$ 处不可导.

从函数 $y=|x|$ 的图像容易发现,在 $x=0$ 处图像产生了"尖点"现象.由此可以猜想:如果函数在 $x=x_0$ 处可导,则其图像必定在该点处是"光滑"状态.

▶ 3.1.4 函数的导函数

如果函数 $y=f(x)$ 在开区间 (a,b) 内每一点均可导,则称函数 $y=f(x)$ 在开区间 (a,b) 内可导,记为 $f(x)\in D(a,b)$. 此时,对于 (a,b) 内每一点,均对应着函数 $f(x)$ 的一个导数值 $f'(x)$,因此 $f'(x)$ 构成了一个新函数,这个函数称为 $f(x)$ 的导函数,在不至于产生混淆的情形下,仍简称为导数,记作

$$y',f'(x),\dfrac{\mathrm{d}y}{\mathrm{d}x},\text{或}\dfrac{\mathrm{d}f(x)}{\mathrm{d}x},$$

并且只需将定义 1 中的 x_0 换为 x,即得 $f'(x)$.

下面根据导数定义求一些简单函数的导数.

例 3-4 求函数 $f(x)=\sin x$ 的导数.

解 $f'(x)=\lim\limits_{h\to 0}\dfrac{f(x+h)-f(x)}{h}=\lim\limits_{h\to 0}\dfrac{\sin(x+h)-\sin x}{h}$

$=\lim\limits_{h\to 0}\dfrac{2\cos\left(x+\dfrac{h}{2}\right)\sin\dfrac{h}{2}}{h}=\lim\limits_{h\to 0}\cos\left(x+\dfrac{h}{2}\right)\cdot\dfrac{\sin\dfrac{h}{2}}{\dfrac{h}{2}}=\cos x.$

即

$$(\sin x)'=\cos x.$$

这就是说,正弦函数的导数是余弦函数.

类似地,可求得

$$(\cos x)'=-\sin x.$$

也就是说余弦函数的导数是负的正弦函数.

例 3-5 求函数 $f(x)=a^x(a>0,a\neq 1)$ 的导数.

解 $f'(x)=\lim\limits_{h\to 0}\dfrac{a^{x+h}-a^x}{h}=a^x\lim\limits_{h\to 0}\dfrac{a^h-1}{h}=a^x\lim\limits_{h\to 0}\dfrac{h\ln a}{h}=a^x\ln a.$

即 $(a^x)'=a^x\ln a$,特别地,$(\mathrm{e}^x)'=\mathrm{e}^x.$

例 3-6 求函数 $y=\log_a x\,(a>0,a\neq 1)$ 的导数.

解 $y'=\lim\limits_{h\to 0}\dfrac{\log_a(x+h)-\log_a x}{h}=\lim\limits_{h\to 0}\dfrac{\log_a\left(1+\dfrac{h}{x}\right)}{h}=\lim\limits_{h\to 0}\dfrac{1}{h}\log_a\left(1+\dfrac{h}{x}\right)$

$=\lim\limits_{h\to 0}\log_a\left(1+\dfrac{h}{x}\right)^{\frac{1}{h}}=\dfrac{1}{x}\lim\limits_{h\to 0}\log_a\left(1+\dfrac{h}{x}\right)^{\frac{x}{h}}=\dfrac{1}{x}\log_a e=\dfrac{1}{x\ln a}.$

即 $(\log_a x)'=\dfrac{1}{x\ln a}$,特别地,$(\ln x)'=\dfrac{1}{x}.$

以上所得结果,均可作为导数公式直接运用,必须熟记.其他基本初等函数的导数公式将在下一节介绍.

▶ 3.1.5 导数的几何意义

在各工程技术领域中,导数均具有相应的实际意义.例如,做直线运动质点的位置函数 $s(t)$ 对时间 t 的导数为瞬时速度,即 $v(t)=s'(t)$;产品总成本 $C(q)$ 的导数 $C'(q)$,在经济学中称为边际成本,关于导数在经济学中的应用,我们在本章中单列一节专门介绍.

现在给导数 $f'(x_0)$ 一个几何解释,由 3.1.1 中关于曲线的切线的讨论及导数的定义知:若曲线 $y=f(x)$ 在点 (x_0,y_0) 处有切线,则其斜率 $k=\tan\alpha=f'(x_0)$.简言之,导数 $f'(x_0)$ 的几何意义是:曲线 $y=f(x)$ 在点 (x_0,y_0) 处切线的斜率.

于是,当 $f'(x_0)$ 存在时,曲线 $y=f(x)$ 在点 (x_0,y_0) 处的切线方程为

$$y-y_0=f'(x_0)(x-x_0). \tag{3-4}$$

若 $f'(x_0)=\infty$,则曲线 $y=f(x)$ 在点 (x_0,y_0) 处具有垂直于 x 轴的切线(也称为铅直切线),其方程为 $x=x_0$.

过切点 (x_0,y_0) 且与切线垂直的直线称为曲线 $y=f(x)$ 在该点的法线,于是,相应的法线方程为

$$y-y_0=-\dfrac{1}{f'(x_0)}(x-x_0) \qquad [f'(x_0)\neq 0].$$

例 3-7 求等边双曲线 $y=\dfrac{1}{x}$ 在点 $\left(2,\dfrac{1}{2}\right)$ 处切线的斜率,且写出在该点处的切线方程和法线方程.

解 由于 $y'=\left(\dfrac{1}{x}\right)'=-\dfrac{1}{x^2}$,于是由导数的几何意义知,切线的斜率

$$k=y'\big|_{x=2}=-\dfrac{1}{4}.$$

所以,切线方程为

$$y-\dfrac{1}{2}=-\dfrac{1}{4}(x-2);$$

法线方程为

$$y-\dfrac{1}{2}=4(x-2).$$

例 3-8 求对数曲线 $y=\ln x$ 在点 $(1,0)$ 处的切线方程与 y 轴的交点.

解 由于 $y'=\dfrac{1}{x}$,于是切线的斜率为

$$k=y'|_{x=1}=1.$$

故切线方程为 $y=x-1$. 令 $x=0$, 得 $y=-1$. 所以曲线 $y=\ln x$ 在点 $(1,0)$ 处的切线方程与 y 轴的交点为 $(0,-1)$.

3.1.6 函数可导性与连续性的关系

定理 3-2 如果函数 $y=f(x)$ 在点 $x=x_0$ 处可导,则函数 $f(x)$ 在点 $x=x_0$ 处必连续.

证 由于函数 $y=f(x)$ 在点 $x=x_0$ 处可导,则

$$\lim_{\Delta x \to 0} \frac{\Delta y}{\Delta x} = f'(x_0).$$

根据函数的极限与无穷小的关系定理知,

$$\frac{\Delta y}{\Delta x} = f'(x_0) + \alpha.$$

其中

$$\lim_{\Delta x \to 0} \alpha = 0.$$

所以,

$$\Delta y = f'(x_0) \cdot \Delta x + \alpha \cdot \Delta x.$$

于是,当 $\Delta x \to 0$ 时,有 $\Delta y \to 0$. 所以,函数 $f(x)$ 在点 x_0 处连续.

该定理可简言之:可导必连续. 但其逆命题不成立. 例如函数 $f(x)=|x|$ 在 $x=0$ 处连续,但在 $x=0$ 处不可导. 这说明函数在某点处连续是该点处可导的必要条件,但不是充分条件.

3.2 求导法则与基本初等函数导数公式

求函数的变化率——导数,无论在理论研究还是实践应用中都是经常会遇到的问题. 但根据定义求导数往往计算繁琐,有时甚至不可行,需要建立计算导数的简便方法. 本节介绍计算导数的基本法则,并导出基本初等函数的导数公式. 以此为基础,就能方便地解决常用初等函数的导数计算问题.

3.2.1 导数的四则运算法则

定理 3-3 若函数 $u(x), v(x)$ 在点 x 处可导,则它们的和、差、积、商(分母不为零)在点 x 处仍可导,且

(1) $[u(x) \pm v(x)]' = u(x)' \pm v'(x)$;

(2) $[u(x) \cdot v(x)]' = u(x)' \cdot v(x) + u(x) \cdot v'(x)$;

(3) $\left[\dfrac{u(x)}{v(x)}\right]' = \dfrac{u(x)' \cdot v(x) - u(x) \cdot v'(x)}{[v(x)]^2}$ $[v(x) \neq 0]$.

证 (1) $[u(x) \pm v(x)]' = \lim\limits_{h \to 0} \dfrac{[u(x+h) \pm v(x+h)] - [u(x) \pm v(x)]}{h}$

$$= \lim_{h \to 0} \frac{u(x+h)-u(x)}{h} \pm \lim_{h \to 0} \frac{v(x+h)-v(x)}{h}$$
$$= u(x)' \pm v'(x).$$

(2) $[u(x) \cdot v(x)]' = \lim_{h \to 0} \frac{[u(x+h) \cdot v(x+h)] - [u(x) \cdot v(x)]}{h}$
$$= \lim_{h \to 0} \left[\frac{u(x+h)-u(x)}{h} \cdot v(x+h) + u(x) \cdot \frac{v(x+h)-v(x)}{h} \right]$$
$$= \lim_{h \to 0} \frac{u(x+h)-u(x)}{h} \cdot \lim_{h \to 0} v(x+h) + u(x) \cdot \lim_{h \to 0} \frac{v(x+h)-v(x)}{h}$$
$$= u(x)' \cdot v(x) + u(x) \cdot v'(x).$$

(3) $\left[\dfrac{u(x)}{v(x)} \right]' = \lim_{h \to 0} \dfrac{\dfrac{u(x+h)}{v(x+h)} - \dfrac{u(x)}{v(x)}}{h} = \lim_{h \to 0} \dfrac{u(x+h)v(x) - u(x)v(x+h)}{v(x) \cdot v(x+h) \cdot h}$

$$= \lim_{h \to 0} \frac{\dfrac{u(x+h)-u(x)}{h} v(x) - u(x) \cdot \dfrac{v(x+h)-v(x)}{h}}{v(x) \cdot v(x+h)}$$
$$= \frac{u(x)' \cdot v(x) - u(x) \cdot v'(x)}{[v(x)]^2}.$$

注：定理 3-3 中的法则(1)和(2)可推广到任意有限个可导函数的情形；特别地，在法则(2)中，当 $v(x) = c$ (c 为常数)时，有 $[cu(x)]' = c \cdot u(x)'$.

例 3-9 设 $y = x^3 + 5x^2 - 3\sin x + \ln 2$，求 y'.

解 $y' = (x^3)' + 5(x^2)' - 3(\sin x)' + (\ln 2)' = 3x^2 + 10x - 3\cos x.$

例 3-10 设 $f(x) = 2\sqrt{x}\cos x - \sin\dfrac{\pi}{4}$，求 $f'(x)$ 及 $f'\left(\dfrac{\pi}{2}\right)$.

解 $f'(x) = 2(\sqrt{x}\cos x)' - \left(\sin\dfrac{\pi}{4}\right)' = 2[(\sqrt{x})'\cos x + \sqrt{x}(\cos x)'] - 0$
$$= 2\left(\frac{1}{2\sqrt{x}}\cos x - \sqrt{x}\sin x\right) = \frac{1}{\sqrt{x}}\cos x - 2\sqrt{x}\sin x.$$
$$f'\left(\frac{\pi}{2}\right) = \left(\frac{1}{\sqrt{x}}\cos x - 2\sqrt{x}\sin x\right)\bigg|_{x=\frac{\pi}{2}} = -\sqrt{2\pi}.$$

例 3-11 设 $y = e^x(\sin x + \cos x)$，求 y'.

解 $y' = (e^x)'(\sin x + \cos x) + e^x(\sin x + \cos x)'$
$$= e^x(\sin x + \cos x) + e^x(\cos x - \sin x) = 2e^x\cos x.$$

例 3-12 证明下列导数公式：

(1) $(\tan x)' = \sec^2 x$; (2) $(\cot x)' = -\csc^2 x$;

(3) $(\sec x)' = \sec x \cdot \tan x$; (4) $(\csc x)' = -\csc x \cdot \cot x$.

证 (1) $(\tan x)' = \left(\dfrac{\sin x}{\cos x}\right)' = \dfrac{(\sin x)'\cos x - \sin x(\cos x)'}{\cos^2 x}$
$$= \frac{\cos^2 x + \sin^2 x}{\cos^2 x} = \frac{1}{\cos^2 x} = \sec^2 x.$$

同理可得(2).

(3) $(\sec x)' = \left(\dfrac{1}{\cos x}\right)' = \dfrac{-(\cos x)'}{\cos^2 x} = \dfrac{\sin x}{\cos^2 x} = \sec x \cdot \tan x.$

同理可得(4).

3.2.2 反函数的求导法则

定理 3-4 若函数 $x=f(y)$ 在区间 I_y 内单调、可导，且 $f'(y)\neq 0$，则它的反函数 $y=f^{-1}(x)$ 在区间 $I_x=\{x\mid x=f(y),y\in I_y\}$ 内也可导，且

$$[f^{-1}(x)]'=\frac{1}{f'(y)} \text{ 或 } \frac{\mathrm{d}y}{\mathrm{d}x}=\frac{1}{\mathrm{d}x/\mathrm{d}y}.$$

证 定理的条件已保证反函数 $y=f^{-1}(x)$ 存在，且 $f^{-1}(x)$ 在 I_x 内单调、连续. $\forall x\in I_x$，给 x 以增量 $\Delta x(\Delta x\neq 0,x+\Delta x\in I_x)$，由 $y=f^{-1}(x)$ 的单调性知

$$\Delta y=f^{-1}(x+\Delta x)-f^{-1}(x)\neq 0.$$

于是有

$$\frac{\Delta y}{\Delta x}=\frac{1}{\Delta x/\Delta y}.$$

又 $y=f^{-1}(x)$ 连续，故

$$\lim_{\Delta x\to 0}\Delta y=0.$$

从而

$$[f^{-1}(x)]'=\lim_{\Delta x\to 0}\frac{\Delta y}{\Delta x}=\lim_{\Delta y\to 0}\frac{1}{\Delta x/\Delta y}=\frac{1}{f'(y)}.$$

反函数的求导法则可简单叙述为：反函数的导数等于直接函数导数的倒数.

下面用上述法则来求反三角函数及对数函数的倒数.

例 3-13 验证下列导数公式

(1) $(\arcsin x)'=\dfrac{1}{\sqrt{1-x^2}}$;   (2) $(\arccos x)'=\dfrac{-1}{\sqrt{1-x^2}}$;

(3) $(\arctan x)'=\dfrac{1}{1+x^2}$;   (4) $(\mathrm{arccot}\, x)'=\dfrac{-1}{1+x^2}$;

(5) $(\log_a x)'=\dfrac{1}{x\cdot \ln a}$.

证 (1) 因为 $x=\sin y$ 在 $I_y=\left(-\dfrac{\pi}{2},\dfrac{\pi}{2}\right)$ 内单调、可导，且 $(\sin y)'=\cos y>0$，所以在相应区间 $I_x=(-1,1)$ 内有

$$(\arcsin x)'=\frac{1}{(\sin y)'}=\frac{1}{\cos y}=\frac{1}{\sqrt{1-\sin^2 y}}=\frac{1}{\sqrt{1-x^2}}.$$

类似地，可得(2).

(3) 因为 $x=\tan y$ 在 $I_y=\left(-\dfrac{\pi}{2},\dfrac{\pi}{2}\right)$ 内单调、可导，且 $(\tan y)'=\sec^2 y>0$，所以

$$(\arctan x)'=\frac{1}{(\tan y)'}=\frac{1}{\sec^2 y}=\frac{1}{1+\tan^2 y}=\frac{1}{1+x^2}.$$

类似地，可得(4).

(5) 设 $x=a^y(a>0,a\neq 1)$，则其反函数为 $y=\log_a x$，函数 $x=a^y$ 在 $I_y=(-\infty,\infty)$ 内单调、可导，且

$$(a^y)'=a^y\ln a\neq 0.$$

所以，

$$(\log_a x)' = \frac{1}{(a^y)'} = \frac{1}{a^y \ln a} = \frac{1}{x \ln a}.$$

至此，我们已求得所有基本初等函数的导数，它们在初等函数的求导运算中起着基础作用，要作为公式来运用，必须熟练掌握. 为了便于查阅，现将这些公式汇总如下：

(1) $(c)' = 0$； (2) $(x^\mu)' = \mu x^{\mu-1}$；

(3) $(a^x)' = a^x \ln a$； (4) $(e^x)' = e^x$；

(5) $(\log_a x)' = \dfrac{1}{x \cdot \ln a}$； (6) $(\ln x)' = \dfrac{1}{x}$；

(7) $(\sin x)' = \cos x$； (8) $(\cos x)' = -\sin x$；

(9) $(\tan x)' = \sec^2 x$； (10) $(\cot x)' = -\csc^2 x$；

(11) $(\sec x)' = \sec x \cdot \tan x$； (12) $(\csc x)' = -\csc x \cdot \cot x$；

(13) $(\arcsin x)' = \dfrac{1}{\sqrt{1-x^2}}$； (14) $(\arccos x)' = -\dfrac{1}{\sqrt{1-x^2}}$；

(15) $(\arctan x)' = \dfrac{1}{1+x^2}$； (16) $(\text{arccot}\, x)' = -\dfrac{1}{1+x^2}$.

▶ 3.2.3 复合函数的求导法则

为了扩充求导运算的范围，下面介绍复合函数的求导法则.

定理 3-5 若 $u = g(x)$ 在点 x 处可导，而 $y = f(u)$ 在点 u 处可导，则复合函数 $y = f[g(x)]$ 在点 x 处可导，并且其导数为

$$\frac{dy}{dx} = f'(u) \cdot g'(x) \quad \text{或} \quad \frac{dy}{dx} = \frac{dy}{du} \cdot \frac{du}{dx}.$$

证 由于 $y = f(u)$ 在点 u 处可导，所以

$$\lim_{\Delta u \to 0} \frac{\Delta y}{\Delta u} = f'(u).$$

根据极限与无穷小的关系，有

$$\frac{\Delta y}{\Delta u} = f'(u) + \alpha \quad \text{或} \quad \Delta y = f'(u) \cdot \Delta u + \alpha \cdot \Delta u.$$

其中 $\alpha = \alpha(\Delta u) = \begin{cases} \dfrac{\Delta y}{\Delta u} - f'(u), & \Delta u \neq 0, \\ 0, & \Delta u = 0, \end{cases}$

则 $\alpha \to 0 (\Delta u \to 0)$.

又因为 $u = g(x)$ 在点 x 处可导，故 $u = g(x)$ 在点 x 处连续，从而 $\lim\limits_{\Delta x \to 0} \Delta u = 0$，所以 $\lim\limits_{\Delta x \to 0} \alpha = 0$. 因此

$$\frac{dy}{dx} = \lim_{\Delta x \to 0} \frac{\Delta y}{\Delta x} = \lim_{\Delta x \to 0} \left[f'(u) \frac{\Delta u}{\Delta x} + \alpha \frac{\Delta u}{\Delta x} \right] = f'(u) g'(x).$$

注1：复合函数求导法则可推广到多个中间变量的情形.

例如，设 $y = f(u), u = g(v), v = \varphi(x)$ 可导，则 $y = f\{g[\varphi(x)]\}$ 可导，且

$$\frac{dy}{dx} = f'(u) g'(v) \varphi'(x).$$

注 2：复合函数求导法则的本质是"由外及内，逐层求导".

例 3-14 求 $y=\sin^2 x$ 的导数.

解 设 $y=u^2$，$u=\sin x$，则 $\dfrac{dy}{dx}=\dfrac{dy}{du}\cdot\dfrac{du}{dx}=2u\cos x=2\sin x\cos x=\sin 2x$.

例 3-15 设 $y=e^{\sin\frac{1}{x}}$，求 y'.

解 令 $y=e^u$，$u=\sin v$，$v=\dfrac{1}{x}$，

则 $\dfrac{dy}{dx}=\dfrac{dy}{du}\cdot\dfrac{du}{dv}\cdot\dfrac{dv}{dx}=e^u\cos v\left(-\dfrac{1}{x^2}\right)=-\dfrac{1}{x^2}e^{\sin\frac{1}{x}}\cos\dfrac{1}{x}$.

当求导熟练之后，可不必写出中间变量，记在心中，一气呵成.

另解 $y'=e^{\sin\frac{1}{x}}\cos\dfrac{1}{x}\left(-\dfrac{1}{x^2}\right)$.

例 3-16 验证下列导数公式：

(1) $(\operatorname{sh} x)'=\operatorname{ch} x$； (2) $(\operatorname{ch} x)'=\operatorname{sh} x$；

(3) $(\operatorname{th} x)'=\dfrac{1}{\operatorname{ch}^2 x}$.

本题留作读者练习.

▶ 3.2.4 隐函数与参变量函数求导法则

作为复合函数求导法则的应用，下面再介绍两种函数——隐函数与参变量函数求导法则.

常用函数的表达方法有如下几种：

(1) 显函数. 这种函数表达方式的特点是：等号左端是因变量的符号，而右端是含自变量的式子. 这种函数称为显函数. 目前我们遇到的函数都属于这种函数，例如 $y=e^x$，$y=\ln(x+\sqrt{1+x^2})$ 等.

(2) 隐函数. 这种函数关系没有直接给出，而是隐含在一个方程中. 例如，方程

$$x^2+y^2-1=0$$

蕴含着一个函数 $y=\sqrt{1-x^2}$（或 $y=-\sqrt{1-x^2}$）. 此时，称由方程蕴含的函数为隐函数[上述方程的模型为 $F(x,y)=0$].

有时，可以从方程中将它所确定的隐函数解出来，这叫作隐函数的显化. 例如，从方程 $x^2+y^2-1=0$ 中解出 $y=\sqrt{1-x^2}$（或 $y=-\sqrt{1-x^2}$）. 但隐函数的显化有时是困难的，甚至是不可能的，而实际问题中，又需要计算隐函数的导数，因此期望有一种方法，不管隐函数能否显化，都能直接由方程求得它所确定的隐函数的导数. 隐函数求导法就是解决这个问题的.

(3) 参变量函数. 在中学物理中已知道抛射体（不计空气阻力）的运动规律为

$$\begin{cases} x=v_1 t, \\ y=v_2 t-\dfrac{1}{2}gt^2. \end{cases} \tag{3-5}$$

其中，v_1，v_2 分别是抛射体初速度的水平、铅直分量；g 是重力加速度；t 是飞行时间；x，y 分

别是抛射体在铅直平面上的位置坐标(图 3-2).

显然,式(3-5)确定了 y 是 x 的函数(消 t)
$$y = \frac{v_2}{v_1}x - \frac{g}{2v_1^2}x^2.$$

式(3-5)的模型为

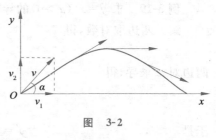

图 3-2

$$\begin{cases} x = \phi(t), \\ y = \varphi(t). \end{cases}$$

t 称为参变量. 它所确定的函数称为参变量函数. 参变量函数求导法就是针对这种函数的求导方法.

当然,随着课程的深入,还会介绍到其他表达函数的求导方法.

1. 隐函数求导法

设 $y = y(x)$ 是由方程 $F(x,y)=0$ 所确定的函数,则对恒等式 $F(x,y)=0$ 两边同时对自变量 x 求导,利用复合函数求导法则,视 y 为中间变量,即可解出所求导数 $\dfrac{dy}{dx}$.

例 3-17 设 $y = y(x)$ 是由方程 $xy + e^{-x} - e^y = 0$ 所确定的函数,求 $\dfrac{dy}{dx}, \dfrac{dy}{dx}\bigg|_{x=0}$.

解 两端同时对自变量 x 求导,得
$$y + x\frac{dy}{dx} - e^{-x} - e^y \frac{dy}{dx} = 0,$$

解得
$$\frac{dy}{dx} = \frac{e^{-x} - y}{x - e^y}.$$

由方程知,$x = 0$ 时,$y = 0$. 所以
$$\frac{dy}{dx}\bigg|_{x=0} = \frac{e^{-x} - y}{x - e^y}\bigg|_{x=0} = -1.$$

例 3-18 求椭圆 $\dfrac{x^2}{16} + \dfrac{y^2}{9} = 1$ 在点 $\left(2\sqrt{2}, \dfrac{3}{2}\sqrt{2}\right)$ 处的切线方程.

解 两边对 x 求导,得
$$\frac{x}{8} + \frac{2}{9}y \cdot \frac{dy}{dx} = 0,$$

解得 $\dfrac{dy}{dx} = -\dfrac{9}{16}\dfrac{x}{y}$,在点 $\left(2\sqrt{2}, \dfrac{3}{2}\sqrt{2}\right)$ 处切线的斜率为
$$k = \frac{dy}{dx}\bigg|_{\left(2\sqrt{2}, \frac{3}{2}\sqrt{2}\right)} = -\frac{3}{4}.$$

于是,所求切线方程为
$$y - \frac{3}{2}\sqrt{2} = -\frac{3}{4}(x - 2\sqrt{2}).$$

对有些类型的函数的导数,往往先取对数,再求导会带来方便,这种求导数的方法,通常称为取对数求导法,这种方法尤其适用于幂指函数(形如 $y = u(x)^{v(x)}$ 的函数,其中 $u(x) > 0$),以及由多个因子的积(商)构成的函数. 下面通过例子来说明这种方法.

例 3-19 求 $y=x^x(x>0)$ 的导数.

解 两边取对数,得

$$\ln y = x \cdot \ln x.$$

两边对 x 求导,得

$$\frac{1}{y}y' = 1 + \ln x.$$

于是

$$y' = y(1+\ln x) = x^x(1+\ln x).$$

例 3-20 求函数 $y=e^x\sqrt{\dfrac{(x-1)(x-2)}{(x-3)(x-4)}}$ 的导数.

解 本题若直接求导数较繁,当 $x>4$ 时,两边取对数,并利用对数的性质化简,得

$$\ln y = x + \frac{1}{2}[\ln(x-1) + \ln(x-2) - \ln(x-3) - \ln(x-4)].$$

两边对 x 求导,得

$$\frac{1}{y}y' = 1 + \frac{1}{2}\left(\frac{1}{x-1} + \frac{1}{x-2} - \frac{1}{x-3} - \frac{1}{x-4}\right).$$

于是

$$y' = y + \frac{y}{2}\left(\frac{1}{x-1} + \frac{1}{x-2} - \frac{1}{x-3} - \frac{1}{x-4}\right).$$

所得结果亦适用于 $x<1$ 及 $2<x<3$ 的情形.

2. 参变量函数的求导法则

设参数方程

$$\begin{cases} x=\phi(t), \\ y=\varphi(t), \end{cases}$$

确定 y 是 x 的函数,如果 $x=\phi(t)$ 具有单调连续的反函数 $t=\phi^{-1}(x)$,并且 $\phi'(t)\neq 0$,那么,这参数方程所确定的函数就是复合函数 $y=\varphi[\phi^{-1}(x)]$. 由复合函数求导法则,可得参变量函数的导数公式为

$$\frac{dy}{dx} = \frac{\varphi'(t)}{\phi'(t)} \quad \text{或} \quad \frac{dy}{dx} = \frac{dy/dt}{dx/dt}.$$

例 3-21 如图 3-3 所示,摆线的参数方程为

$$\begin{cases} x=a(t-\sin t), \\ y=a(1-\cos t). \end{cases}$$

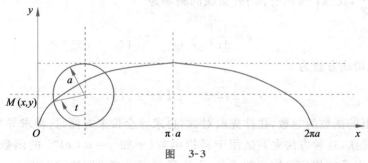

图 3-3

求 $\dfrac{\mathrm{d}y}{\mathrm{d}x}$ 及在 $t=\dfrac{\pi}{2}$ 相应点处的切线方程.

解 $\dfrac{\mathrm{d}y}{\mathrm{d}x}=\dfrac{\mathrm{d}y/\mathrm{d}t}{\mathrm{d}x/\mathrm{d}t}=\dfrac{a\sin t}{a(1-\cos t)}=\dfrac{\sin t}{1-\cos t},$

所求切线的斜率

$$k=\dfrac{\mathrm{d}y}{\mathrm{d}x}\Big|_{t=\frac{\pi}{2}}=1.$$

所以切线方程为

$$y-a=x-a\left(\dfrac{\pi}{2}-1\right),\text{即 } x-y=a\left(\dfrac{\pi}{2}-2\right).$$

3.3 高阶导数

3.3.1 高阶导数的概念

我们已经知道,变速直线运动的速度 $v(t)$ 是位置函数 $s=s(t)$ 对时间 t 的导数,即

$$v=\dfrac{\mathrm{d}s}{st} \quad \text{或} \quad v(t)=s'(t).$$

而加速度 $a(t)$ 又是速度 $v(t)$ 的变化率,即速度 $v(t)$ 的导数

$$a(t)=\dfrac{\mathrm{d}v(t)}{\mathrm{d}t}=\dfrac{\mathrm{d}}{\mathrm{d}t}\left(\dfrac{\mathrm{d}s}{st}\right), \quad \text{或} \quad a(t)=[s'(t)]'.$$

该导数的导数称为二阶导数.

一般地,有如下定义:

定义 3-2 如果函数 $y=f(x)$ 的导数 $f'(x)$ 在点 x 处可导,即

$$\lim_{\Delta x \to 0}\dfrac{f'(x_0+\Delta x)-f'(x_0)}{\Delta x}=[f'(x)]'$$

存在,则称 $[f'(x)]'$ 为函数 $y=f(x)$ 在点 x 处的二阶导数,记为

$$f''(x) \quad \text{或} \quad y'',\dfrac{\mathrm{d}^2 y}{\mathrm{d}x^2},\dfrac{\mathrm{d}^2 f(x)}{\mathrm{d}x^2}.$$

类似地,二阶导数的导数称为 $f(x)$ 的三阶导数;函数 $f(x)$ 的 $n-1$ 阶导数的导数称为 $f(x)$ 的 n 阶导数,记作

$$f^{(n)}(x) \quad \text{或} \quad y^{(n)},\dfrac{\mathrm{d}^n y}{\mathrm{d}x^n},\dfrac{\mathrm{d}^n f(x)}{\mathrm{d}x^n}.$$

二阶及二阶以上的导数统称为高阶导数.为方便起见,函数 $f(x)$ 本身称为零阶导数,而 $f'(x)$ 称为一阶导数.

3.3.2 高阶导数的计算

由高阶导数的定义知,$f^{(n)}(x)$ 的计算并不需要新的求导法则,但须注意:

(1)当 n 不太大时,可采取"逐次求导法"计算;

(2)当 n 较大,或者 n 是任意自然数时,需采用从低阶找规律(其间出现的数字运算暂不合并),并由数学归纳法证实,最后给出一般表达式,或借助于已知结果推导等方法.

例 3-22 设 $y=\arcsin x$,求 y'''.

解 $y'=\dfrac{1}{\sqrt{1-x^2}}$, $y''=[(1-x^2)^{-\frac{1}{2}}]'=-\dfrac{1}{2}(1-x^2)^{-\frac{3}{2}}(-2x)=x(1-x^2)^{-\frac{3}{2}}$,

$y'''=[x(1-x^2)^{-\frac{3}{2}}]'=(1-x^2)^{-\frac{3}{2}}+x\left[-\dfrac{3}{2}(1-x^2)^{-\frac{5}{2}}(-2x)\right]=(1-x^2)^{-\frac{3}{2}}(1+3x^2)$.

例 3-23 设摆线 $\begin{cases} x=a(t-\sin t), \\ y=a(1-\cos t), \end{cases}$ 求 $\dfrac{d^2 y}{dx^2}$.

解 $\dfrac{dy}{dx}=\dfrac{dy/dt}{dx/dt}=\dfrac{a\sin t}{a(1-\cos t)}=\dfrac{\sin t}{1-\cos t}$,

$\dfrac{d^2 y}{dx^2}=\dfrac{d}{dx}\left(\dfrac{dy}{dx}\right)=\dfrac{d}{dx}\left(\dfrac{\sin t}{1-\cos t}\right)=\dfrac{d}{dt}\left(\dfrac{\sin t}{1-\cos t}\right)\dfrac{dt}{dx}$

$=\dfrac{d}{dt}\left(\dfrac{\sin t}{1-\cos t}\right)\dfrac{1}{dx/dt}=\dfrac{\cos t(1-\cos t)-\sin^2 t}{(1-\cos t)^2}\cdot\dfrac{1}{a(1-\cos t)}$

$=\dfrac{\cos t-1}{a(1-\cos t)^3}=-\dfrac{1}{a(1-\cos t)^2}$.

例 3-24 设函数 $y=y(x)$ 由方程 $e^{x+y}-xy=1$ 确定,求 $y=y''(0)$.

解 两边对 x 求导,得

$$e^{x+y}(1+y')-(y+x\cdot y')=0 \text{ 且 } y'(0)=-1.$$

两边再对 x 求导,得

$$y''e^{x+y}+e^{x+y}(1+y')^2-(2y'+x\cdot y'')=0.$$

将 $x=0$(此时 $y=0$)及 $y'(0)=-1$ 代入,得 $y''(0)=-2$.

注:例 3-24 也可先解出 y',再对 y' 求导来求得 $y''(0)$,但不如例 3-24 的解法简便.

例 3-25 验证下列 n 阶导数公式:

(1)设 $y=x^\mu$(μ 为任意实数),则 $y^{(n)}=\mu(\mu-1)\cdots(\mu-n+1)x^{\mu-n}$;

(2)设 $y=\dfrac{1}{1+x}$,则 $y^{(n)}=(-1)^n\dfrac{n!}{(1+x)^{n+1}}$;

(3)设 $y=\sin x$,则 $y^{(n)}=\sin\left(x+n\cdot\dfrac{\pi}{2}\right)$;

(4)设 $y=a^x$,则 $y^{(n)}=a^x\ln^n a$;

(5)设 $y=u(x)\cdot v(x)$,其中 $u(x),v(x)$ 都在点 x 处具有 n 阶导数,则

$$y^{(n)}=(u\cdot v)^{(n)}=\sum_{k=0}^{n}C_n^k u^{(n-k)}v^{(k)}.$$

证 (1) $y'=\mu x^{\mu-1}$, $y''=\mu(\mu-1)x^{\mu-2}$,$\cdots$,由数学归纳法,可得

$$y^{(n)}=\mu(\mu-1)\cdots(\mu-n+1)x^{\mu-n}.$$

特别地,当 $\mu=n$ 时,有 $(x^n)^{(n)}=n!$,从而 $(x^n)^{(n+1)}=0$.

(2) $y'=-\dfrac{1}{(1+x)^2}$, $y''=-[(x+1)^{-2}]'=(-1)(-2)(x+1)^{-3}$,由数学归纳法,可得

$$y^{(n)} = (-1)^n n! \cdot \frac{1}{(1+x)^{n+1}}, 约定 \ 0! = 1.$$

此式对 $n=0$ 亦成立.

(3) $y' = \cos x, y'' = -\sin x, y''' = -\cos x, y^{(4)} = \sin x,$

继续下去,将循环出现这 4 个表达式,难以写出 $y^{(n)}$ 的一般表达式,转换思维,利用"正、余弦函数单变偶不变,符号看象限",以及以 2π 为周期的特点,会出现明显的规律性:

$$y' = \cos x = \sin\left(x + \frac{\pi}{2}\right),$$

$$y'' = \left[\sin\left(x + \frac{\pi}{2}\right)\right]' = \cos\left(x + \frac{\pi}{2}\right) = \sin\left(x + 2 \cdot \frac{\pi}{2}\right),$$

……

一般地,有

$$y^{(n)} = \sin\left(x + n \cdot \frac{\pi}{2}\right).$$

类似地,可得

$$(\cos x)^{(n)} = \cos\left(x + n \cdot \frac{\pi}{2}\right).$$

(4) 留给读者练习,特别地,有 $(e^x)^{(n)} = e^x$.

(5) $y' = [u(x) \cdot v(x)]' = u(x)' \cdot v(x) + u(x) \cdot v(x)',$

$y'' = u(x)'' v \cdot (x) + 2u(x)' \cdot v(x)' + u(x) \cdot v(x)''.$

该结果的规律性与两数和的二次方公式相同,只是需将方幂视为相应阶的导数.

一般地,由数学归纳法,可得

$$(u \cdot v)^{(n)} = \sum_{k=0}^{n} C_n^k u^{(n-k)} v^{(k)}.$$

该公式称为莱布尼茨公式.利用该公式有时可方便地计算积函数的高阶导数.例如,设 $y = x^2 \sin x$,求 $y^{(100)}$.

解 注意到 $(x^2)'' = 2!$, $(x^2)''' = 0$,于是

$$(x^2 \sin x)^{(100)} = \sum_{k=0}^{100} C_{100}^k (x^2)^{(k)} \cdot (\sin x)^{(100-k)}$$

$$= \sum_{k=0}^{2} C_{100}^k (x^2)^{(k)} \cdot (\sin x)^{(100-k)}$$

$$= C_{100}^0 (x^2)^{(0)} (\sin x)^{(100)} + C_{100}^1 (x^2)' (\sin x)^{(99)} + C_{100}^2 (x^2)'' (\sin x)^{(98)}$$

$$= x^2 \sin\left(x + 100 \cdot \frac{\pi}{2}\right) + 100 \cdot 2x \cdot \sin\left(x + 99 \cdot \frac{\pi}{2}\right) + \frac{100 \cdot 99}{2!} \cdot 2! \cdot \sin\left(x + 98 \cdot \frac{\pi}{2}\right)$$

$$= x^2 \sin x + 200x \cos x - 100 \cdot 99 \sin x.$$

3.4 微分及其运算

3.4.1 微分的概念

函数的微分是微分学的另一个重要概念,它来源于求函数增量的近似值问题. 现在分析如下一典型实例.

如图 3-4 所示边长为 x_0 的正方形金属薄片,受温度变化的影响,边长由 x_0 变到 $x_0+\Delta x$,问此薄片的面积改变了多少?

设正方形的边长为 x,面积为 A,则 A 与 x 的函数关系为 $A=x^2$,于是薄片的面积的改变量为

$$\Delta A=(x_0+\Delta x)^2-x_0^2=2x_0 \cdot \Delta x+(\Delta x)^2$$

它由两部分组成,第一部分 $2x_0 \cdot \Delta x$ 是 Δx 的线性函数,是 ΔA 的主要部分(Δx 很小时),图中两个矩形的面积. 第二部分 $(\Delta x)^2$ 是图中小正方形的面积,当 Δx 很小时,这部分可以忽略不计[$(\Delta x)^2$ 是 Δx 的高阶无穷小]. 所以,当 Δx 很小时,

$$\Delta A \approx 2x_0 \cdot \Delta x$$

这表明,正方形金属薄片面积的改变量可近似地用 Δx 的线性函数部分来代替,由此产生的误差 $(\Delta x)^2$ 是 Δx 的高阶无穷小. 由此类问题产生了微分概念.

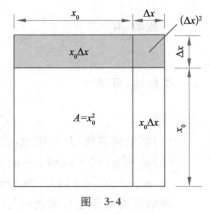

图 3-4

定义 3-3 设函数是 $y=f(x)$ 在 $U(x_0)$ 内有定义,$x_0+\Delta x \in U(x_0)$,如果函数 $f(x)$ 在 x_0 处的增量 $\Delta y=f(x_0+\Delta x)-f(x_0)$ 可表示为

$$\Delta y=A \cdot \Delta x+o(\Delta x).$$

其中,A 与 Δx 无关,则称函数 $y=f(x)$ 在点 x_0 处可微,且称 $A \cdot \Delta x$ 为函数 $y=f(x)$ 在点 x_0 处的微分,记作 dy 或 $df(x)$,即

$$dy=A \cdot \Delta x.$$

注:由微分的定义知,$\Delta y=dy+o(\Delta x)$ 或 $\Delta y-dy=o(\Delta x)$. 因此,又称 dy 是 Δy 的线性主部.

由微分定义知,$\Delta y=A \cdot \Delta x+o(\Delta x)$,于是

$$\lim_{\Delta x \to 0}\frac{\Delta y}{\Delta x}=\lim_{\Delta x \to 0}\frac{A \cdot \Delta x+o(\Delta x)}{\Delta x}=\lim_{\Delta x \to 0}\left[A+\frac{o(\Delta x)}{\Delta x}\right]=A.$$

这表明,如果函数 $f(x)$ 在点 x_0 处可微,则在点 x_0 处必可导,且 $A=f'(x_0)$.

反之,如果函数 $f(x)$ 在点 x_0 处可导,即 $\lim_{\Delta x \to 0}\frac{\Delta y}{\Delta x}=f'(x_0)$,由函数极限与无穷小的关系,有

$$\frac{\Delta y}{\Delta x}=f'(x_0)+\alpha,$$

其中,$\lim_{\Delta x \to 0}\alpha=0$. 于是,有

$$\Delta y = f'(x_0) \cdot \Delta x + \alpha \cdot \Delta x = f'(x_0) \cdot \Delta x + o(\Delta x).$$

这表明,函数 $f(x)$ 在点 x_0 处可微.

综合得如下定理.

定理 3-6(可微与可导的关系定理) 设函数 $y=f(x)$ 在点 $U(x_0)$ 内有定义,则 $f(x)$ 在点 x_0 处可微的充要条件是 $f(x)$ 在点 x_0 处可导,且

$$dy = f'(x_0) \cdot \Delta x.$$

定理表明,函数在点 x_0 处的可微性与可导性是等价的.因此,可导函数也称为可微函数.函数 $f(x)$ 在任意点 x 处的微分称为函数 $f(x)$ 的微分,记作 dy 或 $df(x)$,即

$$dy = f'(x) \cdot \Delta x.$$

由于,当 $y=x$ 时,$dy = x' \cdot \Delta x = \Delta x$,鉴于此,通常把自变量的增量 Δx 称为自变量的微分 dx,即 $dx = \Delta x$. 于是,函数 $y=f(x)$ 的微分又可写成

$$dy = f'(x) \cdot dx.$$

从而,有

$$\frac{dy}{dx} = f'(x).$$

因此,导数又称微商.

这是一个很有趣的结果.按这一结果来看,会得到:

(1) 微分计算与导数计算的本质相同;

(2) 导数记号 $\frac{dy}{dx}$ 就是微分的商;

(3) 前面讨论的复合函数求导法则及参变量函数的导数公式

$$\frac{dy}{dx} = \frac{dy}{du} \cdot \frac{du}{dx}, \quad \frac{dy}{dx} = \frac{dy/dt}{dx/dt}$$

均是微分的代数恒等式.

3.4.2 微分基本公式与微分法则

对应导数基本公式和求导运算法则,可得相应的微分公式和微分运算法则.

1. 微分基本公式

(1) $dc = 0$; (2) $dx^\mu = \mu x^{\mu-1} dx$;

(3) $da^x = a^x \ln a\, dx$; (4) $de^x = e^x dx$;

(5) $d\log_a x = \frac{1}{x \cdot \ln a} dx$; (6) $d\ln x = \frac{1}{x} dx$;

(7) $d\sin x = \cos x\, dx$; (8) $d\cos x = -\sin x\, dx$;

(9) $d\tan x = \sec^2 x\, dx$; (10) $d\cot x = -\csc^2 x\, dx$;

(11) $d\sec x = \sec x \cdot \tan x\, dx$; (12) $d\csc x = -\csc x \cdot \cot x\, dx$;

(13) $d\arcsin x = \frac{1}{\sqrt{1-x^2}} dx$; (14) $d\arccos x = -\frac{1}{\sqrt{1-x^2}} dx$;

(15) $d\arctan x = \dfrac{1}{1+x^2}dx$; (16) $d\operatorname{arccot} x = -\dfrac{1}{1+x^2}dx$.

2. 微分四则运算

设 u,v 可微,则

(1) 和、差法则: $d(u\pm v) = du \pm dv$;

(2) 积法则: $d(u\cdot v) = vdu + udv$;

(3) 商法则: $d\left(\dfrac{u}{v}\right) = \dfrac{vdu-udv}{v^2}$ $(v\neq 0)$.

3. 复合函数微分法则

设 $y=f(u), u=\phi(x)$ 均可微,则可构成复合函数 $y=f[\phi(x)]$,则这复合函数的微分为
$$dy = f'(u)\cdot \phi'(x)dx.$$
注意到 $du=\phi'(x)dx$,上式可写成
$$dy = f'(u)du.$$
由此可见,无论 u 是自变量还是中间变量,微分都具有形式 $dy=f'(u)du$,这一性质称为一阶微分形式不变性. 这一性质在求复合函数的微分时,可将中间变量视为自变量,这给微分计算带来简便.

例 3-26 求下列函数的微分.

(1) $y=\sin(2x+1)$; (2) $y=\ln(\sin\sqrt{x})$;

(3) $y=e^{1-3x}\cos(x^2)$.

解 利用微分形式不变性,有

(1) $dy = \cos(2x+1)d(2x+1) = 2\cos(2x+1)dx$;

(2) $dy = \dfrac{1}{\sin\sqrt{x}}d\sin\sqrt{x} = \dfrac{1}{\sin\sqrt{x}}\cdot\cos\sqrt{x}d\sqrt{x} = \cot\sqrt{x}\cdot\dfrac{1}{2\sqrt{x}}dx$;

(3) $dy = \cos(x^2)de^{1-3x} + e^{1-3x}d\cos(x^2)$
$= \cos(x^2)e^{1-3x}d(1-3x) + e^{1-3x}[-\sin(x^2)]dx^2$
$= -3\cos(x^2)e^{1-3x}dx - e^{1-3x}\sin(x^2)\cdot 2xdx$
$= -e^{1-3x}[3\cos(x^2) + 2x\sin(x^2)]dx.$

例 3-27 在下列等式左端的括号内填入函数,使等式成立.

(1) $d(\quad) = xdx$; (2) $d(\quad) = \cos\omega x dx$;

(3) $d(\quad) = \dfrac{1}{2\sqrt{x}}dx$; (4) $d(\quad) = \dfrac{1}{x\ln 3}dx$.

解 (1) 因为 $dx^2 = 2xdx$,所以 $xdx = \dfrac{1}{2}dx^2 = d\left(\dfrac{1}{2}x^2\right)$,即
$$d\left(\dfrac{1}{2}x^2\right) = xdx.$$
又由于 $dc=0$,因此,一般地,有

$$d\left(\frac{1}{2}x^2+c\right)=xdx. \quad (c\text{ 为任意常数})$$

类似地,有

(2) $d\left(\frac{1}{\omega}\sin\omega x+c\right)=\cos\omega xdx$;

(3) $d(\sqrt{x}+c)=\frac{1}{2\sqrt{x}}dx$;

(4) $d(\ln x+c)=\frac{1}{x\ln 3}dx$.

例 3-28 设 $x^2 y - e^{2x} = \sin y$,求 dy.

解法 1 两端对 x 求导,得

$$2xy + x^2 y' - 2e^{2x} = \cos y \cdot y'.$$

解得

$$y' = \frac{2e^{2x} - 2xy}{x^2 - \cos y},$$

于是

$$dy = \frac{2e^{2x} - 2xy}{x^2 - \cos y}dx.$$

解法 2 两端取微分,并利用微分运算法则,得

$$d(x^2 y) - de^{2x} = d\sin y,$$
$$2xydx + x^2 dy - 2e^{2x}dx = \cos y dy.$$

解出 dy,得

$$dy = \frac{2e^{2x} - 2xy}{x^2 - \cos y}dx.$$

两种解法比较,解法 2 较简便.

▶ 3.4.3 微分的几何意义及在近似计算中的应用

1. 微分的几何意义

设函数 $y=f(x)$ 在点 x_0 处可微,在直角坐标系中,MT 是曲线 $y=f(x)$ 上点 $M[x_0, f(x_0)]$ 处的切线,其倾角为 α,则其斜率为 $k=\tan\alpha=f'(x_0)$.
如图 3-5,$PQ=\tan\alpha \cdot \Delta x = f'(x_0) \cdot \Delta x$,即

$$dy = PQ$$

由此可见,函数 $y=f(x)$ 在点 x_0 处的微分 dy 的几何意义是:曲线 $y=f(x)$ 在点 $M[x_0, f(x_0)]$ 处的切线纵坐标的改变量.

由图 3-5 可知,$\Delta y = f(x_0+\Delta x) - f(x_0)$ 的几何意义是:曲线 $y=f(x)$ 在点 $M_0[x_0, f(x_0)]$ 处曲线纵坐标的改变量.

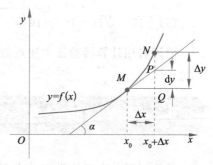

图 3-5

在点 x_0 邻近用 dy 近似代替 Δy,就是在局部用线性函数近似代替非线性函数,这在数学上称为非线性函数的局部线性化.这是微积分学的基本思想方法之一.这种思想方法在自然科学和工程问题的研究中是经常采用的.

上述思想方法,在几何上看就是:在 $M_0[x_0,f(x_0)]$ 邻近用切线段近似代替曲线段,我们称之为"局部以直代曲".

2. 微分在近似计算中的应用

现在我们将上一节中关于微分的几何意义的讨论转到代数上,就会得到用微分近似计算函数值的近似公式($|\Delta x|$ 充分小时).由于 $\Delta y \approx dy$,即

$$f(x_0+\Delta x)-f(x_0)\approx f'(x_0)\cdot \Delta x \text{ 或 } f(x_0+\Delta x)\approx f(x_0)+f'(x_0)\cdot \Delta x. \quad (3\text{-}6)$$

令 $x=x_0+\Delta x$,有

$$f(x)\approx f(x_0)+f'(x_0)\cdot(x-x_0). \quad (|x-x_0|\text{很小时}) \quad (3\text{-}7)$$

这种以直代曲的近似法称为切线近似法.它的近似精度未必很高($|x-x_0|$ 越小精度越高),但由于其形式简单,因而在工程上得到广泛采用.特别地,在式(3-7)中,取 $x_0=0$,有

$$f(x)\approx f(0)+f'(0)\cdot x. \quad (|x|\text{很小时}) \quad (3\text{-}8)$$

应用式(3-8)可推得下列在工程上常用的近似公式($|x|$ 很小时,提示读者可结合等价无穷小的概念来认识这些近似公式):

(1) $\sqrt[n]{1+x}\approx 1+\dfrac{1}{n}x$;

(2) $(1+x)^\mu \approx 1+\mu x$;

(3) $e^x \approx 1+x$;

(4) $\ln(1+x)\approx x$;

(5) $\sin x \approx x$;

(6) $\tan x \approx x$.

例 3-29 计算下列各数的近似值:

(1) $\sqrt[3]{1.05}$;

(2) $\sin 29°$;

(3) $\sqrt[4]{15}$.

解 (1) $\sqrt[3]{1.05}=\sqrt[3]{1+0.05}\approx 1+\dfrac{1}{3}(0.05)=1.01\dot{6}$;

(2) $\sin 29°=\sin(30°-1°)=\sin\left(\dfrac{\pi}{6}-\dfrac{\pi}{180}\right)\approx \sin\dfrac{\pi}{6}+\cos\dfrac{\pi}{6}\cdot\left(-\dfrac{\pi}{180}\right)=\dfrac{1}{2}-\dfrac{\sqrt{3}}{2}\cdot\dfrac{\pi}{180}$;

(3) $\sqrt[4]{15}=\sqrt[4]{16-1}=\sqrt[4]{16\left(1-\dfrac{1}{16}\right)}=2\cdot\sqrt[4]{1-\dfrac{1}{16}}\approx 2\left[1+\dfrac{1}{4}\left(-\dfrac{1}{16}\right)\right]=1.9375.$

请读者用计算器验证上述近似值的精度,相信结果是理想的.

3.5 导数与微分在经济学中的应用

导数与微分在经济学中的应用十分广泛,本节仅介绍其中的两个典型的应用——边际分析和弹性分析.此外,还有经济管理中其他应用,如最值问题等,将在下一章中讨论.

3.5.1 边际分析

定义 3-4 在经济学中,经济函数 $y=f(x)$ 在一点 x 处的变化率 $f'(x)$ 称为经济函数 $y=f(x)$ 在点 x 处的边际.

例如,成本函数 $C(Q)$ 的导数 $C'(Q)$ 是成本函数在 Q 点的边际成本,记作 MC,即 $MC=C'(Q)$;常用的边际函数还有:边际收益 $MR=R'(Q)$;边际利润 $ML=L'(Q)$;边际需求 $MQ=Q'(P)$ 等,其中 Q 为产量,P 为价格.

下面分析边际 $f'(x)$ 的经济含义:

因为
$$\Delta y = f(x+\Delta x) - f(x) \approx f'(x) \cdot \Delta x,$$
当 $\Delta x = 1$ 时,有
$$f'(x) \approx \Delta y = f(x+1) - f(x).$$

因此,边际的经济含义是:它近似表示当经济函数 $f(x)$ 的自变量在 x 处增加一个单位时,经济量的相应增量,也就是说,在实际应用中,常把边际近似定义为经济量的增量 $\Delta y = f(x+1) - f(x)$,并用 $f'(x)$ 作为其近似值.

值得注意的是,这里所说的增量 $f'(x)$ 是可正可负的.

若 $f'(x)$ 为正,则表明经济量 $f(x)$ 的变化与 x 的变化方向相同;若 $f'(x)$ 为负,则表明经济量 $f(x)$ 的变化与 x 的变化方向相反;其增量的大小 $|f'(x)|$ 反映了经济量 $f(x)$ 的变化速率.因此,边际概念实际上反映了经济函数的单调性与变化速率.

例 3-30 设某产品日产量 Q 件时的总成本函数为
$$C(Q) = \frac{1}{1\,000}Q^3 - \frac{1}{100}Q^2 + 40Q + 1\,000 \text{(元)}.$$

求:(1)边际成本函数;(2)$Q=50$ 时的边际成本,解释其经济意义.

解 (1) $MC = C'(Q) = \frac{3}{1\,000}Q^2 - \frac{2}{100}Q + 40$;

(2) $C'(50) = 46.5$ 元.其经济意义是:当日产量为 $Q=50$ 件时,再增加(或减少)一件产品,成本将增加(或减少)46.5 元.

例 3-31 设某产品的需求函数为
$$Q = 1\,000 - 10p \quad \text{(价格 } p \text{ 的单位:万元)};$$
成本函数为
$$C(Q) = 40Q + 4\,000.$$

(1)求边际需求,并解释其经济意义;

(2)求边际利润函数,并分别求当 $Q=250\text{t},300\text{t},350\text{t}$ 时的边际利润,分析所得结果说明了什么问题.

解 (1) $MQ = Q'(P) = -10$,结果的经济意义是:若价格上涨(或下降)1 万元,则需求量将减少(或增加)10t.

(2) $L(Q) = R(Q) - C(Q) = P \cdot Q - C(Q)$
$$= \left(100 - \frac{Q}{10}\right) \cdot Q - (40Q + 4\,000)$$

$$= 60Q - \frac{Q^2}{10} - 4\,000.$$

所以，$ML = L'(Q) = -\frac{Q}{5} + 60$（万元），

并且 $\quad L'(250) = 10$ 万元，$L'(300) = 0$ 元，$L'(350) = -10$ 万元．

所得结果表明：当需求量为 250t 时，每增加 1t，利润将增加 10 万元；当需求量为 300t 时，每增加 1t，利润不变；当需求量为 350t 时，再增加 1t，利润反而减少 10 万元．

这说明了并非需求量越大利润越高．

▶ 3.5.2 弹性分析

在边际分析中，所研究的是经济函数的绝对变化率，即导数，但在某些实际问题中，这是不够的．举例来说明，对原价为 96 元的商品涨价 1 元，人们感觉并不太明显，但对原价为 2 元的商品也涨价 1 元，人们感觉会很明显．如果从边际分析来看，绝对改变量都是 1 元，这显然不能说明问题，如果从涨价的幅度来分析会更加合理．由此，将相对变化率引入经济学便产生了弹性的概念．

定义 3-5 设函数 $y = f(x)$ 在 $U(x_0)$ 内有定义，在点 x_0 处函数的相对改变量与自变量的相对改变量之比

$$\frac{\Delta y / y_0}{\Delta x / x_0}$$

称为函数 $f(x)$ 从 x_0 到 $x_0 + \Delta x$ 两点间的弹性（或平均相对变化率）．

若函数 $f(x)$ 在点 x_0 处可导，则称极限

$$\lim_{\Delta x \to 0} \frac{\Delta y / y_0}{\Delta x / x_0} = \frac{x_0}{y_0} f'(x_0)$$

为函数 $f(x)$ 在点 x_0 处的弹性，记作

$$\left. \frac{Ey}{Ex} \right|_{x=x_0} \quad \text{或} \quad \frac{E}{Ex} f(x_0)$$

$\frac{Ey}{Ex}$ 或 $\frac{E}{Ex} f(x)$ 表示函数 $f(x)$ 的弹性函数，它体现了因变量对自变量变化反映的强弱程度或灵敏度．具体地讲，$\left. \frac{Ey}{Ex} \right|_{x=x_0}$ 表示当 x 在 x_0 产生 1% 的改变时，因变量将改变 $\frac{E}{Ex} f(x_0)$%．

$\frac{Ey}{Ex}$ 可正可负，当 $\frac{Ey}{Ex}$ 为正时，表示因变量的变化方向与自变量的变化方向相同；当 $\frac{Ey}{Ex}$ 为负时，表示因变量变化方向与自变量变化方向相反．依据 $\left| \frac{Ey}{Ex} \right|$ 的大小，弹性分为如下三类：

单位弹性：如果 $\left| \frac{Ey}{Ex} \right| = 1$，此时表示 y 与 x 的变化幅度相同．

高弹性：如果 $\left| \frac{Ey}{Ex} \right| > 1$，此时表示 y 变动的幅度高于 x 变化的幅度．

低弹性：如果 $\left| \frac{Ey}{Ex} \right| < 1$，此时表示 y 变动的幅度低于 x 变化的幅度．

利用弹性分析经济问题的方法，称为弹性分析法，是最常用的经济分析方法．

下面只介绍需求与供给对价格的弹性．

1. 需求价格弹性

设某商品的市场需求量为 Q,价格为 P,需求函数 $Q=f(P)$,则称

$$-\frac{\Delta Q/Q_0}{\Delta P/P_0}$$

为该商品在 $p=p_0$ 与 $p=p_0+\Delta p$ 两点间的需求价格弹性,记作 $\bar{\eta}(p_0,p_0+\Delta p)$.

若 $Q=f(P)$ 可导,则称

$$-\frac{EQ}{EP}=-\frac{P}{Q}\cdot\frac{dQ}{dP}=-\frac{P}{f(P)}\cdot f'(P)$$

为该商品的需求价格弹性函数,简称为需求弹性函数,记作 $\eta=\eta(P)$.

这里加了一个负号,是为了使 $\eta=\eta(P)$ 为正值,以利于比较. 这是由于需求量与价格成反向变化,使得 $f'(P)<0$ 之故.

例 3-32 设某商品的需求函数为 $Q=\dfrac{1\,200}{p}$,求:

(1)从 $p=30$ 到 $p=20,50$ 各点间的需求价格弹性;并解释其经济意义;

(2)需求弹性函数.

解 (1) $p_0=30, Q_0=40$,若取 $\Delta p=-10$,则 $\Delta Q=20$;若取 $\Delta p=20$,则 $\Delta Q=-16$. 所以 $\bar{\eta}(30,20)=1.5; \bar{\eta}(30,50)=0.6$.

它们的经济意义是:当商品价格 p 从 30 降到 20 时,每降低 1%,需求从 40 平均增加 1.5%;而当商品价格 p 从 30 涨至 50 时,每上涨 1%,需求从 40 平均减少 0.6%.

(2) $\eta(p)=-\dfrac{P}{f(P)}\cdot f'(P)=1$.

若某函数的弹性函数为常数,则称此函数为不变弹性函数. 幂函数是不变弹性函数.

例 3-33 设某商品需求函数为 $Q=e^{-\frac{p}{5}}$,求:

(1)需求弹性函数;

(2) $p=3,5,6$ 各点处的需求弹性,并解释其经济意义.

解 (1) $\eta(p)=-\dfrac{P}{f(P)}\cdot f'(P)=\dfrac{p}{5}$;

(2) $\eta(3)=\dfrac{3}{5}=0.6, \eta(5)=1, \eta(6)=\dfrac{6}{5}=1.2$.

其经济意义是:当 $p=3$ 时,是低弹性,价格上涨 1%,需求量下降 0.6%;当 $p=5$ 时,是单位弹性,价格上涨 1%,需求量也下降 1%;$p=6$ 时,是高弹性,价格上涨 1%,需求量下降 1.2%.

2. 供给价格弹性

某商品供给函数为 $Q=g(p)$,称

$$\frac{\Delta Q/Q_0}{\Delta P/P_0}$$

为该商品在 $p=p_0$ 与 $p=p_0+\Delta p$ 两点间的供给价格弹性,记作 $\bar{\varepsilon}(p_0,p_0+\Delta p)$.

若 $Q=g(p)$ 可导,称

$$\lim_{\Delta p \to 0} \frac{\Delta Q/Q}{\Delta P/P} = \frac{p}{Q} g'(p) = \frac{p}{g(p)} g'(p)$$

为该商品的供给弹性函数,简称供给弹性函数,记作 $\varepsilon = \varepsilon(p)$.

3. 利用需求弹性分析总收益的变化

在经营管理活动中,产品价格变动将引起需求及收益的变化.下面利用需求弹性进行讨论.

我们知道,总收益 R 是产品价格与销售量 Q 的乘积,即

$$R = pQ = pf(p)$$

若函数可导,则有

$$R' = f(p) + p \cdot f'(p) = f(p)\left[1 + \frac{p}{f(p)} f'(p)\right] = f(p)(1-\eta).$$

由此可得以下结论:

(1)当 $\eta < 1$ 时,即低弹性时,需求变动的幅度低于价格变动的幅度,这说明价格变动对销售量影响不大.此时,$R' > 0$,R 递增.

结论:此时提价将使总收益增加.

(2)当 $\eta > 1$ 时,即高弹性时,需求变动的幅度高于价格变动的幅度,这说明价格变动对销售量影响较大.此时,$R' < 0$,R 递减.

结论:此时提价将使总收益下降,降价会使总收益增加,故可采取薄利多销的策略应对.

(3)当 $\eta = 1$ 时,即单位弹性时,需求变动的幅度与价格变动的幅度相同.此时 $R' = 0$,R 取得最大值.

本章小结

一、导数和微分的概念

1. 导数的概念

$$f'(x_0) = \lim_{\Delta x \to 0} \frac{f(x_0 + \Delta x) - f(x_0)}{\Delta x} \text{ 或 } f'(x_0) = \lim_{x \to x_0} \frac{f(x) - f(x_0)}{x - x_0}.$$

2. 左导数和右导数

$$f'_-(x_0) = \lim_{\Delta x \to 0^-} \frac{f(x_0 + \Delta x) - f(x_0)}{\Delta x};$$

$$f'_+(x_0) = \lim_{\Delta x \to 0^+} \frac{f(x_0 + \Delta x) - f(x_0)}{\Delta x}.$$

一般在讨论分段函数在分界点处的可导性时,需利用在分界点处的左、右导数.

定理:函数 $f(x)$ 在 x_0 可导 $\Leftrightarrow f'_-(x_0)$ 与 $f'_+(x_0)$ 存在,且 $f'_-(x_0) = f'_+(x_0)$.

3. 函数的可导性与连续性之间的关系

"可导必连续".

4. 导数的几何意义

导数 $f'(x_0)$ 的几何意义:曲线 $y = f(x)$ 在点 $(x_0, f(x_0))$ 处的切线的斜率.

切线方程:$y - f(x_0) = f'(x_0)(x - x_0)$.

法线方程：$y-f(x_0)=-\dfrac{1}{f'(x_0)}(x-x_0)$　$(f'(x_0)\neq 0)$.

5. 微分的概念

若函数 $y=f(x)$ 在 x_0 处的增量 $\Delta y=f(x_0+\Delta x)-f(x_0)$，

可写成　　　　　$\Delta y=A\cdot\Delta x+o(\Delta x)$　（A 与 Δx 无关）

则称 $A\cdot\Delta x$ 为函数 $y=f(x)$ 在点 x_0 处的微分，记作

$$\mathrm{d}y=A\cdot\Delta x$$

即　　　　　　　$\Delta y-\mathrm{d}y=o(\Delta x)$.

6. 可微与可导的关系

$f(x)$ 在点 x_0 处可微 $\Leftrightarrow$ $f(x)$ 在点 x_0 处可导.

7. 微分的计算

函数 $y=f(x)$ 在点 x_0 处的微分为

$$\mathrm{d}y=f'(x_0)\cdot\mathrm{d}x.$$

函数 $y=f(x)$ 的微分为

$$\mathrm{d}y=f'(x)\cdot\mathrm{d}x.$$

8. 高阶导数

函数 $y=f(x)$ 的 $n-1$ 阶导数的导数称为 $y=f(x)$ 的 n 阶导数，记作 $f^{(n)}(x)$ 或 $y^{(n)}$，$\dfrac{\mathrm{d}^n y}{\mathrm{d}x^n}$.

二、导数及微分运算法则

(1) 导数及微分基本公式.

(2) 导数及微分的四则运算法则.

(3) 复合函数微分法.

ⅰ 复合函数的求导法则为

$$\frac{\mathrm{d}y}{\mathrm{d}x}=\frac{\mathrm{d}y}{\mathrm{d}u}\cdot\frac{\mathrm{d}u}{\mathrm{d}x}.$$

ⅱ 一阶微分形式不变性

$$\mathrm{d}f(u)=f'(u)\cdot\mathrm{d}u.$$

(4) 隐函数求导法.

(5) 参变量函数的求导法则.

由参数方程 $\begin{cases}x=\phi(t)\\ y=\varphi(t)\end{cases}$ 所确定的函数 $y=y(x)$ 的导数公式为

$$\frac{\mathrm{d}y}{\mathrm{d}x}=\frac{\varphi'(t)}{\phi'(t)}.$$

三、导数与微分在经济学中的应用

1. 边际分析

经济函数 $y=f(x)$ 在点 x 处的变化率 $f'(x)$ 称为经济函数 $y=f(x)$ 在点 x 处的边际，即导数的经济意义就是边际.

2. 弹性分析

若经济函数 $y=f(x)$ 在点 x 处的可导，称

$$\frac{x}{y}f'(x)=\frac{x}{f(x)}f'(x)$$

为函数 $f(x)$ 的弹性(函数),记作 $\dfrac{Ey}{Ex}$ 或 $\dfrac{E}{Ex}f(x)$.

习题三

(A)

1. 求自由落体 $h=\dfrac{1}{2}gt^2$ 在 $t=2$ 时的速度.

2. 下列各题中均假设 $f'(x_0)$ 存在,按导数定义考查下列极限,指出 A 表示什么?

(1) $\lim\limits_{\Delta x\to 0}\dfrac{f(x_0-\Delta x)-f(x_0)}{\Delta x}=A$;

(2) $\lim\limits_{x\to x_0}\dfrac{f(x)}{x-x_0}=A$;

(3) $\lim\limits_{h\to 0}\dfrac{f(x_0+h)-f(x_0)}{h}=A$.

3. 设 $f(x)=\begin{cases}\dfrac{2}{3}x^3, & x\leqslant 1,\\ x^2, & x>1\end{cases}$,

则 $y=f(x)$ 在 $x=1$ 处( ).

    A. 左、右导数都存在   B. 可导

    C. 左导数存在,右导数不存在   D. 左导数不存在,右导数存在

4. 求下列函数的导数:

(1) $y=\dfrac{1}{\sqrt{x}}$;

(2) $y=x^3\cdot\sqrt[5]{x}$;

(3) $y=\dfrac{x^2\cdot\sqrt[3]{x^2}}{\sqrt{x^5}}$.

5. 求曲线 $y=\dfrac{1}{x}$ 上切线斜率等于 $-\dfrac{1}{2}$ 的点的坐标.

6. 求过点 $(2,0)$ 且与 $y=e^x$ 相切的直线方程.

7. 讨论函数 $f(x)=\begin{cases}\dfrac{1}{x}\sin^2 x, & x\neq 0\\ 0, & x=0\end{cases}$ 在 $x=0$ 处的连续性、可导性.

8. 设函数

$$f(x)=\begin{cases}x^2, & x\leqslant 1\\ ax+b, & x>1\end{cases},$$

问 a,b 为何值时,可使 $f(x)$ 在 $x=1$ 处连续且可导.

9. 求下列函数的导数：

(1) $y = \dfrac{\ln^2 x}{x}$；

(2) $y = (\arcsin x)^2$；

(3) $y = 2\tan x + \sec x - 1$；

(4) $y = \ln(\tan x + \sec x)$；

(5) $y = (1+x^2)\ln(x+\sqrt{1+x^2})$；

(6) $y = \dfrac{\sqrt{1+x} - \sqrt{1-x}}{\sqrt{1+x} + \sqrt{1-x}}$.

10. 设 $f(x) = \begin{cases} \ln(1+x), & x > 0 \\ 0, & x = 0 \\ \dfrac{\sin^2 x}{x}, & x < 0 \end{cases}$，求 $f'(x)$.

11. 设 $y = \left[f\left(\dfrac{1}{x}\right)\right]^2$，其中 $f(x)$ 为可导函数，则 $\dfrac{\mathrm{d}y}{\mathrm{d}x} = $ _____.

12. 设 $y = y(x)$ 由方程 $x - y - \mathrm{e}^y = 0$ 确定. 则 $\dfrac{\mathrm{d}y}{\mathrm{d}x} = $ _____.

13. 求双曲线 $\dfrac{x^2}{a^2} - \dfrac{y^2}{b^2} = 1$ 在点 $(2a, \sqrt{3}b)$ 处的切线方程及法线方程.

14. 设 $\begin{cases} x = 1 + t^2 \\ y = t^3 \end{cases}$，求 $\dfrac{\mathrm{d}y}{\mathrm{d}x}$ 及 $\dfrac{\mathrm{d}^2 y}{\mathrm{d}x^2}$.

15. 设 $y = x^{\sin x}$，求 $\dfrac{\mathrm{d}y}{\mathrm{d}x}$.

16. 求方程 $y = \tan(x + y + 1)$ 确定的隐函数 $y = y(x)$ 的二阶导数.

17. 填空题：

(1) $\mathrm{d}(\qquad) = \dfrac{1}{(1+x)^2}\mathrm{d}x$；

(2) $\mathrm{d}(\qquad) = \dfrac{1}{\sqrt{x}}\mathrm{d}x$；

(3) $\mathrm{d}(\qquad) = \cos(3x+1)\mathrm{d}x$；

(4) $\mathrm{d}(\qquad) = \mathrm{e}^{-6x}\mathrm{d}x$；

(5) $\mathrm{d}(\qquad) = \dfrac{\cos x - \sin x}{x^2}\mathrm{d}x$；

(6) $\mathrm{d}(\qquad) = (2x\mathrm{e}^x + x^2\mathrm{e}^x)\mathrm{d}x$.

18. 选择题：

(1) 设 $f(x)$ 在 $x = a$ 的某邻域内有定义，则 $f(x)$ 在 $x = a$ 处可导的一个充分条件是 (   ) 存在.

A. $\lim\limits_{h \to +\infty} h\left[f\left(a + \dfrac{1}{h}\right) - f(a)\right]$；

B. $\lim\limits_{h \to 0} \dfrac{f(a+2h) - f(a+h)}{h}$；

C. $\lim\limits_{h \to 0} \dfrac{f(a+h) - f(a-h)}{2h}$；

D. $\lim\limits_{h \to 0} \dfrac{f(a) - f(a-h)}{h}$.

(2)设 $f(x)=3x^3+x^2|x|$,则使 $f^{(n)}(0)$ 存在的最高阶数为( ).
A. 0　　　　　　B. 1　　　　　　C. 2　　　　　　D. 3

(3)若曲线 $y=x^2+ax+b$ 和 $2y=xy^3-1$ 在点 $(1,-1)$ 处相切,则( ).
A. $a=0,b=-2$　　　　　　　　B. $a=1,b=-3$
C. $a=-3,b=1$　　　　　　　　D. $a=-1,b=-1$

19. 设 $y=f(a^x)+a^{f(x)}$,其中 $f''(x)$ 存在,求 $\dfrac{d^2 y}{dx^2}$.

20. 设 $\begin{cases} x=f'(t) \\ y=tf'(t)-f(t) \end{cases}$,其中 $f(t)$ 具有三阶导数,且 $f''(t)\neq 0$,求 $\dfrac{d^3 y}{dx^3}$.

21. 求下列函数的 n 阶导数的一般表达式.
(1) $y=\ln(1+2x)$;　　　　　　(2) $y=\cos^2 x$.

22. 求 $\left(\dfrac{1}{x^2-3x+2}\right)^{(n)}$.

(B)

1. 设 $f'(a)$ 存在,求 $\lim\limits_{x\to a}\dfrac{xf(a)-af(x)}{x-a}$.

2. 已知 $f(x)=\dfrac{(x-1)(x-2)\cdots(x-100)}{(x+1)(x+2)\cdots(x+100)}$,求 $f'(1)$.

3. 设周期函数 $f(x)$ 的周期是 3,且 $\lim\limits_{x\to 0}\dfrac{f(1)-f(1-x)}{3x}=1$,则曲线 $y=f(x)$ 在 $(4,f(4))$ 处的切线斜率 $k=$ _____.

4. 铅直上抛一物体,其上升高度 h 与时间 t 的关系式为 $h(t)=20t-\dfrac{1}{2}gt^2$,求:
(1)物体从 $t=1s$ 到 $t=2s$ 的平均速度;
(2)速度函数 $v(t)$;
(3)物体何时到达最高点;
(4)到达最高点半程时的速率.

5. 证明双曲线 $xy=a^2$ 上任意点处的切线与两坐标轴所形成的三角形的面积恒为 $2a^2$.

6. 设 $y=\ln|x|$,证明 $y'=\dfrac{1}{x}$,并由此求 $y=\ln|\sec x+\tan x|$ 的导数.

7. 如果 $f(x)$ 为偶函数,且 $f'(0)$ 存在,证明 $f'(0)=0$.

8. 证明:(1)可导的偶函数的导数是奇函数;
(2)可导的奇函数的导数是偶函数;
(3)可导的周期函数的导数仍是具有相同周期的周期函数.

9. 已知 $f(x)$ 是周期为 5 的连续函数,它在 $x=0$ 的某邻域内满足关系式
$$f(1+\sin x)-3f(1-\sin x)=8x+o(x),$$
且 $f(x)$ 在 $x=1$ 处可导,求曲线 $y=f(x)$ 在点 $(6,f(6))$ 处的切线方程和法线方程.

10. 设一列车和一气球在同一时间从同一地点出发,列车以 100km/h 做匀速直线运动,而气球以 10km/h 匀速直线上升.求出发后 1h,它们之间彼此分离的速率.

11. 设密度大的陨星进入大气层时,当它离地心 s km 时的速度与 $\sqrt{s}$ 成反比,试证明陨星的加速度与 s^2 成反比.

12. 如图 3-6 所示,在高度为 H 处于水平飞行的飞机,开始向机场跑道降落时,飞机到机场的水平地面距离为 L.假设飞机下降的路径为三次函数 $y=ax^3+bx^2+cx+d$ 的图形,其中 $y|_{x=-L}=H, y|_{x=0}=0$.试确定飞机的下降路径.

13. 如图 3-7 所示,电缆 AOB 的长为 s,跨度为 $2l$,电缆的最低点 O 与杆顶线 AB 的距离为 f,则电缆长可按下面的经验公式计算

$$s=2l\left(1+\frac{2f^2}{3l^2}\right),$$

问:当 f 变化 Δf 时,电缆长的变化约为多少?

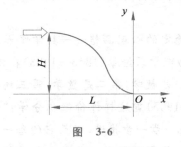

图 3-6

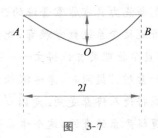

图 3-7

14. 我们知道,牛顿建立的第二运动定律 $F=ma$ 中质量是被假定为不变的,即常数.但严格地讲,物体的质量是随其速度的增大而增大的.在爱因斯坦修正后的公式中,质量为 $m=\dfrac{m_0}{\sqrt{1-v^2/c^2}}$, m_0 为静止时的质量, c 为光速, $c=3\times 10^8$ m/s. 当 v 与 c 相比很小时,求 m 的线性近似表达式,并进而推导出质能转换的近似公式,即 Δm 与 Δk($k=\dfrac{1}{2}mv^2$ 为物体的动能)之间的近似表达式,对所得结果说明其物理意义.

15. 设某品牌电脑价格为 p(元),需求量为 Q(台),其需求函数为

$$Q=80P-\frac{P^2}{100}.$$

(1)分别求 $p=5\,000$ 时的边际需求及需求弹性,并说明其经济意义.

(2)当 $p=5\,000, p=6\,000$ 时,若价格上涨 1%,总收益将如何变化?是增加还是减少?

实验 导数的 MATLAB 实现

1. 设 $f(x)=\dfrac{\sin x}{x^2+4x+3}$ 用"diff"命令,求出 $f'(x)$,并在同一坐标系中,绘制 $y=f(x)$ 和 $y=f'(x)$ 的图形.

2. 用 5 阶多项式拟合函数 $y=\cos x$,并利用多项式求导法求 $x=\pi$ 处的一阶和二阶导数.

阅读材料

数学与创造思维

纵观整个数学发展的历史，创新的思维方法充满了其全部产生与发展过程．这不仅体现在人类在数学王国所创造的一个又一个奇迹般的惊人发现，也不仅体现在深邃浩瀚的数学大花园中的一朵朵显示着人类智慧结晶的异花奇葩，而且还广泛地存在于我们学习数学的过程中，深入地体现在我们理解、分析、认识、应用数学的过程．因此，数学在培养大学生的创新能力过程中，发挥着独特的、难以替代的作用．数学本身特有的一些创造性思维方式，对于培养人们的创新能力具有非常普遍的意义．

循序渐进地接受系统数学教育，能使人形成稳定的心理品格——数学修养或曰数学素质．无怪乎诺贝尔物理奖首位得主——著名德国物理学家伦琴(1845—1923)在回答"科学家需要什么样的素质？"提问时，意味深长地说："第一是数学，第二是数学，第三还是数学."数学素质的提高将使人终身受用．爱因斯坦(1879—1955)曾这样评价微积分学："世界第一次目睹了一个逻辑体系的奇迹，这个体系如此精密地一步一步推进，以至它的每一个命题都是不容置疑的……推理的这种可赞叹的胜利，使人们获得了取得以后成就所必需的信心."这正是数学将会发生超乎数学以外的重要作用之所在．

创造性思维主要由归纳与类比思维、逆向思维、转向思维、发散思维等几种思维构成．

1. 归纳与类比思维

数学中，归纳与类比通常是用来推导结论，发现新的命题的一种思维方式．正如著名法国数学家、天文学家拉普拉斯(P. S. Laplace，1749—1827)所说："即使在数学里，发现真理的主要工具也是归纳与类比."二者的不同之处在于类比不是一种证明方法，而是引出新概念、推出新结论的推断方式．康德(1724—1804)曾说："每当理智缺乏可靠论证思路时，类比这种方法往往引导我们前进."著名日本物理学家、诺贝尔奖获得者汤川秀澍(1907—1981)说得更直接："类比是一种创造性思维的形式."

猜想—归纳—类比往往是发现真理的一种创造性思维方式．高等数学中，这种思维方式几乎无处不在．

例如，笛卡儿(1596—1650)发明了(二维)平面直角坐标系，即平面上的点对应着一个二元有序数组．我们可以类比地推广到(三维)空间的点对应一个三元有序数组，甚至类比地推广到由 n 元有序数组组成的 n 维空间上．

又如，将一元函数类比地推广到多元函数，等等．

再如，关于凸多面体的欧拉公式 $F+V-E=2$，类比地推广到图论中的平面图上，仍然成立．

2. 逆向思维

逆向思维是与习惯的思维方向相反的一种思维方法，在数学中通过逆向思维成功的范例不胜枚举．

例如,对倍角公式 $\cos 2\alpha = 2\cos^2\alpha - 1$,应用时往往遇到 $\cos 2\alpha$ 化为右边,其实,由右边化为左边即得所谓的半角公式 $\cos^2\alpha = \dfrac{1+\cos 2\alpha}{2}$,在作积分时,用的正是这个转化.

再如,数学史上的一个著名事例:德国著名数学家高斯(G. F. Gauss,1777—1855)在小学时出色、快捷地完成了老师出的一道算术题 $1+2+3+\cdots+100=?$ 他用的方法是将这 100 个数倒过来相加,再与上式相加:

$$
\begin{array}{ccccccccc}
 & 1 & + & 2 & + & 3 & + & \cdots & + & 100 \\
+ & 100 & + & 99 & + & 98 & + & \cdots & + & 1 \\
\hline
 & 101 & + & 101 & + & 101 & + & \cdots & + & 101
\end{array}
$$

结果为 $101 \times 100 = 10100$,最后得 $1+2+3+\cdots+100=5050$. 小高斯的精彩运算,让他的老师目瞪口呆,以至于感叹:"我再也没有什么可教他的了!"试想利用小高斯的这种思维,我们将很容易证明常用公式: $1+2+3+\cdots+n = \dfrac{n(n+1)}{2}$.

还有一种逆向思维,就是当一个命题尚无人能证明出来时,是否尝试证明它根本不成立. 数学史上最多产的著名数学家欧拉(Leonhard Euler,瑞士,1707—1783)对"哥尼斯堡七桥问题",以及年轻的数学家阿贝尔(N. H. Abel,挪威,1802—1829)证明五次代数方程的一般求根公式根本不可能存在,都是使用了这种逆向思维方式.

3. 转向思维

这是一种异于通常思维方向,又并非恰恰相反方向的思维方式.

通过一个变换使问题在另一方向上得以解决的转向思维方式在数学中经常使用.

例如,换元积分法、变量代换都是转向思维的成功运用.

再如,柯西不等式的证明. 设 $a_k, b_k (k=1,2,\cdots,n)$ 为实数,证明不等式

$$\left(\sum_{k=1}^{n} a_k b_k\right)^2 \leqslant \left(\sum_{k=1}^{n} a_k^2\right)\left(\sum_{k=1}^{n} b_k^2\right).$$

事实上,引入实参数 λ,易知

$$\left(\sum_{k=1}^{n} a_k + \lambda b_k\right)^2 \geqslant 0.$$

展开后得到

$$\left(\sum_{k=1}^{n} b_k^2\right)\lambda^2 + 2\left(\sum_{k=1}^{n} a_k b_k\right)\lambda + \sum_{k=1}^{n} a_k^2 \geqslant 0.$$

这是关于 λ 的一元二次不等式,对任何 λ 值总成立. 因此,必有根的判别式小于或等于零,即得所要证明的不等式.

转向思维在非数学问题中也经常使用,如曹冲称象、围魏救赵、司马光砸缸救人、乌鸦喝水等故事都是这种思维成功的范例.

4. 发散思维

发散思维是指为了解决一个问题,从不同的多个方向思考而殊途同归都达到解决问题的一种思维方法.

例如，数学上的一题多解就是发散思维的范例.

发散思维的特征是联想，比如关于回形针的联想，关于数字 1 的联想，等等. 再如，高等数学中，对可导单调函数 $f(x)$ 可联想到 $f'(x)>0$ [或 $f'(x)<0$]；函数在极值点 x_0 处，若可导，则 $f'(x_0)=0$.

《习惯领域开拓论》是美籍台湾人游伯龙先生的著作，书中讲述的开拓方法主要就是类比、转向思维、发散思维的方法.

第 4 章

微分中值定理与导数应用

在上一章中,我们研究了导数的概念及基本运算.导数概念及应用涉及几何学、物理学、生物学、经济学等多个学科,并在这些学科的多个领域的研究和发展中发挥着重要作用.本章中,我们将介绍导数的一些应用,并利用这些知识解决经济学中的某些实际问题.首先介绍导数应用的理论基础——微分中值定理.

4.1 微分中值定理

微分中值定理包括三个定理:罗尔定理、拉格朗日中值定理和柯西中值定理.本节主要讲述定理的内容,并介绍定理的意义及其简单应用.

4.1.1 罗尔定理

定理 4-1(罗尔定理) 如果函数 $f(x)$ 满足:

(1) 在闭区间 $[a,b]$ 上连续;

(2) 在开区间 (a,b) 内可导;

(3) $f(a)=f(b)$,

则在 (a,b) 内至少有一点 $\xi(a<\xi<b)$,使得 $f'(\xi)=0$.

证 由于 $f(x)$ 在 $[a,b]$ 连续,故 $f(x)$ 在 $[a,b]$ 上一定有最大值 M 和最小值 m.那么有两种可能情形:

(1) 若 $M=m$,则函数 $f(x)$ 恒为常数,因此定理结论自然成立.

(2) 若 $M\neq m$,即 $M>m$,而由于 $f(a)=f(b)$,则 $f(x)$ 必然在开区间 (a,b) 内取最大值 M 或最小值 m.不妨设 $f(x)$ 在某点 $\xi\in(a,b)$ 取得最大值 M.于是

$$f'_-(\xi)=\lim_{x\to\xi^-}\frac{f(x)-f(\xi)}{x-\xi}.$$

由于 $x\to\xi^-$ 时,$x-\xi<0$,而 $f(x)-f(\xi)\leqslant 0$,故 $\frac{f(x)-f(\xi)}{x-\xi}\geqslant 0$,由函数极限的保号性可知,$f'_-(\xi)=\lim_{x\to\xi^-}\frac{f(x)-f(\xi)}{x-\xi}\geqslant 0$,同理可证 $f'_+(\xi)=\lim_{x\to\xi^+}\frac{f(x)-f(\xi)}{x-\xi}\leqslant 0$.所以,$f'(\xi)=f'_-(\xi)=f'_+(\xi)=0$.

注:罗尔定理的条件有三个,如果缺少其中的任何一个,定理将不一定成立.

例如,$f(x)=|x|$ 在 $[-1,1]$ 上连续,且 $f(-1)=f(1)=1$,但是 $f(x)$ 在 $x=0$ 点不可导,不满足定理的第二个条件,则不存在 $\xi\in(-1,1)$,使得 $f'(\xi)=0$.

又如,$f(x)=x$ 在 $[0,1]$ 上连续,在 $(0,1)$ 内可导,但是 $f(0)\neq f(1)$,则不存在 $\xi\in(0,1)$,使得 $f'(\xi)=0$.

再如,$f(x)=\begin{cases}x, & 0\leqslant x<1 \\ 0, & x=1\end{cases}$,$f(x)$ 在 $(0,1)$ 内可导,$f(0)=f(1)=0$,但是 $f(x)$ 在 $[0,1]$ 上不连续($x=1$ 是间断点),则不存在 $\xi\in(0,1)$,使得 $f'(\xi)=0$.

罗尔定理的几何意义:若曲线在 $[a,b]$ 上连续,曲线在 (a,b) 内的任一点都存在不垂直于

x 轴的切线,并且曲线的两端点处的纵坐标相同,那么在曲线上至少有一点 C,在该点处有水平切线(图 4-1).

还需指出,罗尔定理的条件是充分条件,而非必要条件. 也就是说,当定理结论成立时,而函数未必满足定理的三个条件,即定理的逆命题不成立.

例如,$f(x)=(x-1)^2$ 在 $[0,3]$ 上不满足罗尔定理的条件($f(0)\neq f(3)$),但是存在 $\xi=1\in(0,3)$,使得 $f'(\xi)=0$.

例 4-1 验证 $f(x)=\sin x$ 在 $\left[-\dfrac{3\pi}{2},\dfrac{\pi}{2}\right]$ 上满足罗尔定理的条件,并求 ξ 的值.

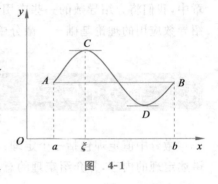

图 4-1

解 显然 $f(x)$ 在 $\left[-\dfrac{3\pi}{2},\dfrac{\pi}{2}\right]$ 连续,在 $\left(-\dfrac{3\pi}{2},\dfrac{\pi}{2}\right)$ 可导,且 $f\left(-\dfrac{3\pi}{2}\right)=f\left(\dfrac{\pi}{2}\right)=1$,根据罗尔定理,在 $\left(-\dfrac{3\pi}{2},\dfrac{\pi}{2}\right)$ 内至少存在一点 ξ,使 $f'(\xi)=0$,即 $\cos\xi=0$,因此 $\xi=-\dfrac{\pi}{2}$.

例 4-2 设 $f(x)=x(x+1)(x+2)$,判断方程 $f'(x)=0$ 有几个实根,并指出这些根所在的范围.

解 因为 $f(-2)=f(-1)=f(0)=0$,所以 $f(x)$ 在闭区间 $[-2,-1]$ 和 $[-1,0]$ 上均满足罗尔定理的条件,从而,在 $(-2,-1)$ 内至少存在一点 ξ_1,使 $f'(\xi_1)=0$,即 ξ_1 是方程 $f'(x)=0$ 的一个根;又在 $(-1,0)$ 内至少存在一点 ξ_2,使 $f'(\xi_2)=0$,即 ξ_2 是方程 $f'(x)=0$ 的一个根. 又由于 $f'(x)=0$ 是二次方程,最多有两个根,故方程 $f'(x)=0$ 只有两个根,分别在区间 $(-2,-1)$ 和 $(-1,0)$ 内.

例 4-3 设 $f(x)$ 在 $[0,1]$ 上连续,在 $(0,1)$ 内可导,且 $f(1)=0$. 证明:在 $(0,1)$ 内至少有一点 ξ,使得 $f(\xi)=-\xi f'(\xi)$.

证 令 $F(x)=xf(x)$,则 $F(x)$ 在 $[0,1]$ 上连续,在 $(0,1)$ 内可导,且 $F(1)=f(1)=0$,$F(0)=0$. 由罗尔定理可知,存在 $\xi\in(0,1)$,使得 $F'(\xi)=f(\xi)+\xi\cdot f'(\xi)=0$,即
$$f(\xi)=-\xi f'(\xi).$$

4.1.2 拉格朗日中值定理

定理 4-2(拉格朗日中值定理) 如果函数 $f(x)$ 满足:
(1)在闭区间 $[a,b]$ 上连续;
(2)在开区间 (a,b) 内可导,
则在 (a,b) 内至少有一点 $\xi(a<\xi<b)$,使得
$$f(b)-f(a)=f'(\xi)(b-a). \tag{4-1}$$
式(4-1)称为拉格朗日中值公式. 式(4-1)也可以改写成
$$\dfrac{f(b)-f(a)}{b-a}=f'(\xi).$$

我们先来看一下拉格朗日中值定理的几何意义:
曲线两端点分别为 $A(a,f(a))$ 和 $B(b,f(b))$,因此连接 A、B 两点的直线斜率为

$\dfrac{f(b)-f(a)}{b-a}$，而 $f'(\xi)$ 为曲线在点 C 处的切线斜率. 由此可知, 若连续曲线弧 AB 上除端点外处处具有不垂直于 x 轴的切线, 那么在曲线上至少有一点 C, 曲线在点 C 处的切线平行于弦 AB, 这就是拉格朗日中值定理的几何意义(图 4-2).

证 拉格朗日中值公式可写成
$$f'(\xi)(b-a)-(f(b)-f(a))=0,$$
即
$$\{f(x)(b-a)-x[f(b)-f(a)]\}'|_{x=\xi}=0.$$
引入函数
$$F(x)=f(x)(b-a)-x[f(b)-f(a)],$$
易证 $F(x)$ 满足罗尔定理的三个条件, 从而在 (a,b) 内至少存在一点 ξ, 使得 $F'(\xi)=0$, 即 $f'(\xi)(b-a)-(f(b)-f(a))=0$. 即证得拉格朗日中值定理.

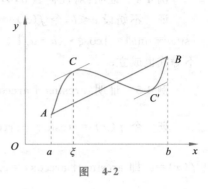

图 4-2

关于该定理, 我们做如下几点说明:

(1) 拉格朗日中值定理是罗尔定理的推广, 罗尔定理是拉格朗日中值定理的特殊情形. 显然在拉格朗日中值定理中, 若令 $f(a)=f(b)$, 就得到了罗尔定理. 另外, 从几何角度也可以说明这点, 如将图 4-1 中的图形旋转一个角度就可得到图 4-2.

(2) 拉格朗日中值公式还有其他形式: $f(b)-f(a)=f'(a+\theta(b-a))(b-a)$，$\theta \in (0,1)$.

若 $f(x)$ 在以 $x, x+\Delta x$ 为端点的区间上满足拉格朗日中值定理的条件, 由上式可得
$$f(x+\Delta x)-f(x)=f'(x+\theta\Delta x)\Delta x, \quad \theta\in(0,1). \tag{4-2}$$

式(4-2)给出了当自变量取得有限增量 Δx 时, 函数增量 Δy 的准确表达式. 因此拉格朗日中值定理也称为有限增量定理, 式(4-2)也称为有限增量公式.

(3) 拉格朗日中值公式将在 $[a,b]$ 上函数 $f(x)$ 的平均变化率 $\dfrac{f(b)-f(a)}{b-a}$ 与 $f(x)$ 在 (a,b) 内某点处的瞬时变化率 $f'(\xi)$ 联系在一起, 建立了函数值与导数值之间的定量联系. 这也是该定理的物理解释.

若一辆汽车在 8s 内行进了 176m, 则汽车在这 8s 的时间间隔中的平均速度为 22m/s, 那么在加速过程中的某个时刻, 速度计的读数正好是 22m/s.

下面介绍拉格朗日中值定理的两个重要推论:

推论 4-1 若对于区间 I 上任一点 x, 都有 $f'(x)=0$, 则 $f(x)$ 在区间 I 上是一个常数.

证 在区间 I 上任取两点 x_1、x_2 ($x_1<x_2$), 根据拉格朗日中值公式得
$$f(x_2)-f(x_1)=f'(\xi)(x_2-x_1)\quad(x_1<\xi<x_2).$$
由条件, $f'(\xi)=0$, 所以 $f(x_2)-f(x_1)=0$, 即
$$f(x_2)=f(x_1).$$
因为 x_1、x_2 是区间 I 上任意两点, 所以由上式可知 $f(x)$ 在区间 I 上的函数值都相等, 即 $f(x)$ 在区间 I 上是一个常数.

推论 4-2 若对于区间 I 上任一点 x, 都有 $f'(x)=g'(x)$, 则在区间 I 上, 有
$$f(x)=g(x)+c \quad (c\text{ 为常数}).$$

证 令 $h(x)=f(x)-g(x)$, 则 $h'(x)=f'(x)-g'(x)$, 由于 $\forall x \in I, f'(x)=g'(x)$, 所

以 $h'(x)=0(\forall x\in I)$,根据推论 1 可得,$h(x)$ 在区间 I 上是一个常数,即 $h(x)=c$,因此在区间 I 上,有 $f(x)=g(x)+c$.

推论 2 在以后学习积分学时有着重要的作用.

例 4-4 证明:对任何数 a,b,不等式 $|\sin b-\sin a|\leqslant|b-a|$ 都成立.

证 不妨设 $a<b$,令 $f(x)=\sin x$,则 $f(x)$ 在 $[a,b]$ 上满足拉格朗日中值定理的条件,有 $|\sin b-\sin a|=|\cos\xi\cdot(b-a)|\leqslant|b-a|$,即 $|\sin b-\sin a|\leqslant|b-a|$. 同理可证 $a>b$ 及 $a=b$,不等式也成立.

例 4-5 证明:$\arcsin x+\arccos x=\dfrac{\pi}{2}$.

证 令 $f(x)=\arcsin x+\arccos x$,由于 $f'(x)=\dfrac{1}{\sqrt{1-x^2}}+\dfrac{-1}{\sqrt{1-x^2}}=0$,由推论 1 可得 $f(x)=c$,即 $\arcsin x+\arccos x=c$. 取 $x=0$,有 $\arcsin 0+\arccos 0=\dfrac{\pi}{2}$,所以 $c=\dfrac{\pi}{2}$.

因此 $\arcsin x+\arccos x=\dfrac{\pi}{2}$.

▶ 4.1.3 柯西中值定理

根据拉格朗日中值定理可知,若连续曲线 AB 上除了端点外处处具有不垂直于 x 轴的切线,则在这条曲线上至少有一点 C,使得曲线在该点处的切线平行于弦 AB.

如果曲线方程用参数方程为 $\begin{cases}X=g(x)\\Y=f(x)\end{cases}$ $(a\leqslant x\leqslant b)$ 表示(图 4-3),其中 x 是参数. 那么曲线上点 (X,Y) 处的切线斜率为

$$\dfrac{\mathrm{d}Y}{\mathrm{d}X}=\dfrac{f'(x)}{g'(x)}$$

而弦 AB 的斜率为 $\dfrac{f(b)-f(a)}{g(b)-g(a)}$.

假设点 C 对应的参数是 $x=\xi$,则曲线上点 C 处的切线平行于弦 AB 可表示为

$$\dfrac{f(b)-f(a)}{g(b)-g(a)}=\dfrac{f'(\xi)}{g'(\xi)}.(a<\xi<b)$$

将这一几何事实用定理叙述就是

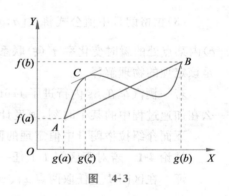

图 4-3

定理 4-3(柯西中值定理) 若 $f(x),g(x)$ 满足

(1) 在闭区间 $[a,b]$ 上连续;

(2) 在开区间 (a,b) 内可导,且 $g'(x)\neq 0$,

则在 (a,b) 内至少有一点 $\xi(a<\xi<b)$,使得

$$\dfrac{f(b)-f(a)}{g(b)-g(a)}=\dfrac{f'(\xi)}{g'(\xi)}$$

成立.

显然,当 $g(x)=x$ 时,即得到拉格朗日中值公式,因此拉格朗日中值定理是柯西中值定理的特殊情形,因此柯西中值定理又称广义中值定理.

4.2 洛必达法则

在前面讨论函数极限时,经常遇到函数是分式 $\dfrac{f(x)}{g(x)}$ 的形式,若当 $x \to x_0 (x \to \infty)$ 时, $f(x) \to 0, g(x) \to 0$(或 $f(x) \to \infty, g(x) \to \infty$),则称这种极限为 $\dfrac{0}{0}$ 型或 $\dfrac{\infty}{\infty}$ 型极限,这种类型的极限可能存在,也可能不存在,因此又称为未定式.未定式不能直接利用商的极限运算法则来计算,在本节中,我们将介绍一种解决这种未定式的简便而有效的方法.

▶ 4.2.1 洛必达定理

定理 4-4 若 $f(x), g(x)$ 满足
(1) 当 $x \to x_0 (x \to \infty)$ 时, $f(x) \to 0, g(x) \to 0$;
(2) 当 $x \in \overset{\circ}{U}(x_0)$(或 $|x| > X$)时, $f'(x), g'(x)$ 都存在,且 $g'(x) \neq 0$;
(3) $\lim \dfrac{f'(x)}{g'(x)}$ 存在(或为无穷大),

则有
$$\lim \dfrac{f(x)}{g(x)} = \lim \dfrac{f'(x)}{g'(x)}.$$

证 仅就 $x \to x_0$ 的情形证明.由于 $\lim\limits_{x \to x_0} \dfrac{f(x)}{g(x)}$ 是否存在与 $f(x_0)$ 和 $g(x_0)$ 取何值无关,不妨令 $f(x_0) = g(x_0) = 0$.由条件(1)、(2)可知 $f(x), g(x)$ 在 x_0 的某邻域内是连续的.

设 x 是该邻域内的任意一点,那么 $f(x), g(x)$ 在以 x 和 x_0 为端点的区间上满足柯西中值定理的条件,因此有
$$\dfrac{f(x)}{g(x)} = \dfrac{f(x) - f(x_0)}{g(x) - g(x_0)} = \dfrac{f'(\xi)}{g'(\xi)}.$$

注意到 $x \to x_0$ 时, $\xi \to x_0$,因此有
$$\lim_{x \to x_0} \dfrac{f(x)}{g(x)} = \lim_{\xi \to x_0} \dfrac{f'(\xi)}{g'(\xi)} = \lim_{x \to x_0} \dfrac{f'(x)}{g'(x)}.$$

注:若将定理 4-4 中条件(1)换成"当 $x \to x_0 (x \to \infty)$ 时, $f(x) \to \infty, g(x) \to \infty$",定理结论仍成立.

这种在一定条件下通过分子分母分别求导再求极限来确定未定式值的方法称为洛必达法则.

运用洛必达法则时,需注意以下几点:
(1) $\dfrac{0}{0}$ 型或 $\dfrac{\infty}{\infty}$ 型未定式可运用洛必达法则来计算;
(2) 若 $\lim \dfrac{f'(x)}{g'(x)}$ 仍然是未定式,则可以继续运用洛必达法则;
(3) 当 $\lim \dfrac{f'(x)}{g'(x)}$ 不存在(但不是无穷大)时,定理不成立,即不能使用洛必达法则来计算

极限,可选择其他的方法.

例 4-6 $\lim\limits_{x\to 1}\dfrac{x^3-3x+2}{x^3-x^2-x+1}$.

解 $\lim\limits_{x\to 1}\dfrac{x^3-3x+2}{x^3-x^2-x+1}=\lim\limits_{x\to 1}\dfrac{3x^2-3}{3x^2-2x-1}=\lim\limits_{x\to 1}\dfrac{6x}{6x-2}=\dfrac{3}{2}$.

需要注意的是,式中$\lim\limits_{x\to 1}\dfrac{6x}{6x-2}$已不再是未定式,就不能应用洛必达法则计算,否则会导致错误.

例 4-7 $\lim\limits_{x\to+\infty}\dfrac{\ln x}{x}$.

解 $\lim\limits_{x\to+\infty}\dfrac{\ln x}{x}=\lim\limits_{x\to+\infty}\dfrac{1}{x}=0$.

例 4-8 $\lim\limits_{x\to a}\dfrac{\sin x-\sin a}{x-a}$.

解 $\lim\limits_{x\to a}\dfrac{\sin x-\sin a}{x-a}=\lim\limits_{x\to a}\cos x=\cos a$.

例 4-9 $\lim\limits_{x\to+\infty}\dfrac{e^x}{x^3}$.

解 $\lim\limits_{x\to+\infty}\dfrac{e^x}{x^3}=\lim\limits_{x\to+\infty}\dfrac{e^x}{3x^2}=\lim\limits_{x\to+\infty}\dfrac{e^x}{6x}=\lim\limits_{x\to+\infty}\dfrac{e^x}{6}=+\infty$.

例 4-10 $\lim\limits_{x\to\infty}\dfrac{x+\sin x}{x-\sin x}$.

解 $\lim\limits_{x\to\infty}\dfrac{(x+\sin x)'}{(x-\sin x)'}=\lim\limits_{x\to\infty}\dfrac{1+\cos x}{1-\cos x}$.

由于$\lim\limits_{x\to\infty}\dfrac{1+\cos x}{1-\cos x}$不存在,且$\lim\limits_{x\to\infty}\dfrac{1+\cos x}{1-\cos x}\neq\infty$,不满足洛必达法则应用的条件,因此所给极限不能用洛必达法则求出.可以采用别的方法来计算.

$$\lim\limits_{x\to\infty}\dfrac{x+\sin x}{x-\sin x}=\lim\limits_{x\to\infty}\dfrac{1+\dfrac{\sin x}{x}}{1-\dfrac{\sin x}{x}}=1.$$

4.2.2 其他类型的未定式

除了$\dfrac{0}{0}$型、$\dfrac{\infty}{\infty}$型两种未定式,我们经常遇到的未定式还有$0\cdot\infty,\infty-\infty,0^0,1^\infty,\infty^0$.这些未定式通常要先化成$\dfrac{0}{0}$或$\dfrac{\infty}{\infty}$型的未定式,然后再利用洛必达法则来计算.下面举例来说明.

例 4-11 $\lim\limits_{x\to 0^+}x^n\ln x(n>0)$.

解 这是$0\cdot\infty$的未定式,先将乘积的形式化成分式的形式,$\dfrac{0}{0}$型或$\dfrac{\infty}{\infty}$型,

由于$x^n\ln x=\dfrac{\ln x}{1/x^n}$,且当$x\to 0^+$时,上式右端是$\dfrac{\infty}{\infty}$型未定式,应用洛必达法则得

$$\lim_{x\to 0^+} x^n \ln x = \lim_{x\to 0^+} \frac{\ln x}{1/x^n} = \lim_{x\to 0^+} \frac{x^{-1}}{-nx^{-(n+1)}} = \lim_{x\to 0^+} \frac{-1}{n} x^n = 0.$$

例 4-12 $\lim\limits_{x\to \frac{\pi}{2}}(\sec x - \tan x).$

解 这是未定式 $\infty - \infty$,先利用三角函数的定义变形,再应用洛必达法则

$$\lim_{x\to \frac{\pi}{2}}(\sec x - \tan x) = \lim_{x\to \frac{\pi}{2}} \frac{1-\sin x}{\cos x} = \lim_{x\to \frac{\pi}{2}} \frac{-\cos x}{-\sin x} = 0.$$

例 4-13 $\lim\limits_{x\to 0^+} x^{\sin x}.$

解 这是未定式 0^0,采用对数求极限法:先化为以 e 为底的指数函数的极限:

$$\lim u^v = \lim e^{\ln u^v} = \lim e^{v \ln u}.$$

$$\lim_{x\to 0^+} x^{\sin x} = \lim_{x\to 0^+} e^{\ln x^{\sin x}} = \lim_{x\to 0^+} e^{\sin x \cdot \ln x} = e^{\lim\limits_{x\to 0^+} \sin x \cdot \ln x}.$$

而 $\lim\limits_{x\to 0^+} \sin x \cdot \ln x = \lim\limits_{x\to 0^+} \frac{\sin x}{x} \cdot \frac{\ln x}{\frac{1}{x}}.$

由于 $\lim\limits_{x\to 0^+} \frac{\sin x}{x} = 1$, $\lim\limits_{x\to 0^+} \frac{\ln x}{1/x} = \lim\limits_{x\to 0^+} (-x) = 0,$

所以 $\lim\limits_{x\to 0^+} x^{\sin x} = e^0 = 1.$

对于未定式 1^∞, ∞^0,采用同样的方法进行计算.

例 4-14 $\lim\limits_{x\to 0} \frac{\tan x - x}{x^2 \sin x}.$

解 $\lim\limits_{x\to 0} \frac{\tan x - x}{x^2 \sin x} = \lim\limits_{x\to 0} \frac{\tan x - x}{x^3} = \lim\limits_{x\to 0} \frac{\sec^2 x - 1}{3x^2} = \lim\limits_{x\to 0} \frac{2\sec^2 x \tan x}{6x}$

$$= \lim_{x\to 0} \frac{2 \sec^2 x}{6} = \frac{1}{3}.$$

洛必达法则是求未定式值的一种很有效的方法,但是在应用时,可以和其他计算极限的方法结合使用,以达到方便运算的目的. 例如,函数能化简时要尽可能地先化简再计算极限,又如上题中,考虑到分母较繁琐,直接用洛必达法则可能导致计算量偏大,因此先应用等价无穷小代换,然后再计算,这样做要方便得多.

4.3 泰勒公式

在数学研究中,对于某些复杂的函数,我们往往希望用简单的函数来近似表示. 在各种函数中,多项式函数是最简单的一种,仅通过加法、乘法两种运算就可以算出它的数值. 为此,我们经常用多项式函数来近似表示函数.

前面讨论过,当 $|x|$ 很小时,有 $e^x \approx 1+x$, $\ln(1+x) \approx x$, $\tan x \approx x$,这些都是用一次多项式来近似表示函数的例子. 但这种近似表达式的精确度不高,并且近似计算时,也无法具体估算出误差的大小. 当近似计算要求精确度较高且需要估计误差时,就必须用高次多项式来近似表示函数,同时还要给出误差公式.

下面介绍的泰勒公式就是为解决此问题而提出的.

若已知函数 $f(x)$，我们希望找到一个 n 次多项式
$$P_n(x)=a_0+a_1(x-x_0)+a_2(x-x_0)^2+\cdots+a_n(x-x_0)^n. \tag{4-3}$$
使其在 x_0 附近来近似表达函数 $f(x)$. 为使 $f(x)$ 与 $P_n(x)$ 在 x_0 附近相当接近，即 $f(x)-P_n(x)$ 是比 $(x-x_0)^n$ 高阶的无穷小，假设
$$f(x_0)=P_n(x_0), f'(x_0)=P_n'(x_0), \cdots, f^{(n)}(x_0)=P_n^{(n)}(x_0)$$
按照上述等式，就可以确定多项式 (4-3) 的系数 $a_0, a_1, \cdots, a_n$，即
$$a_0=f(x_0), a_1=f'(x_0), a_2=\frac{f''(x_0)}{2!}, \cdots, a_n=\frac{f^{(n)}(x_0)}{n!}.$$
将求得的系数 $a_0, a_1, \cdots, a_n$ 代入多项式 (4-3)，有
$$P_n(x)=f(x_0)+f'(x_0)(x-x_0)+\frac{f''(x_0)}{2!}(x-x_0)^2+\cdots+\frac{f^{(n)}(x_0)}{n!}(x-x_0)^n \tag{4-4}$$
下面介绍的泰勒定理告诉我们，多项式 (4-4) 就是满足条件的多项式.

定理 4-5（泰勒定理） 若函数 $f(x)$ 在含有 x_0 的某区间 (a,b) 内有直到 $n+1$ 阶导数，则对于 $\forall x \in (a,b)$，有
$$f(x)=f(x_0)+f'(x_0)(x-x_0)+\frac{f''(x_0)}{2!}(x-x_0)^2+\cdots+\frac{f^{(n)}(x_0)}{n!}(x-x_0)^n+R_n(x) \tag{4-5}$$

其中
$$R_n(x)=\frac{f^{(n+1)}(\xi)}{(n+1)!}(x-x_0)^{n+1},$$
ξ 是介于 x_0 与 x 之间的某个值，即 $\xi=x_0+\theta(x-x_0). \theta\in(0,1)$

式 (4-5) 称为 $f(x)$ 按 $(x-x_0)$ 的幂展开的 n 阶泰勒公式，多项式 (4-4) 称为 $f(x)$ 按 $(x-x_0)$ 的幂展开的 n 次泰勒多项式，$R_n(x)$ 为拉格朗日型余项.

式 (4-5) 也可写成 $f(x)=P_n(x)+R_n(x)$，显然用多项式 (4-4) 近似表示函数 $f(x)$ 的误差是 $|R_n(x)|$. 易知 $\lim\limits_{x\to x_0}\dfrac{R_n(x)}{(x-x_0)^n}=0$，则
$$R_n(x)=o[(x-x_0)^n]. \tag{4-6}$$
因此泰勒公式也可写成
$$f(x)=P_n(x)+o[(x-x_0)^n].$$
$R_n(x)$ 的表达式 (4-6) 称为佩亚诺型余项.

特别地，在泰勒公式中，若当 $x_0=0$ 时，有
$$f(x)=f(0)+f'(0)x+\frac{f''(0)}{2!}x^2+\cdots+\frac{f^{(n)}(0)}{n!}x^n+\frac{f^{(n+1)}(\theta x)}{(n+1)!}x^{n+1} \quad (0<\theta<1). \tag{4-7}$$
式 (4-7) 称为 $f(x)$ 的 n 阶麦克劳林公式.

由式 (4-7) 不难得出
$$f(x)\approx f(0)+f'(0)x+\frac{f''(0)}{2!}x^2+\cdots+\frac{f^{(n)}(0)}{n!}x^n.$$
误差 $|R_n(x)|=\left|\dfrac{f^{(n+1)}(\theta x)}{(n+1)!}x^{n+1}\right|\leqslant\dfrac{M}{(n+1)!}|x|^{n+1}$.

例 4-15 求函数 $f(x)=e^x$ 的带拉格朗日型余项的 n 阶麦克劳林公式.

解 由于
$$f'(x)=f''(x)=\cdots=f^{(n)}(x)=e^x,$$
所以
$$f(0)=f'(0)=f''(0)=\cdots=f^{(n)}(0)=1,$$

而 $f^{(n+1)}(\theta x) = e^{\theta x}$.

因此得 e^x 的 n 阶麦克劳林公式为

$$e^x = 1 + x + \frac{1}{2!}x^2 + \cdots + \frac{1}{n!}x^n + \frac{e^{\theta x}}{(n+1)!}x^{n+1} \quad (0 < \theta < 1).$$

由上式可得近似公式为

$$e^x \approx 1 + x + \frac{1}{2!}x^2 + \cdots + \frac{1}{n!}x^n$$

误差为

$$|R_n(x)| = \left|\frac{e^{\theta x}}{(n+1)!}x^{n+1}\right| < \frac{e^{|x|}}{(n+1)!}|x|^{n+1} \quad (0 < \theta < 1).$$

当 $x = 1$ 时,由上式可得无理数 e 的近似式为

$$e \approx 1 + 1 + \frac{1}{2!} + \cdots + \frac{1}{n!}$$

误差为

$$|R_n| < \frac{e}{(n+1)!} < \frac{3}{(n+1)!}$$

当 $n = 10$ 时,可得 $e \approx 2.718\,282$,误差不超过 10^{-6}.

同理可得 $\sin x$、$\cos x$ 的 n 阶麦克劳林公式:

$$\sin x = x - \frac{1}{3!}x^3 + \frac{1}{5!}x^5 - \cdots + (-1)^{m-1}\frac{x^{2m-1}}{(2m-1)!} + R_{2m}(x), (n = 2m)$$

其中

$$R_{2m}(x) = \frac{\sin\left[\theta x + (2m+1)\frac{\pi}{2}\right]}{(2m+1)!}x^{2m+1} \quad (0 < \theta < 1);$$

$$\cos x = 1 - \frac{1}{2!}x^2 + \frac{1}{4!}x^4 - \cdots + (-1)^m \frac{x^{2m}}{(2m)!} + R_{2m+1}(x), (n = 2m)$$

其中

$$R_{2m+1}(x) = \frac{\cos[\theta x + (m+1)\pi]}{(2m+2)!}x^{2m+2} \quad (0 < \theta < 1).$$

例 4-16 按 $(x-1)$ 幂展开函数 $f(x) = x^4 + 3x^2 + 4$.

解 因为 $f'(x) = 4x^3 + 6x, f''(x) = 12x^2 + 6, f'''(x) = 24x, f^{(4)}(x) = 24, f^{(n)}(x) = 0 (n \geq 5)$.

所以 $f(1) = 8, f'(1) = 10, f''(1) = 18, f'''(1) = 24, f^{(4)}(1) = 24, f^{(n)}(1) = 0 (n \geq 5)$,因此 $f(x)$ 的按 $(x-1)$ 幂展开式为

$$f(x) = 8 + 10(x-1) + \frac{18}{2}(x-1)^2 + \frac{24}{3!}(x-1)^3 + \frac{1}{4!}(x-1)^4,$$

即:

$$f(x) = 8 + 10(x-1) + 9(x-1)^2 + 4(x-1)^3 + \frac{1}{24}(x-1)^4.$$

4.4 函数的单调性、曲线的凹凸性与极值

我们可以运用数学软件 Mathematica 方便地绘出一元函数的图形,但这样的图形不能精确

地反映函数所具有的几何性质.本节我们将利用导数讨论函数及其图形的一些性质和特性.

▶ 4.4.1 函数的单调性

单调性是函数的一种重要特性,这里着重讨论函数单调性及其导数之间的联系,从而给出一种判断函数单调性的方法.

如果函数 $f(x)$ 在 $[a,b]$ 单调增加(或单调减少),则它的图形是一条随 x 增大而逐渐上升(或下降)的曲线.由图 4-4 和图 4-5 可以看出,曲线上各点处的切线斜率是非负(或非正)的,即 $f'(x) \geqslant 0$(或 $f'(x) \leqslant 0$).可见,函数单调性与导数符号有一定的联系.

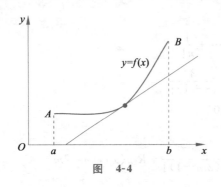

图 4-4

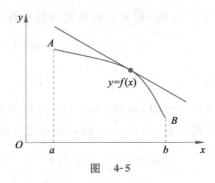

图 4-5

由此猜想,是否可以利用导数符号来判断函数的单调性呢?

下面的定理给出了确定的答案.

定理 4-6 设 $f(x)$ 在 $[a,b]$ 上连续,在 (a,b) 内可导,

(1) 若在 (a,b) 内,$f'(x) > 0$,则 $f(x)$ 在 $[a,b]$ 上单调增加;

(2) 若在 (a,b) 内,$f'(x) < 0$,则 $f(x)$ 在 $[a,b]$ 上单调减少.

证明 在区间 (a,b) 内任取两点 x_1,x_2,设 $x_1 < x_2$,显然 $f(x)$ 在 $[x_1,x_2]$ 上满足拉格朗日定理的条件,则在 (x_1,x_2) 内至少存在一点 ξ,使得

$$f(x_2) - f(x_1) = f'(\xi)(x_2 - x_1).$$

(1) 若在 (a,b) 内,$f'(x) > 0$,则 $f'(\xi) > 0$,所以 $f(x_2) > f(x_1)$,即 $f(x)$ 在 $[a,b]$ 上单调增加;

(2) 若在 (a,b) 内,$f'(x) < 0$,则 $f'(\xi) < 0$,所以 $f(x_2) < f(x_1)$,即 $f(x)$ 在 $[a,b]$ 上单调减少.

定理中的闭区间换成其他区间,结论仍成立.

例 4-17 设 $f(x) = 30x - 3x^2$,讨论函数 $f(x)$ 的单调性.

解 $f(x)$ 的定义域为 $(-\infty, +\infty)$,$f(x)$ 的导数 $f'(x) = 30 - 6x$,解方程 $f'(x) = 0$,即 $30 - 6x = 0$,得 $x = 5$.这个根把 $(-\infty, +\infty)$ 分成两个区间 $(-\infty, 5]$ 及 $[5, +\infty)$.

在 $(-\infty, 5)$ 内,$f'(x) > 0$,因此 $f(x)$ 在 $(-\infty, 5]$ 上单调增加;

在 $(5, +\infty)$ 内,$f'(x) < 0$,因此 $f(x)$ 在 $[5, +\infty)$ 上单调减少.

例 4-18 考查函数 $f(x) = x^{\frac{2}{3}}$ 的单调性.

解 $f(x)$ 的定义域为 $(-\infty, +\infty)$,当 $x \neq 0$ 时,$f'(x) = \dfrac{2}{3\sqrt[3]{x}}$,当 $x = 0$ 时,函数导数不

存在. 在$(-\infty,0)$内, $f'(x)<0$, 因此$f(x)$在$(-\infty,0]$上单调减少;

在$(0,+\infty)$内, $f'(x)>0$, 因此$f(x)$在$[0,+\infty)$上单调增加.

我们注意到, 在例4-17中, $x=5$是函数单调区间的分界点, 在该点处, $f'(5)=0$, 而在例4-18中, $x=0$是函数单调区间的分界点, 在该点处导数不存在.

由此可知, 若函数$f(x)$在其定义域上不具有单调性, 而在定义区间上具有单调性时, 要确定$f(x)$的单调区间, 可按照以下几个步骤来完成:

(1) 求$f'(x)$, 求出使$f'(x)=0$的点及$f'(x)$不存在的点;

(2) 用这些点将定义域分成若干子区间, 在各个区间上判断$f'(x)$的符号, 从而确定$f(x)$的单调性.

例 4-19 讨论函数$f(x)=\dfrac{2}{3}x^3-2x^2-6x+3$的单调性.

解 (1) $f(x)$的定义域为$(-\infty,+\infty)$, $f'(x)=2x^2-4x-6=2(x+1)(x-3)$, 令$f'(x)=0$, 得$x_1=-1, x_2=3$.

(2) 这两个点将定义域分成$(-\infty,-1]$、$[-1,3]$及$[3,+\infty)$.

在$(-\infty,-1)$内, $f'(x)>0$, 因此$f(x)$在$(-\infty,-1]$上单调增加;

在$(-1,3)$内, $f'(x)<0$, 因此$f(x)$在$[-1,3]$上单调减少;

在$(3,+\infty)$内, $f'(x)>0$, 因此$f(x)$在$[3,+\infty)$上单调增加.

特别地, 若$f'(x)$在某区间内的个别点处为零, 而在其余点处都为正(或负)时, 那么$f(x)$在该区间上仍然是单调增加(或单调减少)的.

例如, $f(x)=x^3$在$(-\infty,+\infty)$内除$x=0$外, 在其余点处都有$f'(x)=3x^2>0$, 故$f(x)$在$(-\infty,+\infty)$单调增加.

例 4-20 证明: $x>0, ln(1+x)>x-\dfrac{1}{2}x^2$.

证 令 $f(x)=ln(1+x)-x+\dfrac{1}{2}x^2$, $f'(x)=\dfrac{1}{1+x}-1+x=\dfrac{x^2}{1+x}$.

当$x>0$时, $f'(x)>0$, 因此$f(x)$在$[0,+\infty)$上单调增加. 故$x>0$时, 有$f(x)>f(0)$, 而$f(0)=0$, 即$f(x)>0$, 即$ln(1+x)-x+\dfrac{1}{2}x^2>0$.

所以, 当$x>0$时, $\ln(1+x)>x-\dfrac{1}{2}x^2$.

▶ 4.4.2 曲线的凹凸性

函数的单调性反映在图形上, 就是曲线的上升或下降. 但是单调性相同的函数, 其图形也会存在显著的不同. 因为在曲线上升或下降的过程中, 还有一个弯曲方向的问题. 例如, 图4-6两条曲线弧, 虽然它们都是上升的, 但曲线弯曲方向不同, 这反映了曲线的凹凸性不同. 因为, 研究曲线的凹凸性是十分有必要的.

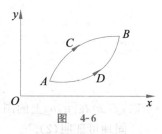

图 4-6

图4-6中, 在曲线弧$\overset{\frown}{ADB}$上, 若任取两点, 则连接这两点间的弦总位于这两点间的弧段的上方. 而曲线弧$\overset{\frown}{ACB}$, 则正好相反. 曲线的这种性质就是曲线

的凹凸性. 由此给出曲线凹凸性的定义.

定义 4-1 设 $f(x)$ 在区间 I 上连续,若对 I 上任意两点 x_1,x_2,恒有
$$f\left(\frac{x_1+x_2}{2}\right)<\frac{f(x_1)+f(x_2)}{2}$$
则称 $f(x)$ 在 I 上的图形是凹的;若恒有
$$f\left(\frac{x_1+x_2}{2}\right)>\frac{f(x_1)+f(x_2)}{2}$$
则称 $f(x)$ 在 I 上的图形是凸的.

从几何上看到,对于凹曲线,随着 x 的增大,曲线上每一点切线的斜率也增大,即 $f'(x)$ 是单调增加的(图 4-7(a)). 而对于凸曲线,其上每一点切线的斜率随 x 的增大而减小,即 $f'(x)$ 是单调减少的(图 4-7(b)). 于是便有下面判断曲线凹凸性的定理.

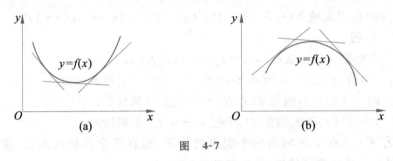

图 4-7

定理 4-7 设 $f(x)$ 在 $[a,b]$ 上连续,在 (a,b) 内具有一阶、二阶导数,则
(1)若在 (a,b) 内 $f''(x)>0$,则曲线 $y=f(x)$ 在 $[a,b]$ 上是凹的.
(2)若在 (a,b) 内 $f''(x)<0$,则曲线 $y=f(x)$ 在 $[a,b]$ 上是凸的.

证明:(1)任取 $x_1,x_2\in[a,b]$,且 $x_1<x_2$,记 $\frac{x_1+x_2}{2}=x_0$,
$x_2-x_0=x_0-x_1=h$,则 $x_1=x_0-h,x_2=x_0+n$,由拉格朗日中值公式,得
$$f(x_0+h)-f(x_0)=f'(x_0+\theta_1 h)\cdot h$$
$$f(x_0)-f(x_0-h)=f'(x_0-\theta_2 h)\cdot h$$
其中 $0<\theta_1<1,0<\theta_2<1$. 两式相减,得
$$f(x_0+h)+f(x_0-h)-2f(x_0)=[f'(x_0+\theta_1 h)-f'(x_0-\theta_2 h)]h$$
对 $f'(x)$ 在区间 $[x_0-\theta_2 h,x_0+\theta_1 h]$ 上再利用拉格朗日中值公式,得
$$[f'(x_0+\theta_1 h)-f'(x_0-\theta_2 h)]h=f''(q)(\theta_1+\theta_2)h^2$$
其中 $q\in(x_0-\theta_2 h,x_0+\theta_1 h)$. 由于 $f''(q)>0$,故有
$$f(x_0+h)+f(x_0-h)-2f(x_0)>0$$
即
$$\frac{f(x_0+h)+f(x_0-h)}{2}>f(x_0)$$
$$\frac{f(x_1)+f(x_2)}{2}>f\left(\frac{x_1+x_2}{2}\right)$$
所以,$f(x)$ 在 $[a,b]$ 上的图形是凹的.

同理可证明(2).

对于非闭区间的情形,也有类似结论.

例 4-21 求曲线 $f(x)=x^3-5x^2+3x+5$ 的凹凸区间.

解 因为 $f'(x)=3x^2-10x+3$, $f''(x)=6x-10$,

当 $x<\frac{5}{3}$ 时, $f''(x)<0$, 所以曲线在 $\left(-\infty,\frac{5}{3}\right]$ 内是凸的,

当 $x>\frac{5}{3}$ 时, $f''(x)>0$, 所以曲线在 $\left[\frac{5}{3},+\infty\right)$ 内是凹的.

易知, 曲线经过点 $\left(\frac{5}{3},\frac{20}{27}\right)$ 时, 凹凸性发生改变, 该点称为曲线的拐点.

一般地, 若曲线在经过某点时, 曲线的凹凸性改变了, 则该点称为曲线的拐点.

如何求曲线的拐点呢? 显然, 只要知道了曲线的凹凸区间, 自然就找到拐点了. 可见求拐点与求曲线凹凸区间的方法是一样, 可以按照下列步骤来进行:

(1) 求 $f''(x)$, 再求出令 $f''(x)=0$ 的点及 $f''(x)$ 不存在的点;

(2) 用这些点将定义域分成若干子区间, 在各个区间上判断 $f''(x)$ 的符号, 从而得到曲线的凹凸区间及拐点.

例 4-22 求曲线 $y=\sqrt[3]{x-1}$ 的拐点.

解 (1) 函数的定义域为 $(-\infty,+\infty)$, 当 $x\neq 1$ 时,

$$y'=\frac{1}{3\sqrt[3]{(x-1)^2}}, \quad y''=\frac{-2}{9\sqrt[3]{(x-1)^5}},$$

当 $x=1$ 时, y', y'' 都不存在, 显然 y'' 没有零点.

(2) 当 $x<1$ 时, $y''>0$, 曲线在 $(-\infty,1]$ 上是凹的;

当 $x>1$ 时, $y''<0$, 曲线在 $[1,+\infty)$ 上是凸的.

当 $x=1$ 时, $y=0$, 因此点 $(1,0)$ 是所求曲线的拐点.

▶ 4.4.3 函数极值与最值

通过前面有关函数单调性的讨论, 我们可以看到, 在函数单调区间的分界点处的函数值比附近其他点处的函数值都要大(或小), 称该分界点为 $f(x)$ 的极大值点(或极小值点), 相应的函数值称为函数的极大值(或极小值).

一般地, 给出函数极值的定义:

定义 4-2 设 $f(x)$ 在 $U(x_0)$ 有定义, 若对 $\forall x \in \overset{\circ}{U}(x_0)$, 有

$$f(x)<f(x_0) \text{(或 } f(x)>f(x_0))$$

则称 $f(x_0)$ 为函数 $f(x)$ 的一个极大值(或极小值), x_0 称为 $f(x)$ 的极大值点(或极小值点).

极大值和极小值统称为极值, 极大值点和极小值点统称为极值点.

关于极值的概念, 有以下两点需要注意:

(1) 函数的极值概念是局部性的, 与函数的最值不同. 极值 $f(x_0)$ 是就 x_0 附近的局部范围而言的, 而最值是就 $f(x)$ 的整个定义域或一个定义区间而言的.

(2) $f(x)$ 在一个区间内可能有多个极值, 且极大值未必大于极小值. 在图 4-8 中, 函数 $f(x)$ 有 $f(x_2)$、$f(x_4)$ 两个极大值, $f(x_1)$、$f(x_3)$ 和 $f(x_5)$ 三个极小值. 其中极大值 $f(x_2)$ 比极小值 $f(x_5)$ 还要小.

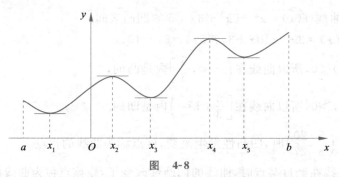

图 4-8

由图 4-8 可知，函数在极值点处的切线是水平的（前提是函数在该极值点处可导），即 $f'(x_0)=0$.

因此，引出下面的定理：

定理 4-8（极值的必要条件） 设 $f(x)$ 在 x_0 可导，且在 x_0 取得极值，那么
$$f'(x_0)=0.$$
使 $f'(x)=0$ 成立的点称为 $f(x)$ 的驻点.

定理 4-8 可简述为：可导的极值点必是驻点. 反之不成立，即驻点不一定是极值点. 例如，$f(x)=x^3$，易知 $x=0$ 是 $f(x)$ 的驻点，而 $x=0$ 不是 $f(x)$ 的极值点. 另外，导数不存在的点也有可能是极值点. 例如 $f(x)=|x|$ 在 $x=0$ 不可导，而 $x=0$ 是 $f(x)$ 的极小值点.

由上述分析可知，驻点和导数不存在的点是可能的极值点.

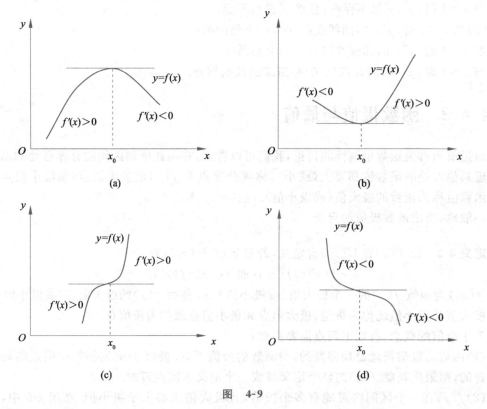

图 4-9

那么，如何判定这些点是否为极值点呢？若是极值点，是极大值点还是极小值点呢？下面的极值充分条件给出我们确定的答案.

定理 4-9(极值第一充分条件) 设 $f(x)$ 在 x_0 连续,且在 $\mathring{U}(x_0)$ 可导,当 x 由小到大地经过 x_0 时,若

(1) $f'(x)$ 由正变负,则 x_0 是极大值点,如图 4-9(a)所示;

(2) $f'(x)$ 由负变正,则 x_0 是极小值点,如图 4-9(b)所示;

(3) $f'(x)$ 不变号,则 x_0 不是极值点,如图 4-9(c)或(d)所示.

根据前面的讨论可知,极值点就是函数单调区间的分界点,因此,求 $f(x)$ 的极值点与求函数的单调区间的方法类似,步骤总结如下:

(1) 求 $f'(x)$,再求驻点及导数不存在的点;

(2) 用这些点将定义域分成若干子区间,在各个区间上判断 $f'(x)$ 的符号,即这些点左右邻近 $f'(x)$ 符号的变化情形,确定极值点并求出极值.

例 4-23 求函数 $f(x)=(x-1)\sqrt[3]{x^2}$ 的极值.

解 (1) 函数的定义域为 $(-\infty,+\infty)$,当 $x \neq 0$ 时,$f'(x)=\dfrac{5x-2}{3\sqrt[3]{x}}$.

令 $f'(x)=0$,得驻点 $x=\dfrac{2}{5}$,$x=0$ 为 $f(x)$ 的不可导点.

(2) 在 $(-\infty,0)$ 内,$f'(x)>0$;在 $\left(0,\dfrac{2}{5}\right)$ 内,$f'(x)<0$,故 $x=0$ 是 $f(x)$ 的一个极大值点.

又在 $\left(\dfrac{2}{5},+\infty\right)$ 内,$f'(x)>0$,故 $x=\dfrac{2}{5}$ 是 $f(x)$ 的一个极小值点. 极大值为 $f(0)=0$,极小值为 $f\left(\dfrac{2}{5}\right)=\dfrac{-3}{5}\sqrt[3]{\dfrac{4}{25}}$.

若 $f(x)$ 在驻点处的二阶导数存在且不等于零,我们有如下的判定方法:

定理 4-10(极值第二充分条件) 设 $f(x)$ 在 x_0 处具有二阶导数,且 $f'(x_0)=0$,$f''(x_0) \neq 0$,则

(1) $f''(x_0)>0$,则 x_0 是极小值点;

(2) $f''(x_0)<0$,则 x_0 是极大值点.

证 (1) 由于 $f''(x_0)>0$,根据二阶导数的定义有

$$f''(x_0)=\lim_{x \to x_0}\frac{f'(x)-f'(x_0)}{x-x_0}>0.$$

由函数极限的局部保号性,存在 x_0 的一个去心邻域,在该邻域内,有

$$\frac{f'(x)-f'(x_0)}{x-x_0}>0,$$

即

$$\frac{f'(x)}{x-x_0}>0.$$

因此,当 $x<x_0$ 时,$f'(x)<0$;当 $x>x_0$ 时,$f'(x)>0$. 根据定理 4-9 可知,$f(x_0)$ 为极小值.

类似地可以证明情形(2).

注:第二充分条件只能判定驻点是否为极值点,并且要求在驻点处二阶导数不等于零,若不满足定理的条件,那么还得用第一充分条件来判定.

例 4-24 求函数 $f(x)=x^3-6x^2+9x$ 的极值.

解 $f'(x)=3x^2-12x+9=3(x-1)(x-3)$，令 $f'(x)=0$，得驻点为 $x_1=1, x_2=3$，$f''(x)=6x-12$.

因为 $f''(1)=-6<0$，故 $f(x)$ 在 $x=1$ 处取得极大值，极大值为 4；

因为 $f''(3)=6>0$，故 $f(x)$ 在 $x=3$ 处取得极小值，极小值为 0.

在实际问题中，我们经常要考虑函数的最大值或最小值. 第 2 章已学过，在闭区间 $[a,b]$ 连续的函数 $f(x)$ 一定存在最大、最小值，结合极值的定义可知，最值只能在区间 (a,b) 内的极值点和区间端点处取得. 因此要求最值可先求出一切可能的极值点（驻点及导数不存在的点）和区间端点处的函数值，然后再比较这些函数值的大小，即可得出函数的最大值、最小值.

例 4-25 某大楼有 50 间公寓供出租，若定价每间每月租金为 1 200 元，则将全部租出，租出的公寓每间每月需由房主负担维修费 100 元，若月租每提高一个 50 元，将空出一间公寓，试分析每月租金定为多少时利润最大.

解 设每间月租提高 x 个 50 元，租金收入为
$$R(x)=(50-x)(1\,200+50x)$$
$$=-50x^2+1\,300x+60\,000,$$
维修费为 $100(50-x)$ 元，利润
$$L(x)=(50-x)(1\,200+50x)-100(50-x)$$
$$=-50x^2+1\,400x+55\,000 \quad x\in[0,50].$$
$L'(x)=-100x+1\,400$，令 $L'(x)=0$，得驻点为 $x=14$，

计算得 $L(0)=55\,000, \quad L(14)=64\,800, \quad L(50)=0,$

可知，当 $x=14$，即租金定为 1 900 元时，利润最大.

在应用导数解决某些实际问题时，如果目标函数在区间内只有一个驻点，并且该驻点是一个极值点，那么根据问题的实际意义，这个极值点同时也是最值点，不需要再与区间端点处的函数值进行比较.

例 4-26 某村庄拟修建一个无盖的圆柱形蓄水池（不计厚度），设该蓄水池的底面半径为 r m，高为 h m，体积为 V m³. 假设建造成本仅与表面积有关，侧面的建造成本为 100 元/m³，底面的建造成本为 160 元/m²，该蓄水池的总建造成本为 12000π 元.

问：(1) 将 V 表示成 r 的函数 $V(r)$，并确定其定义域；

(2) 确定当 r 和 h 为何值时，该蓄水池的体积最大.

解 (1) 因为蓄水池侧面和底面的成本分别为：$200\pi rh$ 元和 $160\pi r^2$ 元，

所以蓄水池的总成本为 $200\pi rh+160\pi r^2.$

又根据题意得 $200\pi rh+160\pi r^2=12\,000\pi,$

所以 $h=\dfrac{1}{5r}(300-4r^2),$

从而 $V(r)=\pi r^2 h=\dfrac{\pi}{5}(300r-4r^3).$

因为 $r>0$，又由 $h>0$ 可得 $r<5\sqrt{3}$，故函数 $V(r)$ 的定义域为 $(0,5\sqrt{3})$.

(2) 因为 $V(r)=\dfrac{\pi}{5}(300r-4r^3)$，求导得
$$V'(r)=\dfrac{\pi}{5}(300-12r^2),$$

令 $V'(r)=0$,
得 $r_1=5(r_2=-5\text{ 舍去})$,

又 $V''(r)=-\dfrac{24\pi}{5}r$,从而 $V''(5)=-24\pi<0$,因此 $r=5$ 时,体积函数 $V(r)$ 取得极大值同时也是最大值,此时高 h 为 8m.

4.5 导数在经济学中的应用

数学在现代经济学中的作用越来越重要,导数作为高等数学中的一个重要概念,已经成为经济分析中最为实用的数学工具之一.如边际成本、弹性需求、利润最大化、成本最小化、决策的最优化等都是通过导数来解决的.边际分析以及弹性分析在第 3 章已经详细介绍过了,本节中主要介绍运用导数解决常见的经济最优化问题——利润最大化、成本最小化问题.

▶ 4.5.1 利润最大化

在经济管理中,企业生产的最重要的目的就是获取利润,为此企业需要寻求获得最大利润的经济策略,通过有效、合理地安排生产,最大限度地取得利润.这就是利润最大化问题,即求利润函数的最大值问题.

设某产品的成本函数为 $C(x)$,收入函数为 $R(x)$,则利润函数为 $L(x)=R(x)-C(x)$,为求利润函数的最大值,结合求极值的方法,先令 $L'(x)=0$,即 $R'(x)=C'(x)$,求出利润函数的驻点,而这只是取得极值的必要条件;其次,还要满足极大值的充分条件(定理 4-10),即在该驻点处 $L''(x)<0$,即 $R''(x)<C''(x)$.由上述分析可知,当 $R'(x)=C'(x)$ 且 $R''(x)<C''(x)$ 时,使得利润函数取得最大值.

例 4-27 已知某产品的总收入函数与总成本函数分别是
$$R(x)=18x, C(x)=x^3-9x^2+33x+10.$$
求产品产量 x 为多少时利润最大.

解 利润函数为
$$L(x)=R(x)-C(x)=-x^3+9x^2-15x-10$$
$$L'(x)=-3x^2+18x-15,$$
令 $L'(x)=0$,
得 $x=1, x=5$.
而 $L''(x)=-6x+18$,

易知 $x=5$ 时,有 $L''(x)<0$.可见 $x=5$ 是 $L(x)$ 唯一的极大值点,根据实际意义,它就是最大值点.

所以当产品生产量为 5 个单位时,利润最大.

例 4-28 某服装厂生产 x 套服装的总成本为 $C(x)=4\,000+0.25x^2$,单价为 $P(x)=150-0.5x$,为取得最大利润,那么工厂必须生产并销售多少套服装?单价定为多少?

解 设总利润函数为
$$L(x)=xP(x)-C(x)=x(150-0.5x)-4\ 000-0.25x^2$$
$$=-0.75x^2+150x-4\ 000.$$

为使利润函数 $L(x)$ 取得最大值,先求 $L'(x)=-1.5x+150$.

解方程 $L'(x)=0$,得 $x=100$,注意到 $L''(x)=-1.5<0$,故 $x=100$ 时,即工厂生产并销售 100 套服装时,取得最大利润,此时,单价定为 $P=(150-0.5\times100)$元$=100$ 元.

例 4-29 某旅游公司的旅游价格为:若 50 人(预定旅游的最低人数)参加旅游,每人 200 美元,若每增加一人,至多到总数 80 人,每人的费用下降 2 美元,提供一次旅游的固定成本为 6 000 美元,加上每人 32 美元,要有多少人参加旅游才能使利润最大?

解 设参加旅游的人数为 x 人,则总利润为
$$L(x)=[200-2(x-50)]x-6\ 000-32x\quad x\in[50,80]$$
$$=-2x^2+268x-6\ 000.$$

为求使利润取得最大值的 x,先求 $L'(x)$:
$$L'(x)=-4x+268,$$

令
$$L'(x)=0,$$

得
$$x=67,$$

又
$$L''(x)=-4<0,$$

且 $x=67$ 是唯一的驻点,所以 $L(67)$ 是最大值,因此当参加旅游的人数为 67 人时,取得最大利润.

例 4-30(最佳存款利息) 某银行准备新开设某种定期存款业务,假设存款额与利率成正比,若已知贷款收益率为 r,问存款利率定为多少时贷款投资的纯收益最高.

解 设存款利率为 x,存款总额为 M,由题意,M 与 x 成正比,则 $M=kx(k>0)$,若贷款总额为 M,则收益为 $rM=krx$. 而这笔款要付的利息为 $xM=kx^2$,因此贷款投资的纯收益为 $f(x)=krx-kx^2$.

$f'(x)=kr-2kx$,得驻点为 $x=\dfrac{r}{2}$,又因为 $f''\left(\dfrac{r}{2}\right)=-2k<0$,且 $x=\dfrac{r}{2}$ 是唯一的驻点,故 $x=\dfrac{r}{2}$ 也是最大值点,即当存款利率为 $\dfrac{r}{2}$ 时,贷款投资的纯收益最高.

4.5.2 成本最小化

对于商品零售商而言,需要按批次订购一定数量的商品进行销售. 每次订货都需要支付与订货数量无关的运送费. 另外,为了不使销售中断,还需要储存一定数量的商品,而商家为此要面临储存这些商品所承担的存货成本. 若商品的运费高而储存费低,应选择订货次数少而储存量多的方法;反之若运费比储存费低,则应采取订货次数多而储存量少的方法. 可见在订货成本和储存成本之间存在一个平衡点,如何找到这个平衡点从而使得总成本最低呢?

例 4-31 设某工厂生产某种商品,其年销售量为 100 万件,分为 n 批生产,每批生产需要增加生产准备费 1 000 元,而每件商品的一年库存费为 0.05 元,如果年销售率是均匀的,且上批售完后立即生产出下批(此时商品的库存量的平均值为商品批量的一半). 问 n 为何值时,才能使生产准备费与库存费两项之和最小.

解 设每年生产准备费与库存费之和为 C，批量为 x（即 $x=100$ 万$/n$），则

$$C(x)=1\,000\left(\frac{1\,000\,000}{x}\right)+0.05\cdot\frac{x}{2}=\frac{10^9}{x}+\frac{x}{40}.$$

由

$$C'(x)=\frac{1}{40}-\frac{10^9}{x^2},$$

得驻点

$$x=2\times 10^5,$$

又

$$C''(x)=\frac{2\times 10^9}{x^3}>0,$$

可知该驻点为函数 $C(x)$ 的最小值点，因此，当 $x=20$ 万件时，$C(x)$ 最小，此时 $n=\frac{1\,000\,000}{200\,000}=5$.

例 4-32（最佳批数和批量） 设某电子产品商每年销售 2 500 台笔记本式计算机，库存一台笔记本式计算机一年的费用是 10 元，而订购商品需付 20 元的固定成本，以及每台需另加付 9 元，假设平均存货量为批量的一半. 为使订购成本和储存成本之和最小化，商店每年应订购几次商品？每次的订购批量是多少？

解 设批量为 x，每年订购成本和储存成本之和为 C，则

储存成本为：平均存货量 $\times$ 每台一年的库存费用 $=\frac{x}{2}\cdot 10=5x$,

订购成本为：每次订购成本 $\times$ 订购次数 $=(20+9x)\cdot\frac{2\,500}{x}=\frac{50\,000}{x}+22\,500$,

因此总成本为

$$C(x)=5x+\frac{50\,000}{x}+22\,500$$

由

$$C'(x)=5-\frac{50\,000}{x^2},$$

得驻点 $x_1=100, x_2=-100$（舍去），

又

$$C''(x)=\frac{10^5}{x^3}>0,$$

而 $x=100$ 是 $C(x)$ 定义域内唯一的驻点，因此，当 $x=100$ 台时，$C(x)$ 有最小值，此时每年的订购次数为 $\frac{2\,500}{100}$ 次 $=25$ 次.

在这样的问题中，如果计算出的批量不是整数，可以考虑与计算结果最接近的两个整数，然后将它们代入成本函数 $C(x)$，使 $C(x)$ 取值最小的那个数就是所求的批量.

4.6 函数图形的描绘

为了确定图形的形状，我们需要知道的信息是图形往前走时是上升或下降及图形是如何弯曲的. 前面在第 4 节中，我们已经利用一阶导数及二阶导数的符号讨论了函数的单调性、曲线的凹凸性与拐点、极值等问题. 借助于这些信息，我们就可以大概地掌握图像的形状，为了准确地作出函数的图形，先引入渐近线的概念.

定义 4-2 若曲线 $y=f(x)$ 上的动点 p 沿曲线无限地远离原点时，动点 p 到定直线 L 的

距离趋于零,那么则称直线 L 为曲线的渐近线.

渐近线分为水平渐近线、铅直渐近线和斜渐近线.

1. 水平渐近线

若当 $x \to \infty$(或 $x \to +\infty$, $x \to -\infty$)时,$f(x) \to b$,则直线 $y=b$ 是曲线 $y=f(x)$ 的水平渐近线.

例如,$\lim\limits_{x \to \infty} \dfrac{1}{x} = 0$,则 $y=0$ 是曲线 $y=\dfrac{1}{x}$ 的水平渐近线;$\lim\limits_{x \to -\infty} e^x = 0$,则 $y=0$ 是曲线 $y=e^x$ 的水平渐近线.

2. 铅直渐近线

若当 $x \to x_0$(或 $x \to x_0^-$, $x \to x_0^+$)时,$f(x) \to \infty$,则直线 $x=x_0$ 是曲线 $y=f(x)$ 的铅直渐近线.

例如,由于 $\lim\limits_{x \to 0^+} \ln x = -\infty$,则直线 $x=0$ 是曲线 $y=\ln x$ 的铅直渐近线;由于 $\lim\limits_{x \to \frac{\pi}{2}^-} \tan x = +\infty$,则直线 $x=\dfrac{\pi}{2}$ 是曲线 $y=\tan x$ 的铅直渐近线.

3. 斜渐近线

若 $y=f(x)$ 满足:

(1) $\lim\limits_{x \to \infty} \dfrac{f(x)}{x} = a\,(a \neq 0)$;

(2) $\lim\limits_{x \to \infty} [f(x) - ax] = b$,

则直线 $y=ax+b$ 是曲线 $y=f(x)$ 的斜渐近线.

例如,曲线方程为

$$f(x) = \dfrac{x^3}{x^2+2x-3},$$

由于 $\lim\limits_{x \to \infty} \dfrac{f(x)}{x} = \lim\limits_{x \to \infty} \dfrac{x^2}{x^2+2x-3} = 1$,

又 $\lim\limits_{x \to \infty} [f(x) - x] = \lim\limits_{x \to \infty} \left(\dfrac{x^3}{x^2+2x-3} - x \right) = -2$,

因此直线 $y=x-2$ 是该曲线的斜渐近线.

一般地,我们描绘函数 $y=f(x)$ 的图形的步骤如下:

(1) 确定函数 $f(x)$ 的定义域,考查函数 $f(x)$ 的特性,即周期性、奇偶性;

(2) 求出 $f'(x)$、$f''(x)$,并求出 $f'(x)$ 和 $f''(x)$ 的零点,找到 $f'(x)$、$f''(x)$ 不存在的点,用这些点将函数定义域分成若干区间;

(3) 在这些区间上确定 $f'(x)$ 和 $f''(x)$ 的符号,得出函数的单调性、极值,曲线的凹凸性和拐点;

(4) 考查曲线的渐近线;

(5) 综合上述讨论结果,描点连线即可得函数的图形(有时还需要适当补充一些辅助点,如曲线与坐标轴的交点等).

例 4-33 作函数 $f(x)=\dfrac{e^x}{1+x}$ 的图形.

解 (1) $f(x)$ 的定义域为 $(-\infty,-1)\cup(-1,+\infty)$,

$$f'(x)=\dfrac{xe^x}{(1+x)^2},\quad f''(x)=\dfrac{e^x(x^2+1)}{(1+x)^3}.$$

(2) 由 $f'(x)=0$, 得 $x=0$, $f''(x)$ 没有零点. $x=-1,x=0$ 将定义域分成三个区间 $(-\infty,-1)\cup(-1,0]\cup[0,+\infty)$.

(3) 在 $(-\infty,-1)$ 内, $f'(x)<0,f''(x)<0$, 所以在 $(-\infty,-1)$ 内的曲线弧下降且是凸的;
在 $(-1,0)$ 内, $f'(x)<0,f''(x)>0$, 所以在 $(-1,0]$ 内的曲线弧下降且是凹的;
在 $(0,+\infty)$ 内, $f'(x)>0,f''(x)>0$, 所以在 $(0,+\infty)$ 内的曲线弧上升且是凹.

为了明确起见,把所得的结论列成表 4-1.

表 4-1

x	$(-\infty,-1)$	-1	$(-1,0)$	0	$(0,+\infty)$
$f'(x)$	$-$		$-$		$+$
$f''(x)$	$-$		$+$		$+$
$f(x)$	单调减少,凸		单调减少,凹		单调增加,凹

(4) 由于 $\lim\limits_{x\to -1}\dfrac{e^x}{1+x}=\infty$, 所以图形有一条垂直渐近线 $x=-1$, 且 $\lim\limits_{x\to -\infty}\dfrac{e^x}{1+x}=0$, 所以图形有一条水平渐近线 $y=0$.

(5) 算出 $f(0)=1$, 得到图形上点 $(0,1)$, 可以适当补充一些点. 例如, 计算出

$$f(1)=\dfrac{e}{2},\quad f(-2)=\dfrac{-1}{e^2},$$

得到 $M_1\left(1,\dfrac{e}{2}\right)$, $M_2\left(-2,\dfrac{-1}{e^2}\right)$.

结合前面的讨论,就可以画出曲线的图形(图 4-10).

例 4-34 作函数 $\phi(x)=\dfrac{1}{\sqrt{2\pi}}e^{-\frac{x^2}{2}}$ 的图形.

解 (1) 所给函数的定义域为 $(-\infty,+\infty)$. 易知 $\phi(x)$ 是偶函数,其图形关于 y 轴对称. 因此只需讨论 $[0,+\infty)$ 上函数的图形.

$$\phi'(x)=-\dfrac{1}{\sqrt{2\pi}}xe^{-\frac{x^2}{2}},\quad \phi''(x)=\dfrac{1}{\sqrt{2\pi}}e^{-\frac{x^2}{2}}(x^2-1).$$

(2) 在 $[0,+\infty)$ 上, 由 $\phi'(x)=0$, 解得驻点 $x=0$, 由 $\phi''(x)=0$, 解得 $x=1$. 点 $x=1$ 把 $[0,+\infty)$ 分成两个区间 $[0,1]$ 和 $[1,+\infty)$.

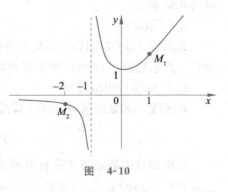

图 4-10

(3) 在这两个区间上讨论 $\phi'(x),\phi''(x)$ 的符号,从而得出函数的单调区间、极值,曲线的凹凸区间和拐点,将讨论结果列成表 4-2.

表 4-2

x	0	(0,1)	1	$(1,+\infty)$
$f'(x)$	0	—	—	—
$f''(x)$	—	—	0	+
$f(x)$	极大值	单调减少,凸	拐点	单调减少,凹

(4) 由于 $\lim\limits_{x\to+\infty}f(x)=0$,所以 $y=0$ 为图形的一条水平渐近线.

(5) 计算出 $f(0)=\dfrac{1}{\sqrt{2\pi}}$, $f(1)=\dfrac{1}{\sqrt{2\pi e}}$,得到函数图形上的两点:

$$M_1\left(0,\frac{1}{\sqrt{2\pi}}\right),\ M_2\left(1,\frac{1}{\sqrt{2\pi e}}\right).$$

可补充点 $M_3\left(2,\dfrac{1}{\sqrt{2\pi e^2}}\right)$. 结合前面的讨论,画出函数在 $[0,+\infty)$ 上的图形,然后再利用图形的对称性,就可以得到函数在 $(-\infty,0]$ 上的图形.

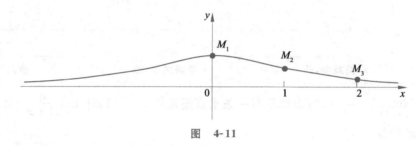

图 4-11

本章小结

一、微分中值定理

微分中值定理是导数应用的理论基础,它在一定条件下揭示了函数值及其导数值之间的内在联系.

1. 罗尔定理

若函数 $f(x)$ 在闭区间 $[a,b]$ 上连续,在开区间 (a,b) 内可导,且 $f(a)=f(b)$,则在 (a,b) 内至少有一点 ξ,使得 $f'(\xi)=0$. 罗尔定理可以由函数的两个零点的位置确定其导函数零点的位置.

2. 拉格朗日中值定理

若函数 $f(x)$ 在闭区间 $[a,b]$ 上连续,在开区间 (a,b) 内可导,则在 (a,b) 内至少有一点 ξ,使得

$$f'(\xi)=\frac{f(b)-f(a)}{b-a}.$$

拉格朗日中值定理又称有限增量定理,拉格朗日中值公式将在 $[a,b]$ 上 $f(x)$ 的平均变化率 $\dfrac{f(b)-f(a)}{b-a}$ 与 $f(x)$ 在 (a,b) 内某点处的瞬时变化率 $f'(\xi)$ 联系在一起,建立了函数值与导数值之间的定量联系. 利用拉格朗日中值公式还可以证明某些不等式.

3. 柯西中值定理

若 $f(x),g(x)$ 在闭区间 $[a,b]$ 上连续,在开区间 (a,b) 内可导,且 $g'(x)\neq 0$,则在 (a,b) 内

至少有一点 ξ，使得
$$\frac{f(b)-f(a)}{g(b)-g(a)}=\frac{f'(\xi)}{g'(\xi)}$$
成立.

二、洛必达法则

若 $f(x),g(x)$ 满足：

(1) 当 $x\to x_0(x\to\infty)$ 时，$f(x)\to 0$，$g(x)\to 0$；

(2) 当 $x\in \overset{\circ}{U}(x_0)$（或 $|x|>X$）时，$f'(x)$，$g'(x)$ 都存在，且 $g'(x)\neq 0$；

(3) $\lim\dfrac{f'(x)}{g'(x)}$ 存在（或为无穷大）.

则有
$$\lim\frac{f(x)}{g(x)}=\lim\frac{f'(x)}{g'(x)}.$$

当 $x\to x_0(x\to\infty)$，$f(x)\to\infty$，$g(x)\to\infty$ 时，上式仍成立.

洛必达法则是求未定式极限的重要方法，在使用时，要注意定理的条件，首先极限必须是 $\dfrac{0}{0}$ 或 $\dfrac{\infty}{\infty}$ 型的未定式，其次 $\lim\dfrac{f'(x)}{g'(x)}$ 是否存在（或为 ∞）. 对于 $0\cdot\infty$，$\infty-\infty$，0^0，1^∞，∞^0 类型的未定式，需要先化成 $\dfrac{0}{0}$ 或 $\dfrac{\infty}{\infty}$ 型未定式再使用洛必达法则.

三、泰勒公式

函数 $f(x)$ 的带拉格朗日型余项的 n 阶泰勒公式：
$$f(x)=f(x_0)+f'(x_0)(x-x_0)+\frac{f''(x_0)}{2!}(x-x_0)^2+\cdots+\frac{f^{(n)}(x_0)}{n!}(x-x_0)^n+\frac{f^{(n+1)}(\xi)}{(n+1)!}(x-x_0)^{n+1}$$

其中 ξ 是介于 x_0 与 x 之间的某个值.

$f(x)$ 的 n 阶麦克劳林公式：
$$f(x)=f(x_0)+f'(x_0)x+\frac{f''(x_0)}{2!}x^2+\cdots+\frac{f^{(n)}(0)}{n!}x^n+\frac{f^{(n+1)}(\theta x)}{(n+1)!}x^{n+1}\quad (0<\theta<1).$$

四、函数的单调性、极值与最值

1. 函数的单调性

设 $f(x)$ 在 $[a,b]$ 上连续，在 (a,b) 内可导，若在 (a,b) 内，

(1) $f'(x)>0$，则 $f(x)$ 在 $[a,b]$ 上单调增加；

(2) $f'(x)<0$，则 $f(x)$ 在 $[a,b]$ 上单调减少.

2. 极值的必要条件

设 $f(x)$ 在 x_0 可导，且在 x_0 取得极值，那么 $f'(x_0)=0$.

使 $f'(x)=0$ 成立的点称为 $f(x)$ 的驻点. 可导的极值点一定是驻点，反之驻点不一定是极值点.

3. 极值的充分条件

极值第一充分条件

设 $f(x)$ 在 x_0 连续,且在 $\mathring{U}(x_0)$ 可导,当 x 由小到大的经过 x_0 时,若

(1) $f'(x)$ 由正变负,则 x_0 是极大值点;

(2) $f'(x)$ 由负变正,则 x_0 是极小值点;

(3) $f'(x)$ 不变号,则 x_0 不是极值点.

极值第二充分条件

设 $f(x)$ 在 x_0 处具有二阶导数,且 $f'(x_0)=0, f''(x_0)\neq 0$,则

(1) $f''(x)>0$,则 x_0 是极小值点;

(2) $f''(x)<0$,则 x_0 是极大值点.

4. 函数的最值

若 $f(x)$ 在闭区间 $[a,b]$ 连续,则函数 $f(x)$ 一定存在最大、最小值,求函数 $f(x)$ 最值时,需要求出 $f(x)$ 所有可能的极值点(驻点及导数不存在的点)和区间端点处的函数值,然后再比较这些函数值的大小,即可得出函数的最值.

五、曲线的凹凸性、拐点

1. 曲线的凹凸性

设 $f(x)$ 在 $[a,b]$ 上连续,在 (a,b) 内具有一阶、二阶导数,

(1) 若在 (a,b) 内,$f''(x)>0$,则曲线 $y=f(x)$ 在 $[a,b]$ 上是凹的;

(2) 若在 (a,b) 内,$f''(x)<0$,则曲线 $y=f(x)$ 在 $[a,b]$ 上是凸的.

2. 曲线的拐点

曲线上凹凸的分界点称为曲线的拐点.

六、经济学上的最值问题

设某产品的成本函数为 $C(x)$,收入函数为 $R(x)$,则利润函数为 $L(x)=R(x)-C(x)$,为求利润函数的最大值,只要满足 $R'(x)=C'(x)$ 且 $R''(x)<C''(x)$ 即可.

习题四

(A)

1. 下列函数在给定的区间上满足罗尔定理条件的是( ).

A. $f(x)=\dfrac{1}{x}$ $x\in[-2,0]$ B. $f(x)=(x-4)^2$ $x\in[-2,4]$

C. $f(x)=\sin x$ $x\in\left[-\dfrac{3}{2}\pi,\dfrac{\pi}{2}\right]$ D. $f(x)=|x|$ $x\in[-1,1]$

2. 函数  在区间 $[-1,3]$ 上满足拉格朗日中值定理的 $\xi=$( ).

A. $-\dfrac{3}{4}$ B. 0   C. 3   D. 1

3. 验证函数 $f(x)=x^3+1, g(x)=x^2$ 在区间 $[1,2]$ 上满足柯西中值定理的条件.

4. 利用拉格朗日中值定理证明不等式.

(1) $\dfrac{1}{1+x}<\ln(1+x)-\ln x<\dfrac{1}{x}$;

(2) $|\arctan a - \arctan b| \leqslant |a-b|$.

5. 不用求出函数 $f(x)=x(x-3)(x+4)$ 的导数,判断方程 $f'(x)=0$ 有几个实根,并指出这些根所在的区间.

6. 计算下列极限.

(1) $\lim\limits_{x \to a} \dfrac{\cos x - \cos a}{x-a}$;

(2) $\lim\limits_{x \to 0^+} \dfrac{\ln x}{\ln \sin x}$;

(3) $\lim\limits_{x \to 0} \dfrac{e^x - e^{-x}}{\sin x}$;

(4) $\lim\limits_{x \to \pi} \dfrac{\tan x}{\tan 3x}$;

(5) $\lim\limits_{x \to +\infty} \dfrac{x \cdot \ln x}{x + \ln x}$;

(6) $\lim\limits_{x \to a} \dfrac{a^x - x^a}{x-a} \ (a>1)$;

(7) $\lim\limits_{x \to 0} \dfrac{x - \sin 3x}{(1-\cos x)\ln(1+2x)}$;

(8) $\lim\limits_{x \to 0^+} \sin x \cdot \ln x$;

(9) $\lim\limits_{x \to 0} \left(\dfrac{1}{x \sin x} - \dfrac{1}{x^2} \right)$;

(10) $\lim\limits_{x \to 1} \left(\dfrac{1}{1-x} - \dfrac{1}{\ln x} \right)$;

(11) $\lim\limits_{x \to +\infty} \dfrac{x}{x + \cos x}$;

(12) $\lim\limits_{x \to 0} \left(\dfrac{\sin x}{x} \right)^{\frac{1}{x^2}}$;

(13) $\lim\limits_{x \to 0^+} (\tan x)^x$;

(14) $\lim\limits_{x \to 0^+} \left(\dfrac{1}{x} \right)^{\sin x}$.

7. 已知 $f(0)=0, f'(0)=2, f''(0)=5$,求 $\lim\limits_{x \to 0} \dfrac{f(x)-2x}{x^2}$.

8. 写出函数 $f(x)=\dfrac{1}{x}$ 在 $x_0=-1$ 处的带佩亚诺型余项的 n 阶泰勒公式.

9. 按 $(x-4)$ 的幂展开多项式 $f(x)=x^4-5x^3+x^2-3x+4$.

10. 求下列函数的单调区间.

(1) $f(x)=e^x-x$;

(2) $f(x)=2x^2-\ln x$;

(3) $f(x)=x^3-3x^2-9x+14$;

(4) $f(x)=\dfrac{x^2}{1+x}$;

(5) $f(x)=x(1+\sqrt{x})$.

11. 证明下列不等式.

(1) $2+x > 2\sqrt{x+1}$; $(x>0)$

(2) $x>4$ 时, $2^x > x^2$;

(3) $e^x > 1+x \ (x>0)$.

12. 证明方程 $\sin x = x$ 只有一个实根.

13. 求下列函数图形的凹凸区间和拐点.

(1) $f(x)=x^3+\dfrac{1}{4}x^4$;

(2) $f(x)=\ln(1+x^2)$;

(3) $f(x)=xe^{-x}$;

(4) $f(x)=x^3-5x^2+8x$.

14. 求下列函数的极值.

(1) $f(x)=x^3-3x^2+7$;

(2) $f(x)=x^2 e^{-x}$;

(3) $f(x)=1-\sqrt[3]{1+x}$;

(4) $f(x)=\dfrac{\ln^2 x}{x}$;

(5) $f(x)=(x^2-1)^3+1$;

(6) $f(x)=(x-1)(x+1)^3$.

15. a,b,c 为何值时,点 $(1,-1)$ 是曲线 $y=x^3+ax^2+bx+c$ 的拐点,且 $x=1$ 是函数的驻点.

16. 求下列函数在指定区间上的最大值和最小值.
   (1) $y=x^4-8x^2+2$ $x\in[-1,3]$;
   (2) $y=x+\sqrt{1-x}$ $x\in[-3,1]$;
   (3) $y=\sin x+\cos x$ $x\in[0,2\pi]$.

17. 求函数 $y=x^2-\dfrac{54}{x}$ $(x<0)$ 在何处取得最小值.

18. 描绘函数 $y=\dfrac{x^3}{3}-x$ 的图形.

19. 受市场的影响,三峡某旅游公司的经济效益出现了一定程度的滑坡.现需要对某一景点进行改造升级,提高旅游增加值.经过市场调查,旅游增加值 y 万元与投入 x 万元之间满足 $y=\dfrac{51}{50}x-ax^2-\ln\dfrac{x}{10}$,且 $\dfrac{x}{2x-12}\in[1,+\infty)$.当 $x=10$ 时,$y=9.2$.

   问:(1) $y=f(x)$ 的表达式和投入 x 的取值范围;
   (2) 求投入 x 为何值时,旅游增加值 y 取得最大值,最大值是多少?

20. 一公司已估算出某产品的成本函数为 $c(x)=2\,600+2x-0.001x^2$,问产量 x 多大时,平均成本能达到最低,并求出最低平均值成本.

21. 某产品每批生产 x 台的成本为 $c(x)=5x+200$(万元),销售 x 台得到的收入为 $R(x)=10x-0.01x^2$,问每批生产多少台能获得最大利润.

22. 某产品的成本函数为 $c=1\,000+3Q$,需求函数为 $Q=-100P+1\,000$,其中 P 为该商品的单价,问单价定为多少时使利润取得最大值.(单位:元)

23. 一电器制造商以每台 450 元的价格出售收录机,每周可售出 1 000 台,当价格每降低 10 元时,每周可多售出 100 台,
   (1) 求价格函数;
   (2) 为达到最大收益,每台收录机应降价多少?
   (3) 假如周成本函数为 $c(x)=68\,000+150x$,问应降价多少时,可获得最大利润.

24. 某大型超市通过调查得知,某种毛巾的销量 Q 与其成本 C 的关系为:$C(Q)=1\,000+6Q-0.003Q^2+(0.01Q)^3$(元),现每条毛巾定价为 6 元,求使利润最大的销量.

25. 体育用品商店每年销售 100 张台球桌.库存一张台球桌一年的费用为 20 元,若订购,需付 40 元固定成本,以及每张台球桌另加 16 元,为了使总成本(存货成本和订购成本之和)最小,商店每年应该订购几次台球桌?每次订购数量(即批量)为多少?

(B)

1. 如果汽车加速用 8s 行进的路程是 240m,问:在这 8s 的间隔中是否在某个时刻速度计的读数正好是 108km/h,为什么?

2. (优化设计)要求设计一个容量为 1L(1L=1 000cm³) 直圆柱形的油罐,什么样的尺寸用的材料最省?

3. 试证明 $f(x)=x^2+\dfrac{a}{x}$ 对任何 a 值都不可能取到极大值.

4. (极大化利润)假设某产品的销售收入为 $R(x)=9x$,而总成本为 $c(x)=x^3-6x^2+15x$,其中 x 表示产品数量(单位千件),是否存在最大化利润的生产水平？如果存在,它是多少？

5. (极小化成本)设生产 x(千件)产品的总成本为 $c(x)=5\,000+25x^2$(元),
(1) 考查当 $x\to 0^+$ 时和 $x\to +\infty$ 时的平均成本的变化;
(2) 当 x 为何值时,平均成本最小,并求该最小平均成本;
(3) 作出平均成本函数的图像.

6. 某市饮食业欲增加饮食网点,已知经营的边际成本为 $1+\dfrac{x}{2}$,边际收益为 $\dfrac{19}{6}\sqrt{x}$,其中 x 表示增设的饮食店的个数,为使增设网点后增加的总利润最大,全市应增加多少个饮食店？

7. 设有一企业每年需要某种材料 3 000 件,对这种材料消耗的速度是均匀的,已知每件每年存储费用为 2 元,订货费用每次 30 元,试求最经济的订货批量及全年的订货次数.

实验　导数应用的 MATLAB 实现

1. 用牛顿迭代法(切线法、二分法),求方程 $e^x+10x-2=0$ 在 $[0,1]$ 内的实根的近似值,误差不超过 10^{-4}.

2. 求 $f(x)=2e^{-x}\sin x$ 在 $(0,8)$ 上的最大值与最小值.

阅读材料

数 学 之 美

数学之美蕴藏在数学学科的每一个分支中,高等数学也不例外.在高等数学中,它的概念、公式、理论、结构等,对称和谐、简单新奇、统一协调,构成美学的内容和形式,充满了美的色彩,给人美的感受.同时,高等数学中的思维与方法的新颖性、独特性和奇异性等,都是数学美的具体内容和表现形式.

1. 数学的简洁美

数学的简洁性是数学美的重要特征之一.数学以高度抽象、简洁的形式表现了复杂的内容.在高等数学中,我们总能看到符号、定义、公式、定理的简明扼要的叙述.例如,极限定义用简洁的符号 ε,δ,简洁的语言：

$$\forall \varepsilon>0,\exists \delta>0,\quad 0<|x-x_0|<\delta,|f(x)-A|<\varepsilon$$

清楚地描述了这一抽象概念;在第 5 章定积分中,牛顿-莱布尼茨公式

$$\int_a^b f(x)\mathrm{d}x=f(b)-F(a)$$

形式很简单,却深刻揭示了微分积分的内在联系.

2. 数学的逻辑美

逻辑美指的是借助于比较与类比、分析与综合、归纳与演绎、特殊化与普通化、抽象与概

括等数学中常用的逻辑思维方法去提出问题、探索问题和解决问题. 例如拉格朗日中值定理的证明就是通过与罗尔定理的比较与类比, 得知要想利用罗尔定理, 关键是使 $f(a)=f(b)$, 为此我们可用旋转、变换等几何或代数方法引入辅助函数, 从而解决问题.

3. 数学的形态美

数学的形态美是指数学中的图形、公式、法则、理论等直接刺激人的感官的一种美, 如对称、和谐、整齐、简单等. 在高等数学的微分公式 $dy=f'(x)\cdot \Delta x$ 中, 我们用 dx 代替公式中的 Δx 后所成的微分公式 $dy=f'(x)dx$ 具有对称美和和谐美. 当然, 我们知道用 dx 代替 Δx 实际是合情合理的, 而不是为了形态美硬拉郎配.

4. 数学的方法美

数学的方法美是指利用数学的证明方法和思维方法在解决问题时体现出来的美妙及使人感到愉悦的美感. 特别是解答的简单、巧妙, 这本身就是一种美. 例如, 求极限:

$$\lim_{x\to 0}\left[\lim_{n\to\infty}\left(x\cos x\cos\frac{x}{2}\cdots\cos\frac{x}{2^n}\right)\right].$$

该极限直接计算是无法得到结果的, 但只要我们注意到三角函数的半角公式和 $\lim\limits_{n\to\infty}\dfrac{\sin\frac{x}{2^n}}{\frac{x}{2^n}}=1$, 就可以将极限号内的无穷多个函数化为有限多个函数, 于是就有

$$\lim_{x\to 0}\left[\lim_{n\to\infty}\left(x\cos x\cos\frac{x}{2}\cdots\cos\frac{x}{2^n}\right)\right]$$

$$=\lim_{x\to 0}\left[\lim_{n\to\infty}\frac{x\cos x\cos\frac{x}{2}\cdots\cos\frac{x}{2^n}\sin\frac{x}{2^n}}{\frac{x}{2^n}}\right]$$

$$=\cdots=\lim_{x\to 0}\frac{\sin 2x}{2x}=1.$$

这就是一种美妙而简单的解法.

5. 数学的应用美

数学的应用美是指应用数学解决各方面问题时, 通过具体成果呈现的一种美感. 我国著名数学家华罗庚说:"宇宙之大, 粒子之微, 火箭之速, 化工之巧, 地球之变, 生物之速, 日用之繁, 无处不用数学."高等数学理论的创立源于实践, 如早期的微积分主要源于天文、力学与几何中的计算问题, 因此它的每一个概念、每一条定理或每一个公式都是量化模式, 即数学模式. 例如可微函数 $f(x)$ 的导数 $f'(x)$ 及其概念就是某种变量之间的变化率的量化模型.

数学与美是个"说不清"的问题, 人们或者因为感到数学是美的而爱好数学, 或者因为爱好数学而认为数学是美的. 美是有感情色彩的, 只有"爱"才有美, 爱的基础是"懂". 我们知道, 阳春白雪、高雅之曲, 和者盖寡, 皆因懂的人不多. 对于连起码的数学知识都不懂得人, 再美的公式、定理、法则也只是毫无兴趣的符号堆积. 所以我们要能够欣赏和享受高等数学中的数学美, 首要的任务是学懂高等数学, 在懂的基础上去感受宛如无声的音乐、无色的图画般的数学美.

第 5 章

不定积分

在数学中,一种运算往往有它的逆运算.如加法的逆运算为减法,乘法的逆运算为除法,乘方的逆运算为开方等.求导数或求微分也是运算,这一章我们就来研究它们的逆运算——不定积分.

5.1 不定积分的概念和性质

5.1.1 原函数的概念

定义 5-1 如果在区间 I 上,可导函数 $F(x)$ 的导数为 $f(x)$,即对任意的 $x \in I$,有
$$F'(x) = f(x),$$
或
$$dF(x) = f(x)dx,$$
则称 $F(x)$ 是 $f(x)$ 在区间 I 上的一个原函数.

例 5-1 由 $(\sin x)' = \cos x$,可知 $\sin x$ 是 $\cos x$ 的一个原函数.

由 $(\ln x)' = \dfrac{1}{x}$,可知 $\ln x$ 是 $\dfrac{1}{x}$ 在 $(0, +\infty)$ 内的一个原函数.

由 $[\ln(-x)]' = \dfrac{1}{x}$,可知 $\ln(-x)$ 是 $\dfrac{1}{x}$ 在 $(-\infty, 0)$ 内的一个原函数.

关于原函数的两个命题:

(1) 如果 $F(x)$ 是 $f(x)$ 的一个原函数,则 $F(x) + C$(C 为任意常数)也是 $f(x)$ 的原函数. 也就是说,如果一个函数存在原函数,则它一定存在无穷多个原函数.

(2) 如果 $F(x)$ 是 $f(x)$ 的一个原函数,则 $f(x)$ 的任一原函数 $\Phi(x)$ 都可表示为 $F(x) + C_0$($其中 C_0 为某个常数)的形式. 或者说,$f(x)$ 的所有原函数仅限于 $F(x) + C$(C 为任意常数)的形式.

证明:已知 $F'(x) = f(x)$,设 $\Phi(x)$ 为 $f(x)$ 的任一原函数,则有 $\Phi'(x) = f(x)$,于是
$$[\Phi(x) - F(x)]' = \Phi'(x) - F'(x) = f(x) - f(x) = 0.$$
由 4.1 节知,$\Phi(x) - F(x) = C_0$(C_0 为某个常数).

我们把 $f(x)$ 的所有原函数 $F(x) + C$(C 为任意常数)称为 $f(x)$ 的原函数族.

那么,什么样的函数一定具有原函数呢? 下面我们给出原函数存在定理.

原函数存在定理 在闭区间上连续的函数一定存在原函数(下章将给出证明).

5.1.2 不定积分的概念

定义 5-2 如果 $F(x)$ 是 $f(x)$ 的一个原函数,那么称 $f(x)$ 的所有原函数 $F(x) + C$(C 为任意常数)为 $f(x)$ 的不定积分,记为 $\int f(x)dx$. 即
$$\int f(x)dx = F(x) + C.$$

其中,$\int$ 称为积分号;$f(x)$ 称为被积函数;$f(x)dx$ 称为被积表达式;x 称为积分变量;C 称为

积分常数.

由不定积分的定义可知,积分运算与微分运算有如下的互逆关系:

(1) $\int F'(x)\mathrm{d}x = F(x)+C$ 或 $\int \mathrm{d}F(x)=F(x)+C$.

(2) $\dfrac{\mathrm{d}}{\mathrm{d}x}\int f(x)\mathrm{d}x = f(x)$ 或 $\mathrm{d}\int f(x)\mathrm{d}x = f(x)\mathrm{d}x$.

例 5-2 求 $\int \cos x \mathrm{d}x$.

解 因为 $(\sin x)' = \cos x$,

$$\int \cos x \mathrm{d}x = \sin x + C.$$

例 5-3 求 $\int 2x \mathrm{e}^{x^2}\mathrm{d}x$.

解 因为 $(\mathrm{e}^{x^2})' = 2x\mathrm{e}^{x^2}$,所以

$$\int 2x\mathrm{e}^{x^2}\mathrm{d}x = \mathrm{e}^{x^2}+C.$$

例 5-4 求 $\int x^2 \mathrm{d}x$.

解 因为 $\left(\dfrac{1}{3}x^3\right)' = x^2$,所以

$$\int x^2 \mathrm{d}x = \dfrac{1}{3}x^3+C.$$

例 5-5 求 $\int \dfrac{1}{x}\mathrm{d}x$.

解 由例 1 知,当 $x>0$ 时, $\int \dfrac{1}{x}\mathrm{d}x = \ln x + C$;当 $x<0$ 时, $\int \dfrac{1}{x}\mathrm{d}x = \ln(-x)+C$. 于是合并结果知

$$\int \dfrac{1}{x}\mathrm{d}x = \ln|x|+C.$$

例 5-6 验证等式 $\int \dfrac{1}{\sqrt{x^2+1}}\mathrm{d}x = \ln(x+\sqrt{x^2+1})+C$ 是否正确.

解 因为 $\left[\ln(x+\sqrt{x^2+1})\right]' = \dfrac{1}{x+\sqrt{x^2+1}}(x+\sqrt{x^2+1})'$

$$= \dfrac{1}{x+\sqrt{x^2+1}}\left(1+\dfrac{2x}{2\sqrt{x^2+1}}\right)$$

$$= \dfrac{1}{\sqrt{x^2+1}}.$$

所以这个不定积分是正确的.

▶ 5.1.3 基本积分表

(1) $\int k\mathrm{d}x = kx+C(k$ 为常数$)$;

(2) $\int x^\alpha dx = \dfrac{1}{\alpha+1}x^{\alpha+1}+C\,(\alpha\neq -1)$;

(3) $\int \dfrac{1}{x}dx = \ln|x|+C$;

(4) $\int \dfrac{1}{1+x^2}dx = \arctan x+C$;

(5) $\int \dfrac{1}{\sqrt{1-x^2}}dx = \arcsin x+C$;

(6) $\int a^x dx = \dfrac{a^x}{\ln a}+C$;

(7) $\int e^x dx = e^x+C$;

(8) $\int \cos x dx = \sin x+C$;

(9) $\int \sin x dx = -\cos x+C$;

(10) $\int \sec^2 x dx = \tan x+C$;

(11) $\int \csc^2 x dx = -\cot x+C$;

(12) $\int \sec x \tan x dx = \sec x+C$;

(13) $\int \csc x \cot x dx = -\csc x+C$.

读者容易验证以上 13 个公式的正确性. 它们是不定积分的基础,务必熟记于心.

例 5-7 求 $\int \sqrt{x}dx$.

解 $\int \sqrt{x}dx = \int x^{1/2}dx = \dfrac{1}{\frac{1}{2}+1}x^{1+\frac{1}{2}}+C = \dfrac{2}{3}x^{\frac{3}{2}}+C$.

例 5-8 求 $\int \dfrac{1}{\sqrt{x}}dx$.

解 $\int \dfrac{1}{\sqrt{x}}dx = \int x^{-\frac{1}{2}}dx = \dfrac{1}{-\frac{1}{2}+1}x^{-\frac{1}{2}+1}+C = 2\sqrt{x}+C$.

例 5-9 求 $\int \dfrac{1}{x\sqrt{x}}dx$.

解 $\int \dfrac{1}{x\sqrt{x}}dx = \int x^{-\frac{3}{2}}dx = -\dfrac{2}{\sqrt{x}}+C$.

例 5-10 求 $\int 3^x a^x dx$.

解 $\int 3^x a^x dx = \int (3a)^x dx = \dfrac{(3a)^x}{\ln(3a)}+C$.

5.1.4 不定积分的线性性质

设 $f(x)$ 及 $g(x)$ 的原函数存在.

性质 5-1 两函数代数和的不定积分等于它们不定积分的代数和,即

$$\int [f(x) \pm g(x)] dx = \int f(x) dx \pm \int g(x) dx.$$

证明 $\left[\int f(x) dx \pm \int g(x) dx\right]' = \left[\int f(x) dx\right]' \pm \left[\int g(x) dx\right]' = f(x) \pm g(x).$

性质 5-2 非零常数因子可提到积分号外面,即

$$\int kf(x) dx = k \int f(x) dx. \quad (k \neq 0)$$

例 5-11 求 $\int (1+x^2)^2 dx$.

解
$$\int (1+x^2)^2 dx = \int (1+2x^2+x^4) dx$$
$$= \int dx + 2 \int x^2 dx + \int x^4 dx$$
$$= x + \frac{2}{3} x^3 + \frac{1}{5} x^5 + C.$$

例 5-12 求 $\int \frac{\sqrt{1+x^2}}{\sqrt{1-x^4}} dx$.

解 $\int \frac{\sqrt{1+x^2}}{\sqrt{1-x^4}} dx = \int \frac{1}{\sqrt{1-x^2}} dx = \arcsin x + C.$

例 5-13 求 $\int \tan^2 x dx$.

解 $\int \tan^2 x dx = \int (\sec^2 x - 1) dx = \tan x - x + C.$

例 5-14 求 $\int \cos^2 \frac{x}{2} dx$.

解
$$\int \cos^2 \frac{x}{2} dx = \int \frac{1+\cos x}{2} dx = \frac{1}{2} \left(\int dx + \int \cos x dx \right)$$
$$= \frac{1}{2} (x + \sin x) + C.$$

例 5-15 求 $\int \frac{x^4}{1+x^2} dx$.

解
$$\int \frac{x^4}{1+x^2} dx = \int \frac{x^4 - 1 + 1}{1+x^2} dx = \int (x^2 - 1) dx + \int \frac{1}{1+x^2} dx$$
$$= \frac{1}{3} x^3 - x + \arctan x + C.$$

以上例子,都是利用基本积分表和不定积分的线性性质,直接计算不定积分. 我们把这种方法称为直接积分法.

5.2 换元积分法

▶ 5.2.1 第一换元法（或凑微分法）

上一节我们利用直接积分法计算了一些不定积分，但像 $\int 2xe^{x^2}dx$ 的不定积分用上节的方法就不能计算. 而由复合函数的求导法则，知 $(e^{x^2})'=2xe^{x^2}$，再由不定积分的定义得 $\int 2xe^{x^2}dx=e^{x^2}+C$，这就相当于

$$\int 2xe^{x^2}dx \xrightarrow{凑微分} \int e^{x^2}dx^2 \xrightarrow{u=x^2} \int e^u du = e^u+C = e^{x^2}+C.$$

定理 5-1（第一换元法或凑微分法） 设 $\int f(x)dx=F(x)+C$，则

$$\int f(u)du = F(u)+C.$$

其中，$u=\varphi(x)$ 为 x 的任一可微函数.

证明 由于 $\int f(x)dx=F(x)+C$，所以 $dF(x)=f(x)dx$. 根据一阶微分形式不变性，得 $dF(u)=f(u)du$，其中 $u=\varphi(x)$ 为 x 的可微函数，由此得

$$\int f(u)du = \int dF(u) = F(u)+C.$$

这个定理大大推广了基本积分公式的使用范围，它指出：在基本积分公式中，自变量 x 换成任一可微函数 $u=\varphi(x)$ 后公式仍成立. 因此在解题时，应设法把问题转换为经过变量代换后变成易于积分的形式，即

$$\int f[\varphi(x)]\varphi'(x)dx = \int f[\varphi(x)]d\varphi(x) = \int f(u)du = F(u)+C = F(\varphi(x))+C.$$

例 5-16 求 $\int x\cos x^2 dx$.

解 $\int x\cos x^2 dx = \frac{1}{2}\int 2x\cos x^2 dx = \frac{1}{2}\int \cos x^2 dx^2 = \frac{1}{2}\sin x^2+C.$

例 5-17 求 $\int x^2\sqrt{1+x^3}dx$.

解 $\int x^2\sqrt{1+x^3}dx = \frac{1}{3}\int 3x^2\sqrt{1+x^3}dx = \frac{1}{3}\int \sqrt{1+x^3}d(1+x^3)$，

令 $u=1+x^3$，则

$$原式 = \frac{1}{3}\int \sqrt{u}du = \frac{1}{3}\cdot\frac{2}{3}u^{\frac{3}{2}}+C = \frac{2}{9}(1+x^2)^{\frac{3}{2}}+C.$$

一般地，若 $\int f(x)dx=F(x)+C$，则

$$\int x^{n-1}f(x^n)dx = \frac{1}{n}\int nx^{n-1}f(x^n)dx = \frac{1}{n}\int f(x^n)dx^n = \frac{1}{n}F(x^n)+C. \text{（其中 } n\neq 0\text{）}$$

例 5-18 求 $\int (5x+2)^{99} dx$.

解 $\int (5x+2)^{99} dx = \frac{1}{5}\int (5x+2)^{99} 5dx = \frac{1}{5}\int (5x+2)^{99} d(5x+2)$
$= \frac{1}{5} \cdot \frac{1}{100}(5x+2)^{100} + C = \frac{1}{500}(5x+2)^{100} + C.$

例 5-19 求 $\int \frac{1}{3x+a} dx$（其中 a 为常数）.

解 $\int \frac{1}{3x+a} dx = \frac{1}{3}\int \frac{1}{3x+a} d(3x) = \frac{1}{3}\int \frac{1}{3x+a} d(3x+a) = \frac{1}{3}\ln|3x+a| + C.$

一般地，若 $\int f(x)dx = F(x)+C$，则

$$\int f(ax+b)dx = \frac{1}{a}\int f(ax+b)d(ax+b) = \frac{1}{a}F(ax+b)+C (其中 a \neq 0).$$

从以上几个例子可以看出，凑微分法运用时的难点在于从被积函数中找适当的部分凑成 $d\varphi(x)$，这需要一定的经验. 如果记熟下列一些微分式，解题时则会给我们以启发：

$dx = \frac{1}{a}d(ax+b)(a \neq 0);$ $xdx = \frac{1}{2}d(x^2);$

$\frac{dx}{\sqrt{x}} = 2d(\sqrt{x});$ $\frac{1}{x}dx = d(\ln|x|);$

$e^x dx = d(e^x);$ $\cos x dx = d(\sin x);$

$\sin x dx = -d(\cos x);$ $\sec^2 x dx = d(\tan x);$

$\csc^2 x dx = -d(\cot x);$ $\frac{dx}{\sqrt{1-x^2}} = d(\arcsin x);$

$\frac{dx}{1+x^2} = d(\arctan x).$

下面再通过一些例子来说明如何应用凑微分法来求解不定积分.

例 5-20 求 $\int \frac{\cos\sqrt{x}}{\sqrt{x}} dx$.

解 $\int \frac{\cos\sqrt{x}}{\sqrt{x}} dx = 2\int \frac{\cos\sqrt{x}}{2\sqrt{x}} dx = 2\int \cos\sqrt{x} d\sqrt{x},$
$= 2\sin\sqrt{x} + C.$

例 5-21 求 $\int \frac{\ln^2 x}{x} dx$.

解 $\int \frac{\ln^2 x}{x} dx = \int \ln^2 x d\ln x = \frac{1}{3}\ln^3 x + C.$

例 5-22 求 $\int \frac{\cos x}{1+\sin^2 x} dx$.

解 $\int \frac{\cos x}{1+\sin^2 x} dx = \int \frac{1}{1+\sin^2 x} d\sin x = \arctan(\sin x) + C.$

例 5-23 求 $\int \frac{1}{\sqrt{a^2-x^2}} dx$（其中常数 $a>0$）.

解 $\int \frac{1}{\sqrt{a^2-x^2}} dx = \int \frac{1}{a\sqrt{1-\left(\frac{x}{a}\right)^2}} dx = \int \frac{1}{\sqrt{1-\left(\frac{x}{a}\right)^2}} d\frac{x}{a} = \arcsin\frac{x}{a} + C.$

例 5-24 求 $\int \dfrac{1}{a^2+x^2}\mathrm{d}x$（其中常数 $a\neq 0$）.

解 $\int \dfrac{1}{a^2+x^2}\mathrm{d}x = \int \dfrac{1}{a^2\left[1+\left(\dfrac{x}{a}\right)^2\right]}\mathrm{d}x = \dfrac{1}{a}\int \dfrac{1}{1+\left(\dfrac{x}{a}\right)^2}\mathrm{d}\dfrac{x}{a} = \dfrac{1}{a}\arctan\dfrac{x}{a}+C.$

例 5-25 求 $\int \dfrac{1}{x^2-a^2}\mathrm{d}x$（其中常数 $a\neq 0$）.

解 $\int \dfrac{1}{x^2-a^2}\mathrm{d}x = \int \dfrac{1}{(x-a)(x+a)}\mathrm{d}x = \dfrac{1}{2a}\int \left(\dfrac{1}{x-a}-\dfrac{1}{x+a}\right)\mathrm{d}x$

$\qquad = \dfrac{1}{2a}\left[\int \dfrac{1}{x-a}\mathrm{d}(x-a) - \int \dfrac{1}{x+a}\mathrm{d}(x+a)\right]$

$\qquad = \dfrac{1}{2a}(\ln|x-a|-\ln|x+a|)+C$

$\qquad = \dfrac{1}{2a}\ln\left|\dfrac{x-a}{x+a}\right|+C.$

例 5-26 求 $\int \tan x\,\mathrm{d}x$.

解 $\int \tan x\,\mathrm{d}x = \int \dfrac{\sin x}{\cos x}\mathrm{d}x = -\int \dfrac{-\sin x}{\cos x}\mathrm{d}x = -\int \dfrac{1}{\cos x}\mathrm{d}\cos x = -\ln|\cos x|+C.$

同样可求出 $\qquad\int \cot x\,\mathrm{d}x = \ln|\sin x|+C.$

例 5-27 求 $\int \cos^2 x\,\mathrm{d}x$.

解 $\int \cos^2 x\,\mathrm{d}x = \int \dfrac{1+\cos 2x}{2}\mathrm{d}x = \dfrac{x}{2}+\dfrac{1}{4}\int \cos 2x\,\mathrm{d}(2x)$

$\qquad = \dfrac{x}{2}+\dfrac{\sin 2x}{4}+C.$

例 5-28 求 $\int \sec x\,\mathrm{d}x$.

解 $\int \sec x\,\mathrm{d}x = \int \dfrac{\sec x(\sec x+\tan x)}{\sec x+\tan x}\mathrm{d}x = \int \dfrac{\mathrm{d}(\tan x+\sec x)}{\sec x+\tan x}$

$\qquad = \ln|\sec x+\tan x|+C.$

同样可求出 $\qquad\int \csc x\,\mathrm{d}x = \ln|\csc x-\cot x|+C.$

▶ 5.2.2 第二换元法

前面说过，不定积分的计算没有统一的规律可循，采用什么方法，要依据被积函数来定. 例如计算不定积分 $\int \dfrac{1}{1+\sqrt{x+1}}\mathrm{d}x$，利用前面讲过的办法却无从下手. 这时我们可能会有一个朴素的想法：如果没有那个根号，是否容易计算？是否可以设 $\sqrt{x+1}=t$ 或 $x=t^2-1$，则 $\mathrm{d}x=2t\mathrm{d}t$，

$$\int \dfrac{1}{1+\sqrt{x+1}}\mathrm{d}x = \int \dfrac{2t}{1+t}\mathrm{d}t = 2\int \dfrac{(t+1)-1}{t+1}\mathrm{d}t$$

$$= 2\int \left(1 - \frac{1}{t+1}\right)dt = 2[t - \ln(1+t)] + C$$

$$= 2[\sqrt{x+1} - \ln(1+\sqrt{x+1})] + C.$$

经简单的验证,以上结果是正确的.

一般地,我们有以下结论:

定理 5-2 设 $x = \varphi(t)$ 是单调、可导的函数,且 $\varphi'(t) \neq 0$,又

$$\int f[\varphi(t)]\varphi'(t)dt = \Phi(t) + C,$$

则

$$\int f(x)dx = \Phi[\varphi^{-1}(x)] + C(其中 t = \varphi^{-1}(x) \text{ 为 } x = \varphi(t) \text{ 的反函数}).$$

证明 只需证明 $(\Phi[\varphi^{-1}(x)])' = f(x)$. 由定理条件可知,$\Phi'(t) = f[\varphi(t)]\varphi'(t)$,则

$$(\Phi[\varphi^{-1}(x)])' = \Phi'(t) \cdot [\varphi^{-1}(x)]' = f[\varphi(t)]\varphi'(t) \cdot \frac{1}{\varphi'(t)} = f[\varphi(t)] = f(x).$$

例 5-29 求 $\int x\sqrt{1-x}\,dx$.

解 令 $\sqrt{1-x} = t$ 或 $x = 1 - t^2$,则 $dx = -2tdt$,

$$\int x\sqrt{1-x}\,dx = \int (1-t^2)t(-2t)dt = 2\int (t^4 - t^2)dt$$

$$= 2\left(\frac{1}{5}t^5 - \frac{1}{3}t^3\right) + C = 2\left[\frac{1}{5}(1-x)^{\frac{5}{2}} - \frac{1}{3}(1-x)^{\frac{3}{2}}\right] + C.$$

此题也可用凑微分的方法解答,另解如下:

$$\int x\sqrt{1-x}\,dx = -\int (-x)\sqrt{1-x}\,dx = -\int [(1-x) - 1]\sqrt{1-x}\,dx$$

$$= -\int \left[(1-x)^{\frac{3}{2}} - \sqrt{1-x}\right]dx = \int (1-x)^{\frac{3}{2}}d(1-x) - \int \sqrt{1-x}\,d(1-x)$$

$$= \frac{2}{5}(1-x)^{\frac{5}{2}} - \frac{2}{3}(1-x)^{\frac{3}{2}} + C.$$

例 5-30 求 $\int \sqrt{a^2 - x^2}\,dx$(其中 $a > 0$ 为常数).

此题如果按上例的办法直接令 $t = \sqrt{a^2 - x^2}$,根号去不掉. 同学们可试做一下. 若令 $x = a\sin t$ 或 $x = a\cos t$,可将根号去掉.

解 设 $x = a\cos t (0 < t < \pi)$,则 $dx = -a\sin t\,dt$,

$$\int \sqrt{a^2 - x^2}\,dx = \int \sqrt{a^2 - a^2\cos^2 t} \cdot (-a\sin t)dt$$

$$= -a^2\int \sin^2 t\,dt = -a^2\int \frac{1}{2}(1 - \cos 2t)dt$$

$$= -\frac{a^2}{2}\left(t - \frac{1}{2}\sin 2t\right) + C$$

$$= -\frac{a^2}{2}(t - \sin t\cos t) + C.$$

为了将 t 还原成 x,我们做辅助直角三角形(图 5-1),因此

$$\int \sqrt{a^2-x^2}\,dx = -\frac{a^2}{2}\left(\arccos\frac{x}{a} - \frac{\sqrt{a^2-x^2}}{a}\cdot\frac{x}{a}\right) + C$$
$$= -\frac{a^2}{2}\arccos\frac{x}{a} + \frac{1}{2}x\sqrt{a^2-x^2} + C.$$

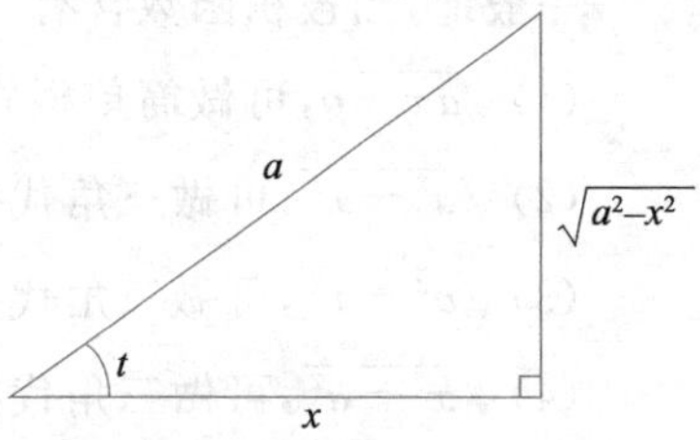

注：若设 $x = a\sin t, t\in\left(-\dfrac{\pi}{2}, \dfrac{\pi}{2}\right)$，则可得

$$\int \sqrt{a^2-x^2}\,dx = \frac{a^2}{2}\arcsin\frac{x}{a} + \frac{1}{2}x\sqrt{a^2-x^2} + C.$$

图 5-1

这两个结果的形式不一样. 同学们思考一下为什么？

例 5-31 求 $\displaystyle\int \frac{1}{\sqrt{x^2+a^2}}\,dx$（其中 $a>0$ 为常数）.

解 令 $x = a\tan t, t\in\left(-\dfrac{\pi}{2}, \dfrac{\pi}{2}\right)$，则 $dx = a\sec^2 t\,dt$，$\sqrt{x^2+a^2} = a\sec t$，

$$\int \frac{1}{\sqrt{x^2+a^2}}\,dx = \int \frac{1}{a\sec t} a\sec^2 t\,dt = \int \sec t\,dt = \ln|\sec t + \tan t| + C.$$

为了将 t 还原成 x，我们做辅助直角三角形（图 5-2），因此

$$\int \frac{1}{\sqrt{x^2+a^2}}\,dx = \ln\left|\frac{\sqrt{x^2+a^2}}{a} + \frac{x}{a}\right| + C_0$$
$$= \ln(\sqrt{x^2+a^2} + x) + C,$$

其中 $C = -\ln a + C_0$.

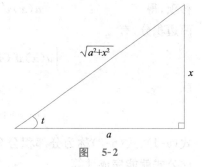

图 5-2

例 5-32 求 $\displaystyle\int \frac{1}{\sqrt{x^2-a^2}}\,dx$（其中 $a>0$ 为常数）.

解 易知 $|x|>a$. 当 $x>a$ 时，可设 $x = a\sec t, t\in\left(0, \dfrac{\pi}{2}\right)$，则

$$dx = a\sec t\tan t\,dt, \quad \sqrt{x^2-a^2} = a\tan t,$$
$$\int \frac{1}{\sqrt{x^2-a^2}}\,dx = \int \frac{1}{a\tan t}\cdot a\sec t\tan t\,dt = \int \sec t\,dt = \ln|\sec t + \tan t| + C.$$

为了将 t 还原成 x，我们做辅助直角三角形（图 5-3），因此

$$\int \frac{1}{\sqrt{x^2-a^2}}\,dx = \ln\left|\frac{x}{a} + \frac{\sqrt{x^2-a^2}}{a}\right| + C_0$$
$$= \ln(x + \sqrt{x^2-a^2}) + C(\text{其中 } C = -\ln a + C_0);$$

当 $x<-a$ 时，可设 $x = a\sec t, t\in\left(\dfrac{\pi}{2}, \pi\right)$，类似可得

$$\int \frac{1}{\sqrt{x^2-a^2}}\,dx = \ln(-x - \sqrt{x^2-a^2}) + C.$$

合并结果知

$$\int \frac{1}{\sqrt{x^2-a^2}}\,dx = \ln|x + \sqrt{x^2-a^2}| + C.$$

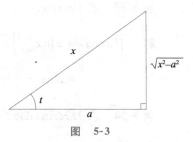

图 5-3

一般地，当被积函数含有

(1) $\sqrt[n]{ax+b}$，可做简单根式代换 $\sqrt[n]{ax+b}=t$；

(2) $\sqrt{a^2-x^2}$，可做三角代换 $x=a\sin t$ 或 $x=a\cos t$；

(3) $\sqrt{a^2+x^2}$，可做三角代换 $x=a\tan t$；

(4) $\sqrt{x^2-a^2}$，可做三角代换 $x=a\sec t$.

通过以上代换，可以消去根号，从而求得积分. 但在具体解题时，还应具体问题具体分析，例如，$\int x\sqrt{x^2+a^2}\,dx$ 就不必用三角代换，用凑微分法就可解决.

5.3 分部积分法

设函数 $u(x)$、$v(x)$ 具有连续导数，由乘积的求导法则，
$$[u(x)v(x)]'=u'(x)v(x)+u(x)v'(x),$$
移项，得
$$u(x)v'(x)=[u(x)v(x)]'-u'(x)v(x),$$
两边积分，有
$$\int u(x)v'(x)\,dx=u(x)v(x)-\int u'(x)v(x)\,dx, \tag{5-1}$$
或
$$\int u(x)\,dv(x)=u(x)v(x)-\int v(x)\,du(x). \tag{5-2}$$

式(5-1)、式(5-2)称为分部积分公式. 当左边的积分不易计算而右边的积分容易计算时，用此公式就能完成计算.

注：一般来说，当所求的不定积分为
$$\int x^n e^x\,dx, \int x^n \sin x\,dx, \int x^n \cos x\,dx,$$
$$\int x^n \ln x\,dx, \int x^n \arcsin x\,dx, \int x^n \arctan x\,dx,$$
及
$$\int e^x \sin x\,dx, \int e^x \cos x\,dx$$
等类型时，可以考虑用分部积分公式.

例 5-33 求 $\int \ln x\,dx$.

解
$$\int \ln x\,dx = x\ln x - \int x\,d\ln x$$
$$= x\ln x - \int x\cdot\frac{1}{x}\,dx = x\ln x - x + C.$$

例 5-34 求 $\int \arcsin x\,dx$.

解
$$\int \arcsin x\,dx = x\arcsin x - \int x\,d\arcsin x$$

$$= x\arcsin x - \int \frac{x}{\sqrt{1-x^2}} dx$$
$$= x\arcsin x + \frac{1}{2} \int \frac{1}{\sqrt{1-x^2}} d(1-x^2)$$
$$= x\arcsin x + \frac{1}{2} \cdot 2\sqrt{1-x^2} + C$$
$$= x\arcsin x + \sqrt{1-x^2} + C.$$

例 5-35 求 $\int x e^x dx$.

解 $\int x e^x dx = \int x d e^x = x e^x - \int e^x dx$
$$= x e^x - e^x + C.$$

例 5-36 求 $\int e^x \sin x dx$.

解 $\int e^x \sin x dx = \int \sin x d e^x$
$$= e^x \sin x - \int e^x d\sin x$$
$$= e^x \sin x - \int e^x \cos x dx$$
$$= e^x \sin x - (e^x \cos x - \int e^x d\cos x)$$
$$= e^x \sin x - [e^x \cos x - \int e^x (-\sin x) dx]$$
$$= e^x \sin x - e^x \cos x - \int e^x \sin x dx$$

所以 $\int e^x \sin x dx = \frac{1}{2} e^x (\sin x - \cos x) + C.$

例 5-37 求 $\int \ln(x + \sqrt{1+x^2}) dx$.

解 $\int \ln(x + \sqrt{1+x^2}) dx = x\ln(x + \sqrt{1+x^2}) - \int x d\ln(1 + \sqrt{1+x^2})$
$$= x\ln(x + \sqrt{1+x^2}) - \int \frac{x}{\sqrt{1+x^2}} dx$$
$$= x\ln(x + \sqrt{1+x^2}) - \frac{1}{2} \int \frac{1}{\sqrt{1+x^2}} d(1+x^2)$$
$$= x\ln(x + \sqrt{1+x^2}) - \sqrt{1+x^2} + C.$$

例 5-38 求 $\int \sin \sqrt[3]{x} dx$.

解 令 $\sqrt[3]{x} = t$，则 $x = t^3, dx = 3t^2 dt$，
$$\int \sin \sqrt[3]{x} dx = \int (\sin t) \cdot 3t^2 dt$$
$$= -3 \int t^2 d\cos t$$

$$= -3\left[t^2\cos t - \int(\cos t)\cdot 2t\mathrm{d}t\right]$$

$$= -3\left(t^2\cos t - 2\int t\mathrm{d}\sin t\right)$$

$$= -3t^2\cos t + 6\left(t\sin t - \int\sin t\mathrm{d}t\right)$$

$$= -3t^2\cos t + 6(t\sin t + \cos t) + C$$

$$= -3\sqrt[3]{x^2}\cos\sqrt[3]{x} + 6(\sqrt[3]{x}\sin\sqrt[3]{x} + \cos\sqrt[3]{x}) + C.$$

5.4 有理函数的积分

设
$$P(x) = a_0 x^n + a_1 x^{n-1} + \cdots + a_n,$$
$$Q(x) = b_0 x^m + b_1 x^{m-1} + \cdots + b_m,$$

是两个实系数多项式，且 $a_0 \neq 0, b_0 \neq 0$，则称

$$\frac{P(x)}{Q(x)} = \frac{a_0 x^n + a_1 x^{n-1} + \cdots + a_n}{b_0 x^m + b_1 x^{m-1} + \cdots + b_m} \tag{5-3}$$

为有理函数. 在这一节，我们总假定 $P(x)$ 与 $Q(x)$ 没有公因式. 当 $n \geq m$ 时，称式(5-3)为假分式；当 $n < m$ 时，称式(5-3)为真分式.

下面我们引入代数学中关于多项式的三个结论(证明从略)：

(1) 任何一个实系数多项式在实数域内都可以分解为一次因式或二次质因式的乘积的形式.

例如 $2x^3 + x^2 + 3x - 2 = (2x-1)(x^2 + x + 2).$

(2) 任何一个假分式都可以通过多项式除法化为一个多项式与一个真分式的和的形式.

例如 $\dfrac{2x^4 + 3x^3 - 2x^2 + x + 6}{x^2 + x - 2} = 2x^2 + x + 1 + \dfrac{2x+8}{x^2+x-2}.$

(3) 如果 $Q(x)$ 可以分解为两个多项式的积

$$Q(x) = Q_1(x)Q_2(x),$$

其中 $Q_1(x)$ 与 $Q_2(x)$ 没有公因式，则真分式 $\dfrac{P(x)}{Q(x)}$ 可写为两个真分式之和，即

$$\frac{P(x)}{Q(x)} = \frac{P_1(x)}{Q_1(x)} + \frac{P_2(x)}{Q_2(x)}.$$

按照以上结论，有理函数 $\dfrac{P(x)}{Q(x)}$ 都可以分解为只出现多项式、$\dfrac{P_1(x)}{(x-a)^m}$ 和 $\dfrac{P_2(x)}{(x^2+px+q)^n}$ 等三类函数(这里 $p^2 - 4q < 0$, $P_1(x)$ 为低于 m 次的多项式, $P_2(x)$ 为低于 $2n$ 次的多项式)的分解式. 前两类积分，利用凑微分法即可求解. 下面举例说明第三类积分的积分方法.

例 5-39 求 $\displaystyle\int \frac{3x+1}{x^2+2x+5}\mathrm{d}x.$

解 改写被积函数分子为 $3x+1 = \dfrac{3}{2}(2x+2) - 2$，其中括号内 $2x+2$ 正好是分母的导数，即 $2x+2 = (x^2+2x+5)'$，于是

$$\int \frac{3x+1}{x^2+2x+5}dx = \frac{3}{2}\int \frac{2x+2}{x^2+2x+5}dx - 2\int \frac{1}{x^2+2x+5}dx$$
$$= \frac{3}{2}\int \frac{d(x^2+2x+5)}{x^2+2x+5} - 2\int \frac{dx}{(x+1)^2+4}$$
$$= \frac{3}{2}\ln(x^2+2x+5) - \arctan\frac{x+1}{2} + C.$$

例 5-40 求 $\int \frac{3-x}{x^2+4x+3}dx$.

解 被积函数的分母分解成 $(x+1)(x+3)$,故可设
$$\frac{3-x}{x^2+4x+3} = \frac{A}{x+1} + \frac{B}{x+3},$$
其中 A、B 为待定系数. 上式两端去分母后,得
$$3-x = A(x+3) + B(x+1),$$
即
$$3-x = (A+B)x + (3A+B).$$
比较上式两端同次幂的系数,得
$$\begin{cases} A+B = -1, \\ 3A+B = 3, \end{cases}$$
从而解得 $A=2, B=-3$.

于是
$$\int \frac{3-x}{x^2+4x+3}dx = \int \left(\frac{2}{x+1} - \frac{3}{x+3}\right)dx$$
$$= 2\ln|x+1| - 3\ln|x+3| + C.$$

例 5-41 求 $\int \frac{x-3}{x^3-2x^2+x}dx$.

解 被积函数的分母分解为 $x(x-1)^2$,故可设
$$\frac{x-3}{x^3-2x^2+x} = \frac{A}{x} + \frac{Bx+C}{(x-1)^2},$$
其中,A, B, C 为待定系数. 上式两端去分母后,得
$$x-3 = A(x-1)^2 + (Bx+C)x,$$
即
$$x-3 = (A+B)x^2 + (C-2A)x + A.$$
比较上式两端同次幂的系数,得
$$\begin{cases} A+B = 0, \\ C-2A = 1, \\ A = -3, \end{cases}$$
从而解得 $A=-3, B=3, C=-5$.

于是
$$\int \frac{x-3}{x^3-2x^2+x}dx$$
$$= -3\ln|x| + \int \frac{3(x-1)-2}{(x-1)^2}dx$$
$$= -3\ln|x| + 3\int \frac{dx}{x-1} - 2\int \frac{dx}{(x-1)^2}$$
$$= -3\ln|x| + 3\ln|x-1| + \frac{2}{x-1} + C.$$

综上所述,我们可以得出,有理函数的积分都可以通过以上方法计算得到,因此都是可以积出来的.但此方法计算较繁,因此解题时如果能找到更好的方法,就不要用此方法了.

在结束本章之前,我们还要说明:有些不定积分,像

$$\int e^{-x^2} dx, \int \frac{\sin x}{x} dx, \int \frac{dx}{\ln x}$$

等,虽然积分存在,但是原函数却无法用初等函数表示,这时称"积不出". 对于这种积分,实际应用中常采用数值积分法.

本章小结

一、原函数与不定积分的概念

1. 原函数

设 I 为某区间,若对任意的 $x \in I$,有

$$F'(x) = f(x) \text{ 或 } dF(x) = f(x)dx,$$

则 $F(x)$ 就是 $f(x)$ 在区间 I 上的一个原函数.

2. 不定积分

如果 $F(x)$ 是 $f(x)$ 的一个原函数,则 $f(x)$ 的所有原函数 $F(x) + C$(C 为任意常数)为 $f(x)$ 的不定积分,记为 $\int f(x)dx$. 即

$$\int f(x)dx = F(x) + C.$$

积分运算与微分运算有如下的互逆关系:

(1) $\int F'(x)dx = F(x) + C$ 或 $\int dF(x) = F(x) + C$;

(2) $\dfrac{d}{dx} \int f(x)dx = f(x)$ 或 $d \int f(x)dx = f(x)dx$.

二、不定积分的性质

性质 1 $\int [f(x) \pm g(x)]dx = \int f(x)dx \pm \int g(x)dx.$

性质 2 $\int kf(x)dx = k \int f(x)dx. (k \neq 0).$

三、基本积分表

(1) $\int k dx = kx + C$(k 为常数);

(2) $\int x^\alpha dx = \dfrac{1}{\alpha + 1} x^{\alpha+1} + C (\alpha \neq -1)$;

(3) $\int \dfrac{1}{x} dx = \ln|x| + C$;

(4) $\int \dfrac{1}{1+x^2} dx = \arctan x + C$;

(5) $\int \dfrac{1}{\sqrt{1-x^2}}\mathrm{d}x = \arcsin x + C$;

(6) $\int a^x \mathrm{d}x = \dfrac{a^x}{\ln a} + C$;

(7) $\int \mathrm{e}^x \mathrm{d}x = \mathrm{e}^x + C$;

(8) $\int \cos x \mathrm{d}x = \sin x + C$;

(9) $\int \sin x \mathrm{d}x = -\cos x + C$;

(10) $\int \sec^2 x \mathrm{d}x = \tan x + C$;

(11) $\int \csc^2 x \mathrm{d}x = -\cot x + C$;

(12) $\int \sec x \tan x \mathrm{d}x = \sec x + C$;

(13) $\int \csc x \cot x \mathrm{d}x = -\csc x + C$.

四、常用的积分方法

1. 直接积分法

利用基本积分表和不定积分的线性性质,直接计算不定积分的方法.

2. 换元积分法

(1) 第一类换元积分法或凑微分法

设 $\int f(x)\mathrm{d}x = F(x) + C$,则

$$\int f(u)\mathrm{d}u = F(u) + C,$$

其中,$u = \varphi(x)$ 为 x 的任一可微函数.

常用的凑微分技巧:

$\mathrm{d}x = \dfrac{1}{a}\mathrm{d}(ax+b)$, $\qquad x\mathrm{d}x = \dfrac{1}{2}\mathrm{d}(x^2)$,

$\dfrac{\mathrm{d}x}{\sqrt{x}} = 2\mathrm{d}(\sqrt{x})$, $\qquad \dfrac{1}{x}\mathrm{d}x = \mathrm{d}(\ln|x|)$,

$\mathrm{e}^x\mathrm{d}x = \mathrm{d}(\mathrm{e}^x)$, $\qquad \cos x \mathrm{d}x = \mathrm{d}(\sin x)$,

$\sin x \mathrm{d}x = -\mathrm{d}(\cos x)$, $\qquad \sec^2 x \mathrm{d}x = \mathrm{d}(\tan x)$,

$\csc^2 x \mathrm{d}x = -\mathrm{d}(\cot x)$, $\qquad \dfrac{\mathrm{d}x}{\sqrt{1-x^2}} = \mathrm{d}(\arcsin x)$,

$\dfrac{\mathrm{d}x}{1+x^2} = \mathrm{d}(\arctan x)$.

(2) 第二类换元积分法

设 $x = \varphi(t)$ 是单调、可导的函数,且 $\varphi'(t) \neq 0$,又

$$\int f[\varphi(t)]\varphi'(t)\mathrm{d}t = \Phi(t) + C,$$

则

$$\int f(x)\mathrm{d}x = \Phi[\varphi^{-1}(x)] + C$$

其中,$t = \varphi^{-1}(x)$ 为 $x = \varphi(t)$ 的反函数.

一般地,当被积函数含有

ⅰ $\sqrt[n]{ax+b}$,可做简单根式代换 $\sqrt[n]{ax+b} = t$;

ⅱ $\sqrt{a^2-x^2}$,可做三角代换 $x = a\sin t$ 或 $x = a\cos t$;

ⅲ $\sqrt{a^2+x^2}$,可做三角代换 $x = a\tan t$;

ⅳ $\sqrt{x^2-a^2}$,可做三角代换 $x = a\sec t$.

(3)分部积分法

分部积分公式

$$\int u(x)\mathrm{d}v(x) = u(x)v(x) - \int v(x)\mathrm{d}u(x).$$

当左边的积分不易计算而右边的积分容易计算时,常用此公式计算.

一般来说,当所求的不定积分为

$$\int x^n \mathrm{e}^x \mathrm{d}x, \int x^n \sin x \mathrm{d}x, \int x^n \cos x \mathrm{d}x,$$

$$\int x^n \ln x \mathrm{d}x, \int x^n \arcsin x \mathrm{d}x, \int x^n \arctan x \mathrm{d}x,$$

及

$$\int \mathrm{e}^x \sin x \mathrm{d}x, \int \mathrm{e}^x \cos x \mathrm{d}x$$

等类型时,可以考虑用分部积分公式.

习题五

(A)

1. 求下列不定积分:

(1) $\int \dfrac{\mathrm{d}x}{2\sqrt{x}}$;

(2) $\int (\sqrt{x} + \sqrt[3]{x})\mathrm{d}x$;

(3) $\int \left(x + \dfrac{1}{x}\right)^2 \mathrm{d}x$;

(4) $\int 2x(1 - x^{-3})\mathrm{d}x$;

(5) $\int \dfrac{2 + 4x^2}{x^2(1+x^2)}\mathrm{d}x$;

(6) $\int 3^x \mathrm{e}^x \mathrm{d}x$;

(7) $\int -3\csc^2 x \mathrm{d}x$;

(8) $\int \cot^2 x \mathrm{d}x$;

(9) $\int \left(\dfrac{3}{1+x^2} - \dfrac{1}{\sqrt{1-x^2}}\right)\mathrm{d}x$;

(10) $\int \dfrac{\cos 2x \mathrm{d}x}{\cos^2 x \sin^2 x}$;

(11) $\int \dfrac{3x^4+2x^2}{1+x^2}dx$;　　　　　　(12) $\int \dfrac{\csc\theta d\theta}{\csc\theta-\sin\theta}$.

2. 一曲线通过点$(9,4)$，且在任一点$[x,f(x)]$处的切线的斜率为$3\sqrt{x}$. 求该曲线的方程.

3. 一物体由静止开始运动，经$t(s)$后的速度是$\dfrac{3t^2}{4}$(m/s). 问：

(1) 在 4s 后物体离开出发点的距离是多少？

(2) 物体走完 250m 需要多少时间？

4. 验证 $-\dfrac{1}{2}\cos 2x, \sin^2 x, -\cos^2 x$ 都是 $\sin 2x$ 的原函数.

5. 求下列不定积分：

(1) $\int (1-x)^{10}dx$;　　　　　　(2) $\int \cos(7x+5)dx$;

(3) $\int e^{-\frac{x}{2}}dx$;　　　　　　(4) $\int \dfrac{dx}{1-3x}$;

(5) $\int \dfrac{\cos\sqrt{x}}{\sqrt{x}}dx$;　　　　　　(6) $\int \dfrac{1}{x^2}\sin\dfrac{1}{x}dx$;

(7) $\int 2x\tan x^2 dx$;　　　　　　(8) $\int x^2\cos x^3 dx$;

(9) $\int \dfrac{dx}{x\sqrt{1-2\ln x}}$;　　　　　　(10) $\int \dfrac{dx}{1+2x^2}$;

(11) $\int \dfrac{dx}{\sqrt{1-4x^2}}$;　　　　　　(12) $\int \dfrac{dx}{e^x+e^{-x}}$;

(13) $\int \dfrac{1+\ln x}{(x\ln x)^2}dx$;　　　　　　(14) $\int \sin^3 x dx$;

(15) $\int \cos^2(\omega t+\varphi)dt$;　　　　　　(16) $\int \sec^6 x \tan^3 x dx$;

(17) $\int \dfrac{dx}{(\arctan x)^2(1+x^2)}$;　　(18) $\int \dfrac{dx}{x\ln x \ln\ln x}$;

(19) $\int \dfrac{\arctan\sqrt{x}}{\sqrt{x}(1+x)}dx$;　　　　(20) $\int \dfrac{1-x}{\sqrt{9-4x^2}}dx$;

(21) $\int \dfrac{dx}{(x+2)(x-3)}$;　　　　(22) $\int \dfrac{dx}{\sqrt{x-x^2}}$;

(23) $\int \dfrac{dx}{1-\cos x}$;　　　　　　(24) $\int x^3(1-x^2)^{100}dx$;

(25) $\int \dfrac{f'(x)}{1+f^2(x)}dx$.

6. 求下列不定积分：

(1) $\int \dfrac{x^2}{\sqrt{a^2-x^2}}dx \ (a>0)$;　　(2) $\int \dfrac{dx}{\sqrt{(x^2+1)^3}}$;

(3) $\int \dfrac{\sqrt{x^2-4}}{x}dx$;

(4) $\int \dfrac{dx}{x\sqrt{x^2-1}}$;

(5) $\int \dfrac{dx}{\sqrt{1+e^x}}$;

(6) $\int \dfrac{dx}{2+\sqrt{2x}}$;

(7) $\int \dfrac{x^2}{\sqrt{2-x}}dx$;

(8) $\int \dfrac{\sqrt{x+1}-1}{\sqrt{x+1}+1}dx$;

(9) $\int \dfrac{dx}{(1+\sqrt[3]{x})\sqrt{x}}$;

(10) $\int \dfrac{dx}{x(x^7+1)}$.

7. 求下列不定积分：

(1) $\int xe^{-3x}dx$;

(2) $\int \dfrac{\ln x}{\sqrt{x}}dx$;

(3) $\int x\sin\dfrac{x}{2}dx$;

(4) $\int (x^2-5x)\cos x\,dx$;

(5) $\int x^2\arctan x\,dx$;

(6) $\int \ln^2 x\,dx$;

(7) $\int x\sec^2 x\,dx$;

(8) $\int e^{-x}\cos x\,dx$;

(9) $\int \ln(x+\sqrt{1+x^2})dx$;

(10) $\int \dfrac{\arcsin\sqrt{x}}{\sqrt{x}}dx$;

(11) $\int x\sin x\cos x\,dx$;

(12) $\int \sin\sqrt[3]{x}\,dx$;

(13) $\int e^{\sqrt{2x+3}}dx$;

(14) $\int \dfrac{\ln^3 x}{x^2}dx$;

(15) $\int \cos(\ln x)dx$.

8. 求下列不定积分：

(1) $\int \dfrac{6x+7}{(x+2)^2}dx$;

(2) $\int \dfrac{x+1}{x^2-5x+6}dx$;

(3) $\int \dfrac{x^3}{x^2+4}dx$;

(4) $\int \dfrac{dx}{x^4-1}$;

(5) $\int \dfrac{x-1}{x^2+2x+3}dx$;

(6) $\int \dfrac{2x+3}{x^2+3x-10}dx$.

9. 建立 $I_n=\int(\ln x)^n dx$ 的递推公式.

(B)

1. 已知 $\dfrac{\sin x}{1+x\sin x}$ 为 $f(x)$ 的一个原函数，求 $\int f(x)f'(x)dx$.

2. 设 $f'(e^x)=1+x$，求 $f(x)$.

3. 设 $f'(x\tan\dfrac{x}{2})=(x+\sin x)\tan\dfrac{x}{2}+\cos x$，求 $f(x)$.

4. 若 $f'(\cos^2 x) = \sin^2 x + \cot^2 x (0 < x < \frac{\pi}{2})$，求 $f(x)$.

5. 若曲线 $y = f(x)$ 处的切线斜率与 x^3 成正比例，并且该曲线过点 $A(1,6)$ 和 $B(2,-9)$，求该曲线的方程.

6. 计算下列不定积分：

(1) $\int \dfrac{x^2}{(8x^3+27)^{\frac{2}{3}}} dx$；

(2) $\int e^{2x^2 + \ln x} dx$；

(3) $\int e^x \ln(1 - e^{2x}) dx$；

(4) $\int \dfrac{dx}{x(\sqrt{\ln x + 1} - \sqrt{\ln x - 1})}$；

(5) $\int \dfrac{1 + \ln x + x^2}{(x \ln x)^3} dx$；

(6) $\int \dfrac{e^{2x}}{1 + e^x} dx$；

(7) $\int \dfrac{\sin x \cos x}{\sin x + \cos x} dx$；

(8) $\int \dfrac{\sin^2 x}{1 + \sin^2 x} dx$；

(9) $\int x(1-x)^7 dx$；

(10) $\int \dfrac{\ln \tan \dfrac{x}{2}}{\sin x} dx$；

(11) 已知 $\int x f(x) dx = e^{-x} + C$，求 $\int \dfrac{1}{f(x)} dx$.

7. 计算下列不定积分：

(1) $\int x f''(x) dx$；

(2) $\int e^x \ln(1 + e^{2x}) dx$；

(3) $\int x^3 \ln x \, dx$；

(4) $\int \dfrac{x \ln(1 + \sqrt{1+x^2})}{\sqrt{1+x^2}} dx$；

(5) $\int \sin x \ln \tan x \, dx$；

(6) $\int e^{2x} \sin^2 x \, dx$；

(7) $\int \sqrt{x} \ln^2 x \, dx$；

(8) $\int \dfrac{\arcsin x}{x^2 \sqrt{1-x^2}} dx$；

(9) $\int \sin^2 \sqrt{x} \, dx$；

(10) $\int e^{ax} 2^x dx (a \neq 0)$.

阅读材料

欧 拉

莱昂哈德·欧拉(Leonhard Euler)——瑞士数学家、自然科学家，1707 年 4 月 15 日生于瑞士的巴塞尔. 他是家中 6 个孩子中的长子，父亲是一位牧师，也是一位数学家.

幼年时的欧拉对数学表现出浓厚的兴趣，不满 10 岁就开始自学《代数学》，这本书连他的老师们都没有读过，而小欧拉却读得津津有味，遇到不懂的地方，就做上记号，事后再向别人请教.

在中学时期，由于欧拉所在的学校不教授数学，他便私下里从一位大学生那里学习.

1720年,13岁的欧拉考入巴塞尔大学,他是这所大学,也是整个瑞士大学校园中年龄最小的大学生.在大学欧拉主修的专业是哲学和法律,但每个周六的下午他便在当时欧洲最有名的数学家约翰·伯努利(Johann Bernoulli,1667—1748)的指导下学习数学.1723年,欧拉取得了哲学硕士学位,学位论文的内容是笛卡儿哲学和牛顿哲学的比较研究.由于欧拉的父亲希望欧拉将来成为一名牧师,在接下来的时间里欧拉进入了神学系,学习神学、希腊语和希伯来语,但最终约翰·伯努利说服了欧拉的父亲允许欧拉学习数学.1726年,欧拉完成了他的博士论文,内容是关于声音的传播方面的.1727年,欧拉参加了法国科学院主办的有奖征文竞赛,当年的问题是找出船上桅杆的最佳位置的方法,结果他获得了二等奖.在欧拉的一生当中曾12次赢得该奖项的一等奖.

1727年5月,欧拉受约翰·伯努利的儿子丹尼尔·伯努利等人的请求来到俄国圣彼得堡的皇家科学院工作,被科学院指派到数学/物理学所工作.欧拉与丹尼尔保持着密切的合作关系.1731年,欧拉获得物理学教授的职位,两年后又被提升为数学所所长.1735年,欧拉还在科学院地理所担任职位,协助编制俄国第一张全境地图.由于过度劳累,欧拉患了眼疾,并导致右眼几乎失明,这时他才28岁.

由于俄国持续的动乱,欧拉于1741年6月离开了圣彼得堡,到柏林科学院就职,担任物理数学所所长.他在柏林生活了25年,并在那里写下了不少于380篇文章,并于1748年和1755年分别出版了他最有名的两部著作《无穷小分析引论》和《微积分概论》.

1766年,在沙皇喀德林二世的诚恳敦聘下欧拉重新回到彼得堡,不料没过多久,左眼视力衰退,最后完全失明.然而祸不单行,1771年彼得堡的一场大火殃及欧拉的住宅,病中的欧拉被围困在大火中,虽然他被人从火海中救了出来,但他的书房和大量的研究成果全部化成了灰烬.沉重的打击没有使欧拉倒下,他决心要把损失夺回来,在完全失明之前,他还能朦胧地看见东西,他抓紧这最后的时刻,在一块大黑板上疾书他发现的公式,由其学生特别是他的身为数学家和物理学家的大儿子A.欧拉做笔录.欧拉完全失明后,仍然以惊人的毅力与黑暗抗争,凭着记忆和心算进行研究长达17年,直到逝世.

阿基米德、牛顿、欧拉和高斯是有史以来最伟大的4位数学家.阿基米德有"翘起地球"的豪言壮语,牛顿因苹果而闻名于世,高斯在少年时代就显露出计算天赋,唯独欧拉没有戏剧性的故事让人印象深刻.然而,欧拉是数学史上最多产的数学家,他那无穷无尽的创作精力和空前丰富的著作,都令人惊叹不已!他从19岁开始发表论文,直到76岁,半个多世纪写下了浩如烟海的书籍和论文,几乎每一个数学领域中都有欧拉的名字,比如初等几何的欧拉线,多面体的欧拉定理,立体解析几何的欧拉变换公式,四次方程的欧拉解法到数论中的欧拉函数,微分方程的欧拉方程,级数论的欧拉常数,变分学的欧拉方程,复变函数的欧拉公式,等等.再比如,著名的柯尼斯堡七桥问题,实系数多项式的因式分解问题和n阶齐次线性方程解的问题,欧拉都给出了完美的解答.欧拉不仅在数学上有骄人的成就,而且在物理学、天文学、航海学、建筑学等学科也有诸多建树.据统计,欧拉一生共写了886本书籍和论文,其中大约一半著作是失明后完成的.彼得堡科学院为整理他的著作足足忙碌了47年.

欧拉的惊人多产不是偶然的,他可以在任何不良的环境下工作,他常常把孩子抱在膝盖上完成论文,完全不理会周围的喧闹.

欧拉最大的成就是扩展了微积分的领域并为微积分析学的一些重要分支的产生和发展奠定了基础.1687年,牛顿和莱布尼兹创立微积分时,由于当时函数有局限,他们只给出了少量函数的微积分,而欧拉极大地推进了微积分,并且发展了很多技巧.约翰·伯努利曾对欧拉说:"我介绍高等分析时,它还是个孩子,而你正在将它带大成人."

1783年9月18日,晚餐后,欧拉一边喝茶,一边和小孙女玩耍,突然,烟斗从他手中掉了下来,他说了一声"我的烟斗",并弯腰去捡,结果这位数学大师再也没有站起来.欧拉终于停止了计算和生命.

第 6 章

定积分及其应用

定积分是积分学的核心内容,它与不定积分有着密切的内在联系,而且它在自然科学、工程技术及经济领域中都有广泛的应用.本章着重讨论定积分的概念、性质、计算及定积分在几何学和经济上的应用.

6.1 定积分的概念与性质

6.1.1 引例

定积分的概念是由于实际问题引入的.作为引例,先来讨论曲边梯形的面积与变速直线运动的路程.

1. 曲边梯形的面积

在初等数学中,我们知道了一些规则图形的面积公式,比如矩形的面积为"长×宽",等等.现在我们来讨论曲边梯形的面积问题.所谓曲边梯形(图 6-1),是指由非负连续曲线 $y=f(x)$,直线 $x=a,x=b$ 及 x 轴所围成的图形,其面积怎样表示呢?通过学习极限我们知道,圆的面积可以通过圆内接正多边形面积的极限来实现,现在也用类似的方法解决这个问题.我们设想,将该曲边梯形沿着 y 轴方向分割成许多小的曲边梯形,把每个小曲边梯形近似地看作一个小矩形,用小矩形面积来代替小曲边梯形的面积,加起来就

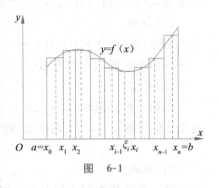

图 6-1

是曲边梯形面积的近似值,分割越细,误差越小.于是,当所有的小曲边梯形宽度趋于零时,所有小矩形面积之和的极限就是曲边梯形面积的精确值.具体步骤是:

(1)分割.

在 $[a,b]$ 内任意插入若干分点 $a=x_0<x_1<x_2<\cdots<x_{n-1}<x_n=b$,把底边 $[a,b]$ 分成 n 个小区间 $[x_{i-1},x_i](i=1,2,\cdots,n)$,小区间长度记为

$$\Delta x_i=x_i-x_{i-1}(i=1,2,\cdots,n).$$

过每个分点 $x_i(i=1,2,\cdots,n)$ 作 y 轴的平行线,将曲边梯形分成了 n 个小曲边梯形.

(2)近似代替.

在第 i 个小区间上任取一点 $\xi_i\in[x_{i-1},x_i],i=1,2,\cdots,n$,以 $f(\xi_i)$ 为高,以 Δx_i 为底作小矩形,用小矩形的面积 $f(\xi_i)\Delta x_i$ 近似代替第 i 个小曲边梯形的面积 ΔA_i,即

$$\Delta A_i\approx f(\xi_i)\Delta x_i(i=1,2,\cdots,n).$$

(3)求和.

把 n 个小曲边梯形面积的近似值相加,就得到曲边梯形面积 A 的近似值,即

$$A\approx f(\xi_1)\Delta x_1+f(\xi_2)\Delta x_2+\cdots+f(\xi_n)\Delta x_n=\sum_{i=1}^{n}f(\xi_i)\Delta x_i.$$

一般来说,分割得越细,近似程度越好.

(4)取极限.

为了保证分割无限细化,可要求小区间长度的最大值 $\lambda = \max\limits_{1 \leqslant i \leqslant n}\{\Delta x_i\}$ 趋于零,这时和式 $\sum\limits_{i=1}^{n} f(\xi_i)\Delta x_i$ 的极限就是曲边梯形面积 A 的精确值,即有

$$A = \lim_{\lambda \to 0} \sum_{i=1}^{n} f(\xi_i)\Delta x_i. \tag{6-1}$$

2. 变速直线运动的路程

匀速直线运动的物体,路程=速度×时间. 现设某物体作变速直线运动,已知其速度 $v = v(t)$ 是时间间隔 $[T_1, T_2]$ 上的连续函数,现要计算在这段时间内物体所走过的路程 s.

因为速度是随时间的变化而变化的,所以不可由上述公式求路程. 可将 $[T_1, T_2]$ 分为若干小时间段,由于速度 $v(t)$ 是连续的,所以可以认为在每个小时间段上的运动近似为匀速直线运动. 这样,在每个小时间段上的路程可以近似表示出来. 将每个小时间段上路程的近似值求和,就得到时间段 $[T_1, T_2]$ 上的路程 s 的近似值,分割越细,近似程度越好.

(1)分割.

用分点 $T_1 = t_0 < t_1 < t_2 < \cdots < t_{n-1} < t_n = T_2$ 把 $[T_1, T_2]$ 分成 n 个小区间 $[t_{i-1}, t_i]$ ($i = 1, 2, \cdots, n$),小区间长度记为 $\Delta t_i = t_i - t_{i-1}$ ($i = 1, 2, \cdots, n$).

(2)近似代替.

把第 i 个小段 $[t_{i-1}, t_i]$ 上的运动近似视为匀速直线运动. 任取时刻 $\xi_i \in [t_{i-1}, t_i]$,用 ξ_i 点的速度近似代替 $[t_{i-1}, t_i]$ 上的速度,则得小段时间 $[t_{i-1}, t_i]$ 上物体所走路程 Δs_i 的近似值为

$$\Delta s_i \approx v(\xi_i)\Delta t_i \, (i = 1, 2, \cdots, n).$$

(3)求和.

把 n 个小段时间上的路程相加,就得到总路程 s 的近似值,即

$$s \approx v(\xi_1)\Delta t_1 + v(\xi_2)\Delta t_2 + \cdots + v(\xi_n)\Delta t_n = \sum_{i=1}^{n} v(\xi_i)\Delta t_i.$$

(4)取极限.

令 $\lambda = \max\limits_{1 \leqslant i \leqslant n}\{\Delta t_i\}$ 趋于零,这时和式 $\sum\limits_{i=1}^{n} v(\xi_i)\Delta t_i$ 的极限就是路程 s 的精确值,即有

$$s = \lim_{\lambda \to 0} \sum_{i=1}^{n} v(\xi_i)\Delta t_i. \tag{6-2}$$

通过对上面两个引例的分析,我们看到,虽然它们一个是面积问题,一个是路程问题,但如果不考虑它们的实际背景,仅从数学角度来看式(6-1)和式(6-2),它们解决问题的方法与步骤一样,属于同一个数学模型. 抽象出来,就得到定积分的定义.

6.1.2 定积分的概念

1. 定积分的定义

定义 6-1 设函数 $y = f(x)$ 在 $[a, b]$ 上有界,任取分点 $a = x_0 < x_1 < x_2 < \cdots < x_{n-1} < x_n = b$,

分 $[a,b]$ 为 n 个小区间 $[x_{i-1},x_i](i=1,2,\cdots,n)$，记小区间的长度分别为
$$\Delta x_i = x_i - x_{i-1}(i=1,2,\cdots,n).$$

在每 i 个小区间上任取一点 $\xi_i \in [x_{i-1},x_i]$，作乘积 $f(\xi_i)\Delta x_i, i=1,2,\cdots,n$，并作和式 $\sum_{i=1}^{n} f(\xi_i)\Delta x_i$. 如果不论对 $[a,b]$ 的分法如何，也不论点 ξ_i 的取法如何，只要当小区间长度的最大值 $\lambda = \max_{1 \leqslant i \leqslant n}\{\Delta x_i\} \to 0$ 时，和式

$$\sum_{i=1}^{n} f(\xi_i)\Delta x_i$$

总趋于确定的值，则称 $f(x)$ 在 $[a,b]$ 上可积，并称此极限为函数 $f(x)$ 在 $[a,b]$ 上的定积分，记为 $\int_a^b f(x)\mathrm{d}x$，即

$$\int_a^b f(x)\mathrm{d}x = \lim_{\lambda \to 0}\sum_{i=1}^{n} f(\xi_i)\Delta x_i.$$

其中，$\int$ 称为积分号，$f(x)$ 称为被积函数，$f(x)\mathrm{d}x$ 称为被积表达式，x 称为积分变量，$[a,b]$ 称为积分区间，a 和 b 分别称为积分下限和积分上限.

根据这个定义，前面两个实际问题都可用定积分表示：

$$\text{曲边梯形面积 } A = \int_a^b f(x)\mathrm{d}x, \tag{6-3}$$

$$\text{变速直线运动路程 } s = \int_{T_1}^{T_2} v(t)\mathrm{d}t. \tag{6-4}$$

关于定积分，应注意以下几点：

(1) 定积分表示一个数，它只与被积函数及积分区间有关，而与积分变量记号无关. 换句话说，

$$\int_a^b f(x)\mathrm{d}x = \int_a^b f(t)\mathrm{d}t \ (t \text{ 为任意字母}).$$

(2) 可以证明：若 $f(x)$ 在 $[a,b]$ 上连续，则 $f(x)$ 可积；若 $f(x)$ 在 $[a,b]$ 上虽然不连续，但在 $[a,b]$ 上有界，且在 $[a,b]$ 上只有有限个第一类间断点，则 $f(x)$ 可积.

(3) 在定积分定义中，我们假定 $a < b$. 当 $a > b$ 时，我们规定 $\int_a^b f(x)\mathrm{d}x = -\int_b^a f(x)\mathrm{d}x$. 当 $a = b$ 时，规定 $\int_a^b f(x)\,\mathrm{d}x = 0$.

例 6-1 利用定积分定义计算 $\int_a^b k\mathrm{d}x$，其中 k 为常数.

证明 用分点 $x_i(i=0,1,\cdots,n)$ 分 $[a,b]$ 为 n 个小区间 $[x_{i-1},x_i](i=1,2,\cdots,n)$，第 i 个小区间 $[x_{i-1},x_i]$ 的长度记为 Δx_i. 任取一点 $\xi_i \in [x_{i-1},x_i](i=1,2,\cdots,n)$，则

$$\int_a^b k\mathrm{d}x = \lim_{\lambda \to 0}\sum_{i=1}^{n} k\Delta x_i = k\lim_{\lambda \to 0}\sum_{i=1}^{n} \Delta x_i = k\lim_{\lambda \to 0}(b-a) = k(b-a).$$

2. 定积分的几何意义

非负连续函数 $f(x)$ 在 $[a,b]$ 上定积分 $\int_a^b f(x)\mathrm{d}x$ 表示由曲线 $y = f(x)$，直线 $x = a, x = $

b 及 x 轴围成的曲边梯形的面积；如果函数 $f(x)$ 在 $[a,b]$ 上为负时，曲边梯形位于 x 轴下方，$\int_a^b f(x)\mathrm{d}x$ 表示曲边梯形面积的负值；如果函数 $f(x)$ 在 $[a,b]$ 上有正有负时，则函数图形的某些部分在 x 轴上方，而其他部分在 x 轴下方（图 6-2），这时 $\int_a^b f(x)\mathrm{d}x$ 表示曲线 $y=f(x)$、x 轴及直线 $x=a,x=b$ 之间的各部分面积的代数和，其中在 x 轴上方部分的面积取正号，在 x 轴下方部分的面积取负号.

例如，$\int_{-1}^2 x\mathrm{d}x$ 等于由 $x=-1,x=2,y=x$ 及 x 轴所围成的平面图形在 x 轴上方部分的面积减去在 x 轴下方部分的面积，所以 $\int_{-1}^2 x\mathrm{d}x = \dfrac{3}{2}$（图 6-3）；

$\int_{-1}^1 \sqrt{1-x^2}\mathrm{d}x$ 等于由 $x=-1,x=1,y=\sqrt{1-x^2}$ 及 x 轴所围成的半径为 1 的半圆的面积，所以 $\int_{-1}^1 \sqrt{1-x^2}\mathrm{d}x = \dfrac{\pi}{2}$（图 6-4）.

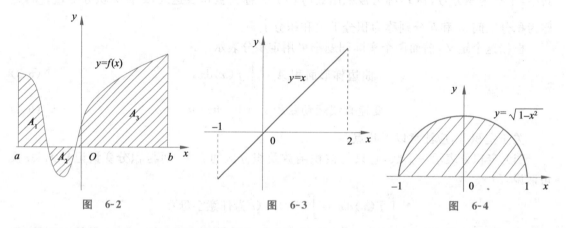

图 6-2　　　　　图 6-3　　　　　图 6-4

6.1.3 定积分的性质

在下列性质讨论中，假定各性质中所列出的定积分都是存在的，且如无特别说明，a 与 b 之间并无特定的大小关系.

性质 6-1　函数的代数和的积分等于它们的积分的代数和，即
$$\int_a^b [f(x) \pm g(x)]\mathrm{d}x = \int_a^b f(x)\mathrm{d}x \pm \int_a^b g(x)\mathrm{d}x.$$
此性质可推广到有限个函数.

性质 6-2　被积函数的常数因子可提到积分号外面，即
$$\int_a^b kf(x)\mathrm{d}x = k\int_a^b f(x)\mathrm{d}x \ (k \text{ 为常数}).$$
性质 6-1 和性质 6-2 统称为定积分的线性性质.

性质 6-3（区间可加性）　若 $a<c<b$，则
$$\int_a^b f(x)\mathrm{d}x = \int_a^c f(x)\mathrm{d}x + \int_c^b f(x)\mathrm{d}x.$$

注：由定积分的补充规定，我们可证明不论 a,b,c 的相对位置如何，都有 $\int_a^b f(x)\mathrm{d}x = \int_a^c f(x)\mathrm{d}x + \int_c^b f(x)\mathrm{d}x$ 成立.

性质 6-4 若 $f(x)\equiv 1$，则
$$\int_a^b 1\mathrm{d}x = \int_a^b \mathrm{d}x = b-a.$$

性质 6-5（比较性质） 若在 $[a,b]$ 上有 $f(x)\geqslant g(x)$，则
$$\int_a^b f(x)\mathrm{d}x \geqslant \int_a^b g(x)\mathrm{d}x.$$

推论 6-1 若在 $[a,b]$ 上有 $f(x)\geqslant 0$，则 $\int_a^b f(x)\mathrm{d}x \geqslant 0$.

推论 6-2 $\left|\int_a^b f(x)\mathrm{d}x\right| \leqslant \int_a^b |f(x)|\mathrm{d}x.\ (a<b)$

性质 6-6（估值定理） 设函数 $f(x)$ 在 $[a,b]$ 上的最大值与最小值分别是 M 与 m，则
$$m(b-a) \leqslant \int_a^b f(x)\mathrm{d}x \leqslant M(b-a).$$

性质 6-1~6-6 都可借助定积分的定义来证明，在此省略.

性质 6-7（积分中值定理） 若 $f(x)$ 在 $[a,b]$ 上连续，则至少存在一点 $\xi\in[a,b]$，使得
$$\int_a^b f(x)\mathrm{d}x = f(\xi)(b-a).$$

证明 把性质 6 中的不等式各除以 $b-a$，得
$$m \leqslant \frac{1}{b-a}\int_a^b f(x)\mathrm{d}x \leqslant M.$$

这表明，确定的数值 $\frac{1}{b-a}\int_a^b f(x)\mathrm{d}x$ 介于 $f(x)$ 的最小值 m 与最大值 M 之间. 根据闭区间上连续函数的介值定理，至少存在一点 $\xi\in[a,b]$，使得
$$\frac{1}{b-a}\int_a^b f(x)\mathrm{d}x = f(\xi)\ (a\leqslant\xi\leqslant b).$$

从而 $\int_a^b f(x)\mathrm{d}x = f(\xi)(b-a).$

积分中值定理可以这样解释（图 6-5）：在 $[a,b]$ 上至少存在一点 ξ，使得以区间 $[a,b]$ 为底边、以曲线 $y=f(x)$ 为曲边的曲边梯形面积等于同一底，而高为 $f(\xi)$ 的矩形面积. 因此 $f(\xi)=\frac{1}{b-a}\int_a^b f(x)\mathrm{d}x$ 常被称为函数 $y=f(x)$ 在 $[a,b]$ 上的平均值.

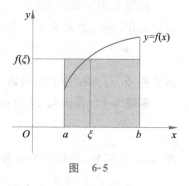

图 6-5

6.2 微积分基本公式

定积分作为一种特定和式的极限，直接按定义来计算是很困难的. 因此，有必要寻找计

算定积分的简便、有效的方法.

其实,在 6.1 节中变速直线运动的路程中,已经蕴含了上述关系的内容.设某物体作直线运动,已知速度 $v=v(t)$ 是时间间隔 $[T_1,T_2]$ 上的连续函数,现要计算在这段时间内物体所走过的路程 s.

一方面,变速直线运动路程为 $s=\int_{T_1}^{T_2}v(t)\mathrm{d}t$;另一方面,这段路程又可表示为位置函数 $s(t)$ 在区间 $[T_1,T_2]$ 上的增量 $s=s(T_2)-s(T_1)$.由此可见,

$$\int_{T_1}^{T_2}v(t)\mathrm{d}t=s(T_2)-s(T_1).$$

因为 $s'(t)=v(t)$,所以上述关系式表明速度函数 $v(t)$ 在区间 $[T_1,T_2]$ 上的定积分等于其原函数 $s(t)$ 在区间 $[T_1,T_2]$ 上的增量.

上述从变速直线运动的路程这个特殊问题中得出来的关系,在一定条件下具有普遍意义.事实上,我们将在本节 6.2.2 中证明,定积分的值等于其任一个原函数在积分区间上的增量.为了证明这个问题,下面先来研究积分上限函数.

▶ 6.2.1 积分上限函数及其导数

设函数 $f(x)$ 在区间 $[a,b]$ 上连续,任取 $x\in[a,b]$,考查 $f(x)$ 在部分区间 $[a,x]$ 上的定积分

$$\int_a^x f(x)\mathrm{d}x.$$

首先,由于 $f(x)$ 在区间 $[a,x]$ 上仍然连续,所以这个定积分存在.这时积分上限为变量用 x 表示,与积分变量 x 的意义不同。为避免混淆,我们把积分变量改用其他字母,例如用 t 表示,则上面的定积分可以写成

$$\int_a^x f(x)\mathrm{d}x=\int_a^x f(t)\mathrm{d}t.$$

如果上限 x 在区间 $[a,b]$ 上任意变动,则对于每一个取定的 x 值,定积分有一个对应值,所以它在 $[a,b]$ 上定义了一个函数,记作 $\Phi(x)$,即

$$\Phi(x)=\int_a^x f(t)\mathrm{d}t \quad (a\leqslant x\leqslant b) \tag{6-5}$$

通常称 $\Phi(x)$ 为积分上限函数.

定理 6-1 若函数 $f(x)$ 在区间 $[a,b]$ 上连续,则积分上限函数

$$\Phi(x)=\int_a^x f(t)\mathrm{d}t$$

在 $[a,b]$ 上可导,并且它的导数

$$\Phi'(x)=\frac{\mathrm{d}}{\mathrm{d}x}\int_a^x f(t)\mathrm{d}t=f(x) \quad (a\leqslant x\leqslant b). \tag{6-6}$$

证明 我们利用导数的定义来证明定理 6-1.这意味着证明

$$\lim_{\Delta x\to 0}\frac{\Delta\Phi}{\Delta x}=f(x)(a\leqslant x\leqslant b).$$

如图 6-6 所示,任取 $x\in[a,b]$,并给它一增量 Δx,

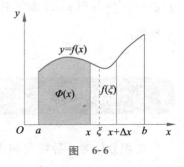

图 6-6

$x+\Delta x \in [a,b]$. 由 $\Phi(x)$ 的定义,有

$$\Delta \Phi = \Phi(x+\Delta x) - \Phi(x) = \int_a^{x+\Delta x} f(t)dt - \int_a^x f(t)dt = \int_x^{x+\Delta x} f(t)dt,$$

于是

$$\frac{\Delta \Phi}{\Delta x} = \frac{1}{\Delta x} \cdot \int_x^{x+\Delta x} f(t)dt.$$

根据积分中值定理,存在 ξ 介于 x 与 $x+\Delta x$ 之间,有 $\int_x^{x+\Delta x} f(t)dt = f(\xi)\Delta x$,于是

$$\lim_{\Delta x \to 0} \frac{\Delta \Phi}{\Delta x} = \lim_{\Delta x \to 0} f(\xi) = \lim_{\xi \to x} f(\xi).$$

由于函数 $f(x)$ 连续,所以

$$\Phi'(x) = \frac{d}{dx}\int_a^x f(t)dt = \lim_{\Delta x \to 0} \frac{\Delta \Phi}{\Delta x} = \lim_{\xi \to x} f(\xi) = f(x) \quad (a \leqslant x \leqslant b).$$

由定理 6-1 可知定理 6-2.

定理 6-2 积分上限函数 $\Phi(x) = \int_a^x f(t)dt$ 就是连续函数 $f(x)$ 在 $[a,b]$ 上的一个原函数.

▶ 6.2.2 微积分基本公式

定理 6-3(牛顿-莱布尼兹公式) 设函数 $F(x)$ 是连续函数 $f(x)$ 在区间 $[a,b]$ 上的一个原函数,则

$$\int_a^b f(x)dx = F(b) - F(a). \tag{6-7}$$

证明 由定理 6-2 知道,积分上限函数 $\Phi(x) = \int_a^x f(t)dt$ 是 $f(x)$ 的一个原函数,又已知 $F(x)$ 也是 $f(x)$ 一个原函数,于是存在常数 C_0,使得在 $[a,b]$ 上有

$$F(x) - \Phi(x) = C_0.$$

于是

$$F(b) - F(a) = [\Phi(b) + C_0] - [\Phi(a) + C_0]$$
$$= \Phi(b) - \Phi(a) = \int_a^b f(t)dt - \int_a^a f(t)dt$$
$$= \int_a^b f(t)dt = \int_a^b f(x)dx.$$

这样就证明了式(6-7).

式(6-7)称为牛顿-莱布尼兹公式,也称为微积分基本公式.该公式表示出了定积分与原函数之间的关系:连续函数在 $[a,b]$ 上的定积分等于其任一个原函数在 $[a,b]$ 上的增量.

需要强调的是,这个定理是牛顿和莱布尼兹各自独立发现的.可以说,这一发现开创的数学进展,刺激了此后 200 年的数学革命.

为计算方便,式(6-7)常采用下面的格式:

$$\int_a^b f(x)dx = F(x)\Big|_a^b = F(b) - F(a).$$

例 6-2 求 $\int_{-1}^{1} \dfrac{1}{1+x^2} dx$.

解 $\dfrac{1}{1+x^2}$ 的一个原函数是 $\arctan x$，因此

$$\int_{-1}^{1} \dfrac{1}{1+x^2} dx = \arctan x \Big|_{-1}^{1} = \arctan 1 - \arctan(-1) = \dfrac{\pi}{2}.$$

例 6-3 求 $\int_{0}^{\pi} \cos\left(\dfrac{x}{4}+\dfrac{\pi}{4}\right) dx$.

解 $\int_{0}^{\pi} \cos\left(\dfrac{x}{4}+\dfrac{\pi}{4}\right) dx = 4\int_{0}^{\pi} \cos\left(\dfrac{x}{4}+\dfrac{\pi}{4}\right) \cdot \dfrac{1}{4} dx = 4\int_{0}^{\pi} \cos\left(\dfrac{x}{4}+\dfrac{\pi}{4}\right) d\left(\dfrac{x}{4}+\dfrac{\pi}{4}\right)$

$$= 4\sin\left(\dfrac{x}{4}+\dfrac{\pi}{4}\right)\Big|_0^{\pi} = 4\left(\sin\dfrac{\pi}{2}-\sin\dfrac{\pi}{4}\right) = 4-2\sqrt{2}.$$

例 6-4 求 $\int_{0}^{1} x e^{x^2} dx$.

解 $\int_{0}^{1} x e^{x^2} dx = \dfrac{1}{2}\int_{0}^{1} e^{x^2} \cdot 2x\, dx = \dfrac{1}{2}\int_{0}^{1} e^{x^2} dx^2 = \dfrac{1}{2} e^{x^2}\Big|_0^1 = \dfrac{1}{2}(e-1).$

例 6-5 求 $\int_{0}^{\pi} \sqrt{\sin x - \sin^3 x}\, dx$.

解 $\int_{0}^{\pi} \sqrt{\sin x - \sin^3 x}\, dx = \int_{0}^{\pi} \sqrt{\sin x(1-\sin^2 x)}\, dx = \int_{0}^{\pi} \sqrt{\sin x}\,|\cos x|\, dx$

$$= \int_{0}^{\frac{\pi}{2}} \sqrt{\sin x}\cos x\, dx - \int_{\frac{\pi}{2}}^{\pi} \sqrt{\sin x}\cos x\, dx$$

$$= \int_{0}^{\frac{\pi}{2}} \sqrt{\sin x}\, d\sin x - \int_{\frac{\pi}{2}}^{\pi} \sqrt{\sin x}\, d\sin x$$

$$= \dfrac{2}{3}(\sin x)^{\frac{3}{2}}\Big|_0^{\frac{\pi}{2}} - \dfrac{2}{3}(\sin x)^{\frac{3}{2}}\Big|_{\frac{\pi}{2}}^{\pi}$$

$$= \dfrac{2}{3} - \dfrac{2}{3}(0-1) = \dfrac{4}{3}.$$

下面再举几个应用式(6-6)的例子.

例 6-6 求下列函数的导数.

(1) $\varPhi(x) = \int_{1}^{x} \dfrac{1}{1+t^2} dt$；

(2) $F(x) = \int_{1}^{x^2} \sin t\, dt$；

(3) $F(x) = \int_{e^x}^{1} \dfrac{\ln t}{t} dt$.

解 (1) 由于式(6-6) 中 $f(t) = \dfrac{1}{1+t^2}$，所以 $\varPhi'(x) = \dfrac{d}{dx}\int_{1}^{x}\dfrac{1}{1+t^2}dt = \dfrac{1}{1+x^2}$；

(2) 由于积分上限是 x^2 而不是 x，$F(x)$ 作为 x 的函数可看成是由

$$\varPhi(u) = \int_{1}^{u} \sin t\, dt \text{ 和 } u = x^2$$

复合而成，因此由复合函数求导的链式法则，有

$$\dfrac{dF}{dx} = \dfrac{dF}{du} \cdot \dfrac{du}{dx} = \left(\dfrac{d}{du}\int_{1}^{u}\sin t\, dt\right) \cdot \dfrac{du}{dx} = \sin u \cdot 2x = 2x\sin x^2.$$

(3) 由于

$$F(x) = \int_{e^x}^{1} \frac{\ln t}{t} dt = -\int_{1}^{e^x} \frac{\ln t}{t} dt,$$

所以

$$\frac{dF}{dx} = -\frac{\ln e^x}{e^x}(e^x)' = -\frac{x}{e^x} e^x = -x.$$

例 6-7 求一个函数 $y = f(x)$,它有导数

$$\frac{dy}{dx} = \cot x,$$

并且满足条件 $f(2) = 5$.

解 由式(6-6),易于构造具有导数 $\cot x$ 的函数

$$y = \int_{2}^{x} \cot t \, dt.$$

因为 $y(2) = 0$,只需在这个函数上加上 5 就可构造出具有导数 $\cot x$,且满足条件 $f(2) = 5$ 的函数:

$$f(x) = \int_{2}^{x} \cot t \, dt + 5.$$

例 6-8 求 $\lim\limits_{x \to 0} \dfrac{\int_{0}^{x} e^{t^2} dt}{\sin x}$.

解 易知这是一个 $\dfrac{0}{0}$ 型的未定式,利用洛必达法则计算得

$$\lim_{x \to 0} \frac{\int_{0}^{x} e^{t^2} dt}{\sin x} = \lim_{x \to 0} \frac{e^{x^2}}{\cos x} = 1.$$

6.3 定积分的计算方法

牛顿-莱布尼兹公式把定积分的计算与原函数直接联系起来,定积分的计算主要是求原函数.但当原函数不易求时,我们可以将不定积分的积分方法移植到定积分,就得到了定积分的相应积分方法.

▶ 6.3.1 定积分的换元法

为了说明如何利用换元法来计算定积分,先证明下面的定理.

定理 6-4 设函数 $f(x)$ 在 $[a,b]$ 上连续,而 $x = \varphi(t)$ 满足条件:

(1) $\varphi(\alpha) = a, \varphi(\beta) = b$;

(2) $\varphi(t)$ 在 $[\alpha, \beta]$(或 $[\beta, \alpha]$)上具有连续导数,且其值域为 $[a,b]$,则有

$$\int_{a}^{b} f(x) dx = \int_{\alpha}^{\beta} f[\varphi(t)] \varphi'(t) dt. \tag{6-8}$$

(6-8)式叫作定积分的换元公式.

证明 由假设可知,(6-8)式两边的被积函数都是连续的,因此不仅(6-8)式两边的定积

分存在，而且由上节的定理 6-2 知道，被积函数的原函数也都存在. 所以，(6-8)两边的定积分都可用牛顿-莱布尼兹公式来求解. 为此，设 $F(x)$ 是函数 $f(x)$ 在$[a,b]$上的一个原函数，一方面，

$$\int_a^b f(x)\mathrm{d}x = F(b) - F(a).$$

另一方面，记 $\Phi(t) = F[\varphi(t)]$，它是由 $F(x)$ 与 $x = \varphi(t)$ 复合而成的复合函数. 由复合函数求导法则，

$$\Phi'(t) = F'[\varphi(t)]\varphi'(t) = f[\varphi(t)]\varphi'(t),$$

这表明 $\Phi(t)$ 是 $f[\varphi(t)]\varphi'(t)$ 的一个原函数. 因此有

$$\int_\alpha^\beta f[\varphi(t)]\varphi'(t)\mathrm{d}t = \Phi(\beta) - \Phi(\alpha).$$

又由 $\Phi(t) = F[\varphi(t)]$ 及 $\varphi(\alpha) = a, \varphi(\beta) = b$ 可知

$$\Phi(\beta) - \Phi(\alpha) = F[\varphi(\beta)] - F[\varphi(\alpha)] = F(b) - F(a).$$

因此式(6-8)成立.

注：应用换元积分法计算定积分时一定要做到"三换"：一是把 $f(x)$ 用 $f[\varphi(t)]$ 替换；二是把 $\mathrm{d}x$ 用 $\varphi'(t)\mathrm{d}t$ 替换；三是把原来积分变量 x 的积分限 a 和 b 分别替换成新变量 t 的相应积分限 α 和 β.

例 6-9 求 $\int_{-3}^0 \dfrac{x\mathrm{d}x}{\sqrt{1-x}}$.

解 令 $\sqrt{1-x} = t$，即 $x = 1 - t^2$，则 $\mathrm{d}x = -2t\mathrm{d}t$，且当 $x = -3$ 时，$t = 2$；当 $x = 0$ 时，$t = 1$，于是

$$\int_{-3}^0 \frac{x\mathrm{d}x}{\sqrt{1-x}} = \int_2^1 \frac{1-t^2}{t} \cdot (-2t)\mathrm{d}t = -2\int_1^2 (t^2 - 1)\mathrm{d}t$$

$$= -2\left(\frac{t^3}{3} - t\right)\bigg|_1^2 = -\frac{8}{3}.$$

例 6-10 求 $\int_{-a}^a \sqrt{a^2 - x^2}\,\mathrm{d}x \quad (a > 0)$.

解 设 $x = a\sin t$，则 $\mathrm{d}x = a\cos t\,\mathrm{d}t$，且当 $x = -a$ 时，$t = -\dfrac{\pi}{2}$；当 $x = a$ 时，$t = \dfrac{\pi}{2}$，于是 $t \in \left[-\dfrac{\pi}{2}, \dfrac{\pi}{2}\right]$

$$\int_{-a}^a \sqrt{a^2 - x^2}\,\mathrm{d}x = \int_{-\frac{\pi}{2}}^{\frac{\pi}{2}} \sqrt{a^2 - a^2\sin^2 t} \cdot (a\cos t)\mathrm{d}t$$

$$= a^2 \int_{-\frac{\pi}{2}}^{\frac{\pi}{2}} \cos^2 t\,\mathrm{d}t = a^2 \int_{-\frac{\pi}{2}}^{\frac{\pi}{2}} \frac{1 + \cos 2t}{2}\mathrm{d}t$$

$$= \frac{a^2}{2}\left(t + \frac{1}{2}\sin 2t\right)\bigg|_{-\frac{\pi}{2}}^{\frac{\pi}{2}}$$

$$= \frac{\pi a^2}{2}.$$

注：此题也可以利用定积分的几何意义直接给出答案.

例 6-11 求 $\int_1^{e^2} \dfrac{\mathrm{d}x}{x\sqrt{1 + \ln x}}$.

解 $\int_1^{e^2} \dfrac{\mathrm{d}x}{x\sqrt{1 + \ln x}} = \int_1^{e^2} \dfrac{1}{\sqrt{1 + \ln x}}\mathrm{d}(1 + \ln x) = 2\sqrt{1 + \ln x}\,\bigg|_1^{e^2} = 2(\sqrt{3} - 1).$

下面利用定积分的换元法推证一些有用的结论.

例 6-12 设 $f(x)$ 在以原点为对称的区间 $[-a,a]$ 上连续，证明

$$\int_{-a}^{a} f(x)\mathrm{d}x = \begin{cases} 2\int_{0}^{a} f(x)\mathrm{d}x, & \text{当 } f(x) \text{ 为偶函数时,} \\ 0, & \text{当 } f(x) \text{ 为奇函数时.} \end{cases}$$

证明 因为 $\int_{-a}^{a} f(x)\mathrm{d}x = \int_{-a}^{0} f(x)\mathrm{d}x + \int_{0}^{a} f(x)\mathrm{d}x$，结合所要证明的结论，对前一个定积分 $\int_{-a}^{0} f(x)\mathrm{d}x$ 作变量代换 $x=-t$，则有

$$\int_{-a}^{0} f(x)\mathrm{d}x = \int_{a}^{0} f(-t)\mathrm{d}(-t) = -\int_{a}^{0} f(-t)\mathrm{d}t = \int_{0}^{a} f(-t)\mathrm{d}t = \int_{0}^{a} f(-x)\mathrm{d}x,$$

于是

$$\int_{-a}^{a} f(x)\mathrm{d}x = \int_{0}^{a} f(-x)\mathrm{d}x + \int_{0}^{a} f(x)\mathrm{d}x = \int_{0}^{a} [f(-x)+f(x)]\mathrm{d}x.$$

(1) 若 $f(x)$ 为偶函数，即 $f(-x)=f(x)$，则

$$\int_{-a}^{a} f(x)\mathrm{d}x = 2\int_{0}^{a} f(x)\mathrm{d}x;$$

(2) 若 $f(x)$ 为奇函数，即 $f(-x)=-f(x)$，则

$$\int_{-a}^{a} f(x)\mathrm{d}x = 0.$$

利用例 6-12 的结论，常可简化奇、偶函数在以原点为对称区间上的定积分的计算.

例 6-13 求 $\int_{-1}^{1} \dfrac{x^2+x\cos x}{1+\sqrt{1-x^2}}\mathrm{d}x$.

解
$$\int_{-1}^{1} \frac{x^2+x\cos x}{1+\sqrt{1-x^2}}\mathrm{d}x = \int_{-1}^{1} \frac{x^2}{1+\sqrt{1-x^2}}\mathrm{d}x + \int_{-1}^{1} \frac{x\cos x}{1+\sqrt{1-x^2}}\mathrm{d}x$$

$$= 2\int_{0}^{1} \frac{x^2}{1+\sqrt{1-x^2}}\mathrm{d}x = 2\int_{0}^{1}(1-\sqrt{1-x^2})\mathrm{d}x$$

$$= 2 - 2\int_{0}^{1}\sqrt{1-x^2}\mathrm{d}x = 2 - \frac{\pi}{2}.$$

例 6-14 证明 $\int_{0}^{\frac{\pi}{2}} f(\sin x)\mathrm{d}x = \int_{0}^{\frac{\pi}{2}} f(\cos x)\mathrm{d}x$（其中 $f(x)$ 在 $[0,1]$ 上连续）.

证明 考虑到要证明的等式把左端的关于 $\sin x$ 的函数变成了右端的关于 $\cos x$ 的函数，并且积分限不变，所以作代换 $x=\dfrac{\pi}{2}-t$，则

$$\int_{0}^{\frac{\pi}{2}} f(\sin x)\mathrm{d}x = \int_{\frac{\pi}{2}}^{0} f\left[\sin\left(\frac{\pi}{2}-t\right)\right]\mathrm{d}\left(\frac{\pi}{2}-t\right)$$

$$= \int_{\frac{\pi}{2}}^{0} f(\cos t)\cdot(-\mathrm{d}t) = \int_{0}^{\frac{\pi}{2}} f(\cos t)\mathrm{d}t = \int_{0}^{\frac{\pi}{2}} f(\cos x)\mathrm{d}x.$$

▶ 6.3.2 定积分的分部积分法

设函数 $u=u(x)$、$v=v(x)$ 在 $[a,b]$ 上有连续导数，则有

$$\int_a^b u\,dv = uv\Big|_a^b - \int_a^b v\,du.$$

这就是定积分的分部积分公式，它可由不定积分的分部积分公式直接导出。该公式表明，原函数已经积出的部分可以先用上下限代入，余下的部分继续积分。当求 $\int_a^b v\,du$ 比求 $\int_a^b u\,dv$ 容易时，常用分部积分法。

例 6-15 求 $\int_0^{\frac{\pi}{4}} \dfrac{x}{\cos^2 x}\,dx$.

解 $\int_0^{\frac{\pi}{4}} \dfrac{x}{\cos^2 x}\,dx = \int_0^{\frac{\pi}{4}} x\,d\tan x = x\tan x\Big|_0^{\frac{\pi}{4}} - \int_0^{\frac{\pi}{4}} \tan x\,dx$

$= \dfrac{\pi}{4} + \ln\cos x\Big|_0^{\frac{\pi}{4}} = \dfrac{\pi}{4} + \ln\dfrac{\sqrt{2}}{2}.$

例 6-16 求 $\int_1^{e^2} \ln\sqrt{x}\,dx$.

解 令 $\sqrt{x} = t$，则 $x = t^2$，$dx = 2t\,dt$，且当 $x=1$ 时，$t=1$；当 $x=e^2$ 时，$t=e$，因此

$\int_1^{e^2} \ln\sqrt{x}\,dx = \int_1^e \ln t\,dt^2 = t^2 \ln t\Big|_1^e - \int_1^e t^2\,d\ln t$

$= e^2 - \int_1^e t^2 \cdot \dfrac{1}{t}\,dt = e^2 - \int_1^e t\,dt$

$= e^2 - \dfrac{1}{2}t^2\Big|_1^e = \dfrac{1}{2}(e^2+1).$

例 6-17 证明

$$I_n = \int_0^{\frac{\pi}{2}} \sin^n x\,dx \left(= \int_0^{\frac{\pi}{2}} \cos^n x\,dx\right) = \begin{cases} \dfrac{n-1}{n} \cdot \dfrac{n-3}{n-2} \cdot \cdots \cdot \dfrac{3}{4} \cdot \dfrac{1}{2} \cdot \dfrac{\pi}{2}, & n \text{ 为正偶数}, \\ \dfrac{n-1}{n} \cdot \dfrac{n-3}{n-2} \cdot \cdots \cdot \dfrac{4}{5} \cdot \dfrac{2}{3}, & n \text{ 为大于 1 的正奇数}. \end{cases}$$

证明 $I_n = -\int_0^{\frac{\pi}{2}} \sin^{n-1} x\,d(\cos x)$

$= [-\cos x \sin^{n-1} x]\Big|_0^{\frac{\pi}{2}} + (n-1)\int_0^{\frac{\pi}{2}} \sin^{n-2} x \cos^2 x\,dx.$

右端第一项等于零；将第二项中的 $\cos^2 x$ 写成 $1 - \sin^2 x$，并把积分分成两个，得

$I_n = (n-1)\int_0^{\frac{\pi}{2}} \sin^{n-2} x\,dx - (n-1)\int_0^{\frac{\pi}{2}} \sin^n x\,dx = (n-1)I_{n-2} - (n-1)I_n,$

由此得

$$I_n = \dfrac{n-1}{n} I_{n-2}.$$

这样就得到了 I_n 关于下标的递推公式。按此公式，我们得到

$$I_{2m} = \dfrac{2m-1}{2m} \cdot \dfrac{2m-3}{2m-4} \cdot \cdots \cdot \dfrac{3}{4} \cdot \dfrac{1}{2} \cdot I_0,$$

$$I_{2m+1} = \dfrac{2m}{2m+1} \cdot \dfrac{2m-2}{2m-1} \cdot \cdots \cdot \dfrac{4}{5} \cdot \dfrac{2}{3} \cdot I_1 \quad (m=1,2,\cdots),$$

而

$$I_0 = \int_0^{\frac{\pi}{2}} dx = \dfrac{\pi}{2},\ I_1 = \int_0^{\frac{\pi}{2}} \sin x\,dx = 1.$$

因此

$$I_{2m} = \frac{2m-1}{2m} \cdot \frac{2m-3}{2m-4} \cdot \cdots \cdot \frac{3}{4} \cdot \frac{1}{2} \cdot \frac{\pi}{2},$$

$$I_{2m+1} = \frac{2m}{2m+1} \cdot \frac{2m-2}{2m-1} \cdot \cdots \cdot \frac{4}{5} \cdot \frac{2}{3} \quad (m=1,2,\cdots).$$

至于定积分 $\int_0^{\frac{\pi}{2}} \sin^n x \, dx = \int_0^{\frac{\pi}{2}} \cos^n x \, dx$，由本节例 6-14 即可知道.

6.4 反常积分

在定积分 $\int_a^b f(x) \, dx$ 中有两个约束条件，即积分区间 $[a,b]$ 有限，且被积函数 $f(x)$ 在 $[a,b]$ 上有界. 但在实际问题中，有时需要将有限区间 $[a,b]$ 推广成无限区间（$[a,+\infty)$，$(-\infty,b]$ 或 $(-\infty,+\infty)$)，这类积分称为无穷限的反常积分；有时需要将有界函数 $f(x)$ 推广为无界函数，这类积分称为无界函数的反常积分或瑕积分.

▶ 6.4.1 无穷限的反常积分

定义 6-2 设函数 $f(x)$ 在区间 $[a,+\infty)$ 上连续，取 $b>a$，如果极限

$$\lim_{b \to +\infty} \int_a^b f(x) \, dx$$

存在，则称此极限为函数 $f(x)$ 在区间 $[a,+\infty)$ 上的反常积分，记为 $\int_a^{+\infty} f(x) \, dx$，即

$$\int_a^{+\infty} f(x) \, dx = \lim_{b \to +\infty} \int_a^b f(x) \, dx,$$

这时也称反常积分 $\int_a^{+\infty} f(x) \, dx$ 收敛；如果上述极限不存在，则称反常积分 $\int_a^{+\infty} f(x) \, dx$ 没有意义或者是发散的.

类似地，若函数 $f(x)$ 在区间 $(-\infty,b]$ 上连续，则定义函数 $f(x)$ 在区间 $(-\infty,b]$ 上的反常积分 $\int_{-\infty}^b f(x) \, dx$ 为

$$\int_{-\infty}^b f(x) \, dx = \lim_{a \to -\infty} \int_a^b f(x) \, dx.$$

若函数 $f(x)$ 在区间 $(-\infty,+\infty)$ 上连续，则定义函数 $f(x)$ 在区间 $(-\infty,+\infty)$ 上的反常积分 $\int_{-\infty}^{+\infty} f(x) \, dx$ 为

$$\int_{-\infty}^{+\infty} f(x) \, dx = \int_{-\infty}^c f(x) \, dx + \int_c^{+\infty} f(x) \, dx,$$

其中 c 为任意实数（在具体题目中可选择合适的值以简化计算，譬如取 $c=0$)，当且仅当右端的两个反常积分都收敛时，反常积分 $\int_{-\infty}^{+\infty} f(x) \, dx$ 才是收敛的，否则是发散的.

设 $F(x)$ 是 $f(x)$ 在区间 $[a,+\infty)$ 上的一个原函数，由于

$$\int_a^{+\infty} f(x)\mathrm{d}x = \lim_{b\to+\infty}\int_a^b f(x)\mathrm{d}x = \lim_{b\to+\infty} F(x)\Big|_a^b = \lim_{b\to+\infty} F(b) - F(a),$$

因此可以看出 $\int_a^{+\infty} f(x)\mathrm{d}x$ 收敛当且仅当 $\lim_{b\to+\infty} F(b)$ 存在,若记 $F(+\infty) = \lim_{b\to+\infty} F(b)$,则在 $\int_a^{+\infty} f(x)\mathrm{d}x$ 收敛时,有

$$\int_a^{+\infty} f(x)\mathrm{d}x = F(x)\Big|_a^{+\infty} = F(+\infty) - F(a).$$

类似地,

$$\int_{-\infty}^b f(x)\mathrm{d}x = F(x)\Big|_{-\infty}^b = F(b) - F(-\infty),$$

$$\int_{-\infty}^{+\infty} f(x)\mathrm{d}x = F(x)\Big|_{-\infty}^{+\infty} = \lim_{x\to+\infty} F(x) - \lim_{x\to-\infty} F(x) = F(+\infty) - F(-\infty).$$

例 6-18 求反常积分 $\int_{-\infty}^{+\infty} \frac{1}{1+x^2}\mathrm{d}x$.

解 $\int_{-\infty}^{+\infty} \frac{1}{1+x^2}\mathrm{d}x = \arctan x\Big|_{-\infty}^{+\infty} = \lim_{x\to+\infty}\arctan x - \lim_{x\to-\infty}\arctan x = \frac{\pi}{2} - \left(-\frac{\pi}{2}\right) = \pi.$

例 6-19 求反常积分 $\int_1^{+\infty} \frac{\ln x}{x^2}\mathrm{d}x$.

解
$$\int_1^{+\infty} \frac{\ln x}{x^2}\mathrm{d}x = -\int_1^{+\infty} \ln x \mathrm{d}\frac{1}{x}$$
$$= -\left[\frac{\ln x}{x}\Big|_1^{+\infty} - \int_1^{+\infty} \frac{1}{x}\mathrm{d}\ln x\right] = -\left(\lim_{x\to+\infty}\frac{\ln x}{x} - \int_1^{+\infty} \frac{1}{x^2}\mathrm{d}x\right)$$
$$= -\left(0 + \frac{1}{x}\Big|_1^{+\infty}\right) = 1.$$

例 6-20 讨论反常积分 $\int_a^{+\infty} \frac{1}{x^p}\mathrm{d}x$ 的敛散性(其中常数 $a > 0$).

解 当 $p = 1$ 时,

$$\int_a^{+\infty} \frac{1}{x^p}\mathrm{d}x = \int_a^{+\infty} \frac{1}{x}\mathrm{d}x = \ln x\Big|_a^{+\infty} = +\infty.$$

当 $p \neq 1$ 时,

$$\int_a^{+\infty} \frac{1}{x^p}\mathrm{d}x = \frac{x^{1-p}}{1-p}\Big|_a^{+\infty} = \begin{cases} +\infty, & p < 1 \\ \frac{a^{1-p}}{p-1}, & p > 1 \end{cases}.$$

因此,当 $p > 1$ 时,这个反常积分收敛,其值为 $\frac{a^{1-p}}{p-1}$;当 $p \leq 1$ 时,这个反常积分发散.

注:$\int_a^{+\infty} \frac{1}{x^p}\mathrm{d}x$ 当 $p > 1$ 时收敛,意味着在曲线 $y = \frac{1}{x^p}$ 之下,在 x 轴之上,到位于 $x = a$ 右侧的区域虽然是无限延伸的,但它却具有有限的面积 $\frac{a^{1-p}}{p-1}$.

▶ 6.4.2 无界函数的反常积分

反常积分的另一种类型是被积函数在积分区间的端点或积分区间内部某点无界的情

况. 如果函数 $f(x)$ 在点 x_0 的任一邻域内都无界,则点 x_0 称为函数 $f(x)$ 的瑕点,无界函数的反常积分又称为瑕积分.

定义 6-3 设函数 $f(x)$ 在区间 $(a,b]$ 上连续,点 a 为函数 $f(x)$ 的瑕点. 取 $t>a$,如果极限

$$\lim_{t\to a^+}\int_t^b f(x)\mathrm{d}x$$

存在,则称此极限为函数 $f(x)$ 在区间 $(a,b]$ 上的反常积分,仍记为 $\int_a^b f(x)\mathrm{d}x$,即

$$\int_a^b f(x)\mathrm{d}x = \lim_{t\to a^+}\int_t^b f(x)\mathrm{d}x,$$

这时也称反常积分 $\int_a^b f(x)\mathrm{d}x$ 收敛;如果上述极限不存在,则称反常积分 $\int_a^b f(x)\mathrm{d}x$ 没有意义或者是发散的.

类似地,若函数 $f(x)$ 在区间 $[a,b)$ 上连续,点 b 为函数 $f(x)$ 的瑕点,则定义函数 $f(x)$ 在区间 $[a,b)$ 上的反常积分 $\int_a^b f(x)\mathrm{d}x$ 为

$$\int_a^b f(x)\mathrm{d}x = \lim_{t\to b^-}\int_a^t f(x)\mathrm{d}x.$$

若函数 $f(x)$ 在区间 $[a,b]$ 上除点 c(其中 $a<c<b$)外连续,点 c 为函数 $f(x)$ 的瑕点,则定义 $f(x)$ 在区间 $[a,b]$ 上的反常积分 $\int_a^b f(x)\mathrm{d}x$ 为

$$\int_a^b f(x)\mathrm{d}x = \int_a^c f(x)\mathrm{d}x + \int_c^b f(x)\mathrm{d}x,$$

当且仅当右端的两个反常积分都收敛时,反常积分 $\int_a^b f(x)\mathrm{d}x$ 才是收敛的,否则是发散的.

设 $F(x)$ 是 $f(x)$ 在区间 $(a,b]$ 上的一个原函数,点 a 为函数 $f(x)$ 的瑕点. 由于

$$\int_a^b f(x)\mathrm{d}x = \lim_{t\to a^+}\int_t^b f(x)\mathrm{d}x = \lim_{t\to a^+}F(x)\Big|_t^b = F(b) - \lim_{t\to a^+}F(t),$$

因此可以看出反常积分 $\int_a^b f(x)\mathrm{d}x$ 收敛当且仅当 $\lim_{x\to a^+}F(x)$ 存在. 若记 $F(a+0) = \lim_{x\to a^+}F(x)$,则在反常积分 $\int_a^b f(x)\mathrm{d}x$ 收敛时,有

$$\int_a^b f(x)\mathrm{d}x = F(x)\Big|_a^b = F(b) - F(a+0).$$

类似地,若点 b 为函数 $f(x)$ 的瑕点,则

$$\int_a^b f(x)\mathrm{d}x = F(x)\Big|_a^b = F(b-0) - F(a).$$

例 6-21 求反常积分 $\int_0^1 \dfrac{\cos\sqrt{x}}{\sqrt{x}}\mathrm{d}x$.

解 $x=0$ 为被积函数的瑕点,所以

$$\int_0^1 \frac{\cos\sqrt{x}}{\sqrt{x}}\mathrm{d}x = 2\int_0^1 \cos\sqrt{x}\,\mathrm{d}\sqrt{x} = 2\sin\sqrt{x}\Big|_0^1 = 2\sin 1 - \lim_{x\to 0^+}2\sin\sqrt{x} = 2\sin 1.$$

例 6-22 讨论反常积分 $\int_0^2 \dfrac{\mathrm{d}x}{(x-1)^2}$ 的敛散性.

解 $x=1$ 为被积函数的瑕点. 因为

$$\int_0^1 \frac{dx}{(x-1)^2} = \left(-\frac{1}{x-1}\right)\bigg|_0^1 = \lim_{x \to 1^-}\left(-\frac{1}{x-1}\right) - 1 = +\infty,$$

即反常积分 $\int_0^1 \frac{dx}{(x-1)^2}$ 发散,所以反常积分 $\int_0^2 \frac{dx}{(x-1)^2}$ 发散.

例 6-23 讨论反常积分 $\int_0^1 \frac{1}{x^p}dx$(其中 $p>0$)的敛散性.

解 当 $p=1$ 时,

$$\int_0^1 \frac{1}{x^p}dx = \int_0^1 \frac{1}{x}dx = \ln x \bigg|_0^1 = \ln 1 - \lim_{x \to 0^+}\ln x = +\infty.$$

当 $p \neq 1$ 时,

$$\int_0^1 \frac{1}{x^p}dx = \frac{x^{1-p}}{1-p}\bigg|_0^1 = \frac{1}{1-p} - \lim_{x \to 0^+}\frac{x^{1-p}}{1-p} = \begin{cases} \dfrac{1}{1-p}, & p<1 \\ +\infty, & p>1 \end{cases}.$$

因此,当 $p<1$ 时,这反常积分收敛,其值为 $\dfrac{1}{1-p}$;当 $p \geq 1$ 时,这反常积分发散.

6.5 定积分的应用

定积分在几何、物理、经济等方面有着广泛的应用. 本章我们先给出研究定积分时经常使用的一个工具——微元法,再就定积分在几何和经济学上的应用进行讨论.

6.5.1 定积分的微元法

在实际问题中,有些量可以由定积分来表示,比如 6.1 节中讨论过的曲边梯形的面积和变速直线运动的路程都可以表示成定积分:

曲边梯形的面积 $A = \int_a^b f(x)dx$ [见 6.1 节中的式(6-3)];

变速直线运动的路程 $s = \int_{T_1}^{T_2} v(t)dt$ [见 6.1 节中的式(6-4)].

将以上两个量记为 Q,则 Q 具有以下三个特点:

(1) Q 与定义在区间 $[a,b]$ 上的函数 $f(x)$ 有关.

(2) Q 具有区间可加性,即若把 $[a,b]$ 分为 n 个小区间 $[x_{i-1}, x_i]$,则 Q 也被分为 n 个部分量 $\Delta Q_i (i=1,2,\cdots,n)$.

(3) 部分量 ΔQ_i 可近似表示为 $f(\xi_i)\Delta x_i$.

凡是符合以上三个特点的量 Q,都可以表示为定积分 $Q = \int_a^b f(x)dx$. 具体步骤如下:

ⅰ 选定一个自变量,比如 x 和 x 的变化区间 $[a,b]$;

ⅱ 在 $[a,b]$ 上任取一小区间 $[x, x+dx]$,写出 Q 在这个小区间上部分量的近似值
$$dQ = f(x)dx (dQ \text{ 称为 } Q \text{ 的微分元素,简称微元)};$$

ⅲ 将 Q 的微元在区间 $[a,b]$ 上积分,得

$$Q = \int_a^b f(x)\,\mathrm{d}x.$$

6.5.2 平面图形的面积

1. 直角坐标系下平面图形的面积

(1) 设平面图形由连续曲线 $y=f(x)$ 与直线 $x=a, x=b$ 以及 x 轴围成,如图 6-7 所示.

在 $[a,b]$ 上任取一小区间 $[x, x+\mathrm{d}x]$,则相应于 $[x, x+\mathrm{d}x]$ 上的面积微元

$$\mathrm{d}A = |f(x)|\mathrm{d}x.$$

将面积微元 $\mathrm{d}A$ 在 $[a,b]$ 上积分得图形面积为

$$A = \int_a^b \mathrm{d}A = \int_a^b |f(x)|\,\mathrm{d}x.$$

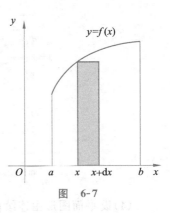

图 6-7

特别地,当 $y=f(x)$ 为连续非负函数时,图形为曲边梯形,如图 6-8 所示. 它的面积为 $A = \int_a^b f(x)\mathrm{d}x$. 这正是 6.1 节中给出的公式.

(2) 设平面图形由连续曲线 $y=f(x), y=g(x)$ 与直线 $x=a, x=b$ 围成,如图 6-9 所示.

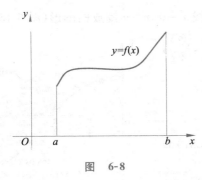

图 6-8

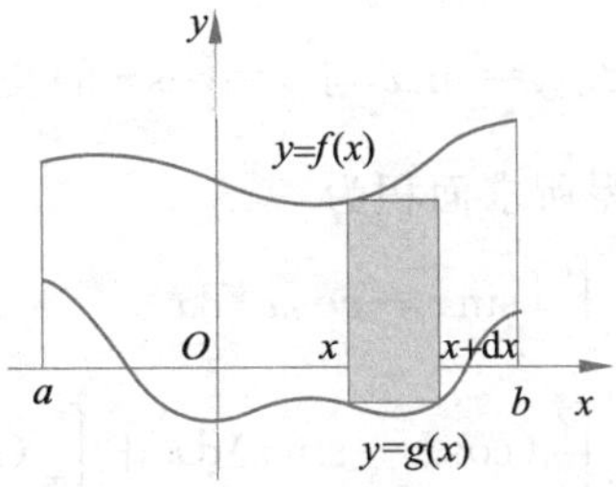

图 6-9

在 $[a,b]$ 上任取一小区间 $[x, x+\mathrm{d}x]$,则相应于 $[x, x+\mathrm{d}x]$ 上的面积微元

$$\mathrm{d}A = |f(x) - g(x)|\mathrm{d}x.$$

将面积微元 $\mathrm{d}A$ 在 $[a,b]$ 上积分,得图形面积为

$$A = \int_a^b |f(x) - g(x)|\,\mathrm{d}x. \qquad (6-9)$$

例 6-24 求由曲线 $y=x^2$ 与 $y=\sqrt{x}$ 所围成的图形(图 6-10)的面积.

解 易求得两曲线的交点 $(0,0)$ 和 $(1,1)$,

由式 (6-9),得所求面积

$$A = \int_0^1 |\sqrt{x} - x^2|\,\mathrm{d}x$$

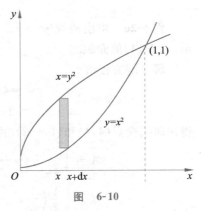

图 6-10

$$= \int_0^1 (\sqrt{x} - x^2) dx = \left(\frac{2}{3} x^{\frac{3}{2}} - \frac{1}{3} x^3\right)\Big|_0^1 = \frac{1}{3}.$$

(3) 设平面图形由连续曲线 $x = \varphi(y)$ 与直线 $y = c, y = d (c < d)$ 及 y 轴围成（图 6-11），则类似于情形(1)的讨论，可得面积

$$A = \int_c^d |\varphi(y)| dy.$$

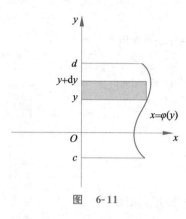
图 6-11

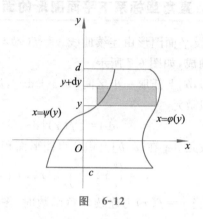
图 6-12

(4) 设平面图形由连续曲线 $x = \varphi(y)$、$x = \psi(y)$ 与直线 $y = c, y = d (c < d)$ 围成（图 6-12），则类似于情形(2)的讨论，可得面积

$$A = \int_c^d |\varphi(y) - \psi(y)| dy. \tag{6-10}$$

例 6-25 求由曲线 $y = \sin x, y = \cos x$ 及直线 $x = 0, x = \pi$ 围成的图形（图 6-13）的面积.

解 曲线 $y = \sin x$ 与 $y = \cos x$ 的交点为 $\left(\frac{\pi}{4}, \frac{\sqrt{2}}{2}\right)$，由式(6-9)，得所求面积为

$$A = \int_0^\pi |\sin x - \cos x| dx$$
$$= \int_0^{\frac{\pi}{4}} (\cos x - \sin x) dx + \int_{\frac{\pi}{4}}^\pi (\sin x - \cos x) dx$$
$$= (\sin x + \cos x)\Big|_0^{\frac{\pi}{4}} + (-\cos x - \sin x)\Big|_{\frac{\pi}{4}}^\pi$$
$$= 2\sqrt{2}.$$

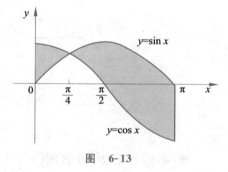
图 6-13

例 6-26 求由曲线 $y^2 = 4x$ 与直线 $y = 2x - 4$ 所围成的图形（图 6-14）的面积.

解 解方程组

$$\begin{cases} y^2 = 4x, \\ y = 2x - 4, \end{cases}$$

得两曲线交点 $(4, 4)$ 和 $(1, -2)$. 由公式(6-10)，得所求面积为

$$A = \int_{-2}^4 \left[\frac{1}{2}(y + 4) - \frac{1}{4} y^2\right] dy$$
$$= \left[\frac{1}{2}\left(\frac{1}{2} y^2 + 4y\right) - \frac{1}{12} y^3\right]\Big|_{-2}^4 = 9.$$

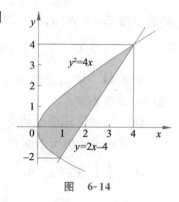
图 6-14

例 6-27 求椭圆 $\dfrac{x^2}{a^2}+\dfrac{y^2}{b^2}=1$ 所围成的图形的面积.

解 椭圆 $\dfrac{x^2}{a^2}+\dfrac{y^2}{b^2}=1$ 关于 x 轴、y 轴都是对称的,所以它的面积是它在第 I 象限中面积的 4 倍,即
$$A=4\int_0^a y\,dx.$$

利用椭圆的参数方程 $\begin{cases} x=a\cos\theta \\ y=b\sin\theta \end{cases}$,由定积分的换元法,
$$A=4\int_{\frac{\pi}{2}}^0 b\sin\theta\cdot(-a\sin\theta)\,d\theta$$
$$=4ab\int_0^{\frac{\pi}{2}}\sin^2\theta\,d\theta=4ab\int_0^{\frac{\pi}{2}}\frac{1}{2}(1-\cos2\theta)\,d\theta$$
$$=2ab\left(\theta-\frac{1}{2}\sin2\theta\right)\Big|_0^{\frac{\pi}{2}}=\pi ab.$$

2. 极坐标系下平面图形的面积

在中学,我们学过扇形(图 6-15)的面积公式
$$A=\frac{1}{2}R^2\theta.$$

设有一曲边扇形,它由曲线 $\rho=\rho(\theta)$ [$\rho(\theta)$ 为连续非负曲线]及射线 $\theta=\alpha$、$\theta=\beta(\alpha<\beta)$ 围成(图 6-16),求其面积.因为 $\rho(\theta)$ 不是常数,所以面积不能用以上公式计算.

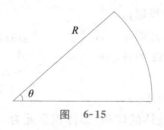
图 6-15

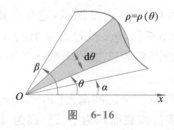
图 6-16

在 $[\alpha,\beta]$ 上任取一小区间 $[\theta,\theta+d\theta]$,将此小区间上的曲边扇形近似看成扇形,得到面积微元为 $dA=\dfrac{1}{2}\rho^2(\theta)\,d\theta$.

将 dA 在 $[\alpha,\beta]$ 上积分,得曲边扇形面积
$$A=\int_\alpha^\beta dA=\int_\alpha^\beta \frac{1}{2}\rho^2(\theta)\,d\theta \tag{6-11}$$

例 6-28 求心形线 $\rho=a(1+\cos\theta)$ 所围成的平面图形的面积($a>0$)(如图 6-17).

解 心形线关于极轴对称,所以心形线面积是它在极轴上方面积的两倍.由式(6-11)得面积
$$A=2\int_0^\pi \frac{1}{2}a^2(1+\cos\theta)^2\,d\theta=a^2\int_0^\pi(1+2\cos\theta+\cos^2\theta)\,d\theta$$
$$=a^2\int_0^\pi\left[1+2\cos\theta+\frac{1}{2}(1+\cos2\theta)\right]d\theta$$

$$= a^2 \left[\theta + 2\sin\theta + \frac{1}{2}\left(\theta + \frac{1}{2}\sin 2\theta\right)\right]_0^\pi$$

$$= \frac{3}{2}\pi a^2.$$

例 6-29 计算双纽线 $\rho^2 = a^2\cos 2\theta$ 所围成的平面图形的面积(图 6-18).

解 θ 的范围为 $\left[-\frac{\pi}{4}, \frac{\pi}{4}\right]$ 和 $\left[\frac{3\pi}{4}, \frac{5\pi}{4}\right]$. 由对称性知,它的面积是第 I 象限部分面积的 4 倍,而在第 I 象限 θ 的范围为 $\left[0, \frac{\pi}{4}\right]$,因此所求面积

$$A = 4 \times \frac{1}{2}\int_0^{\frac{\pi}{4}} \rho^2 \mathrm{d}\theta = 2\int_0^{\frac{\pi}{4}} a^2\cos 2\theta \mathrm{d}\theta = a^2\sin 2\theta\Big|_0^{\frac{\pi}{4}} = a^2.$$

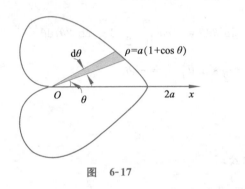

图 6-17

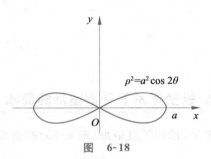

图 6-18

6.5.3 已知平行截面面积的立体的体积

若有一立体 Ω,如图 6-19 所示,它在 x 轴上的投影区间为 $[a,b]$. 任取 $x \in [a,b]$. 设过点 x 且与 x 轴垂直的平面截 Ω 的截面的面积为已知的函数 $p(x)$. 今求 Ω 的体积 V.

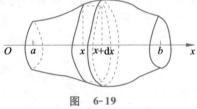

图 6-19

在 $[a,b]$ 上任取一个区间微元 $[x, x+\mathrm{d}x]$,相应于 $[x, x+\mathrm{d}x]$ 上的体积近似底面积为 $p(x)$,高为 $\mathrm{d}x$ 的柱体的体积,即体积微元为

$$\mathrm{d}V = p(x)\mathrm{d}x.$$

则立体的体积为

$$V = \int_a^b \mathrm{d}V = \int_a^b p(x)\mathrm{d}x. \tag{6-12}$$

例 6-30 有一立体,以长轴为 10,短轴为 5 的椭圆为底,而垂直于长轴的截面都是等边三角形(图 6-20),求其体积.

解 取长轴所在直线为 x 轴、短轴所在直线为 y 轴,则底面上椭圆方程为

$$\frac{x^2}{100} + \frac{y^2}{25} = 1.$$

立体在 x 轴的投影区间为 $[-10, 10]$. 任取 $x \in [-10,$

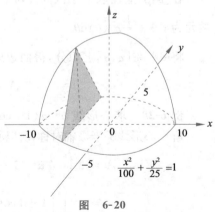

图 6-20

10],过 x 作与 x 轴垂直的平面,其截立体的截面是一个边长为 $10\sqrt{1-\dfrac{x^2}{100}}$ 的等边三角形,面积为

$$p(x)=\dfrac{1}{2}\left(10\sqrt{1-\dfrac{x^2}{100}}\right)^2\sin\dfrac{\pi}{3}=\dfrac{\sqrt{3}}{4}(100-x^2).$$

由公式(6-12),得立体的体积

$$V=\int_{-10}^{10}p(x)\mathrm{d}x=\int_{-10}^{10}\dfrac{\sqrt{3}}{4}(100-x^2)\mathrm{d}x=\dfrac{\sqrt{3}}{2}\int_0^{10}(100-x^2)\mathrm{d}x$$
$$=\dfrac{\sqrt{3}}{2}\left(1000-\dfrac{1}{3}\times 10^3\right)=\dfrac{1000\sqrt{3}}{3}.$$

▶ 6.5.4 旋转体的体积

平面图形绕该平面内一条直线旋转一周所生成的立体称为旋转体,这条直线称为旋转轴.今有一旋转体,它是由连续曲线 $y=f(x)$ 与直线 $x=a,x=b(a<b)$ 及 x 轴所围成的图形绕 x 轴旋转一周得到的(图 6-21),来求其体积.

这是一个平行截面面积为已知的立体.将旋转体投影到 x 轴,得区间 $[a,b]$.任取 $x\in[a,b]$,过 x 作垂直于 x 轴的截面,此截面是一个半径为 $|f(x)|$ 的圆,面积为

$$p(x)=\pi f^2(x).$$

则旋转体体积为

$$V=\int_a^b p(x)\mathrm{d}x=\pi\int_a^b f^2(x)\mathrm{d}x.$$

类似地,由连续曲线 $x=\phi(y)$ 和直线 $y=c,y=d(c<d)$ 及 y 轴所围成的图形绕 y 轴旋转一周所生成的旋转体的体积为(图 6-22).

$$V=\pi\int_c^d\phi^2(y)\mathrm{d}y.$$

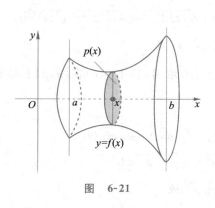

图 6-21

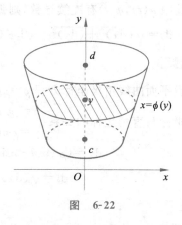

图 6-22

例 6-31 过原点和点 (a,b)(不妨设 $a>0,b>0$)的直线与直线 $x=a$、$y=0$ 围成一个三角形,将此三角形绕 x 轴旋转一周,生成一个底面半径为 b,高为 a 的圆锥体(图 6-23).求它的体积.

解 过原点与点(a,b)的直线方程为$y=\dfrac{b}{a}x$,因此圆锥体的体积

$$V=\pi\int_0^a\left(\dfrac{b}{a}x\right)^2\mathrm{d}x=\dfrac{b^2}{3a^2}\pi x^3\bigg|_0^a=\dfrac{1}{3}\pi ab^2.$$

例 6-32 求由两曲线$y=x^2$、$x=y^2$所围成的图形绕x轴旋转所形成的旋转体的体积.

解 两曲线交点为$(0,0)$和$(1,1)$,这个立体的体积V是两个旋转体的体积之差.

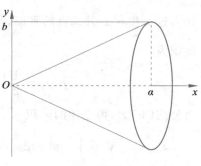

图 6-23

$$V=\pi\int_0^1(\sqrt{x})^2\mathrm{d}x-\pi\int_0^1(x^2)^2\mathrm{d}x=\pi\int_0^1 x\mathrm{d}x-\pi\int_0^1 x^4\mathrm{d}x=\dfrac{\pi}{2}-\dfrac{\pi}{5}=\dfrac{3}{10}\pi.$$

▶ 6.5.5 平面曲线的弧长

(1)设有平面曲线$y=f(x)$,其中$f(x)$在$[a,b]$上有连续导数,求该曲线的弧长(图 6-24).

取x为积分变量,$x\in[a,b]$. 在区间$[x,x+\mathrm{d}x]$上,用切线段$|PS|$来代替小弧段PR,得弧长微元

$$\mathrm{d}s=|PS|=\sqrt{(\mathrm{d}x)^2+(\mathrm{d}y)^2}$$

$$=\sqrt{1+\left(\dfrac{\mathrm{d}y}{\mathrm{d}x}\right)^2}\mathrm{d}x=\sqrt{1+y'^2}\mathrm{d}x,$$

$\mathrm{d}s=\sqrt{1+y'^2}\mathrm{d}x$也称为弧微分公式.

在$[a,b]$上对$\mathrm{d}s$积分,得曲线弧长为

$$s=\int_a^b\sqrt{1+y'^2}\mathrm{d}x.$$

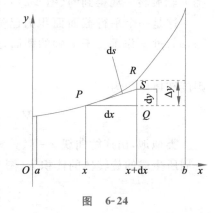

图 6-24

(2)设平面曲线由参数方程$x=\varphi(t),y=\psi(t)(\alpha\leqslant t\leqslant\beta)$给出,其中$\varphi(t),\psi(t)$有连续导数,则弧长微元

$$\mathrm{d}s=\sqrt{(\mathrm{d}x)^2+(\mathrm{d}y)^2}=\sqrt{[\varphi'(t)\mathrm{d}t]^2+[\psi'(t)\mathrm{d}t]^2}=\sqrt{\varphi'(t)^2+\psi'(t)^2}\mathrm{d}t,$$

曲线弧长
$$s=\int_\alpha^\beta\sqrt{\varphi'(t)^2+\psi'(t)^2}\mathrm{d}t.$$

(3)设平面曲线由极坐标方程$\rho=\rho(\theta)(\alpha\leqslant\theta\leqslant\beta)$给出,其中$\rho(\theta)$在$[\alpha,\beta]$上具有连续导数. 由极坐标与直角坐标的关系$\begin{cases}x=\rho\cos\theta\\y=\rho\sin\theta\end{cases}$得

$$\mathrm{d}x=(\rho'\cos\theta-\rho\sin\theta)\mathrm{d}\theta,\mathrm{d}y=(\rho'\sin\theta+\rho\cos\theta)\mathrm{d}\theta,$$

$$\mathrm{d}s=\sqrt{(\mathrm{d}x)^2+(\mathrm{d}y)^2}=\sqrt{\rho^2+\rho'^2}\mathrm{d}\theta,$$

曲线弧长
$$s=\int_\alpha^\beta\sqrt{\rho^2+\rho'^2}\mathrm{d}\theta.$$

例 6-33 求摆线$x=a(t-\sin t),y=a(1-\cos t)$的一拱$(0\leqslant t\leqslant 2\pi)$的长度.

解 弧长微元

$$\mathrm{d}s=\sqrt{x'(t)^2+y'(t)^2}\mathrm{d}t$$

$$= \sqrt{[a(1-\cos t)]^2 + [a\sin t]^2}\,dt = a\sqrt{2(1-\cos t)}\,dt = 2a\sin\frac{t}{2}\,dt.$$

曲线弧长 $s = \int_0^{2\pi} 2a\sin\frac{t}{2}\,dt = 2a\left[-2\cos\frac{t}{2}\right]_0^{2\pi} = 8a$.

例 6-34 求心形线 $\rho = a(1+\cos\theta)$ 的全长 $(a>0)$.

解 弧长微元

$$ds = \sqrt{\rho^2 + \rho'^2}\,d\theta = \sqrt{a^2(1+\cos\theta)^2 + [a(-\sin\theta)]^2}\,d\theta = 2a\left|\cos\frac{\theta}{2}\right|d\theta,$$

由对称性,曲线弧长

$$s = 2\int_0^\pi 2a\left|\cos\frac{\theta}{2}\right|d\theta = 4a\int_0^\pi \cos\frac{\theta}{2}\,d\theta = 8a\sin\frac{\theta}{2}\bigg|_0^\pi = 8a.$$

▶ 6.5.6 定积分在经济学上的应用

定积分在经济学中的应用非常广泛. 譬如,设 $v(t)$ 是国民经济发展速度,则 $\int v(t)\,dt$ 表示了国民生产总值累积规律; $\int_{T_1}^{T_2} v(t)\,dt$ 表示的是从 T_1 到 T_2 时期内国民生产总值累计总量,等等.

定积分在经济学中的应用,常用的有:

(1) $C(q) = \int_0^q C'(q)\,dq + C_0$;

(2) $R(q) = \int_0^q R'(q)\,dq$;

(3) $L(q) = \int_0^q (R'(q) - C'(q))\,dq - C_0$,

其中,$C_0 = C(0)$ 为固定成本.

例 6-35 设某种商品的边际收入为 $R'(q) = 50q - q^2$,其中 q 为销售量. 求:(1) 收入函数和最大收入时的销售量;(2) 当销售量从 $q=10$ 增加至 $q=50$ 时的总收入.

解 (1) $R(q) = \int R'(q)\,dq = \int (50q - q^2)\,dq = 25q^2 - \frac{1}{3}q^3 + C$,

由 $R(0)=0$,得 $C=0$,所以收入函数为

$$R(q) = 25q^2 - \frac{1}{3}q^3.$$

收入最大时的销售量是使 $R'(q)=0$ 的 q 值,解得 $q=50, q=0$(舍去).

(2) $R_{[10,50]} = \int_{10}^{50} R'(q)\,dq = \left[25q^2 - \frac{1}{3}q^3\right]_{10}^{50} = \frac{56\,000}{3}$.

例 6-36 某企业生产 $q\,t$ 产品时的边际成本为 $C'(q) = \frac{1}{50}q + 30$(元/t),且固定成本为 900 元. 试求:产量为多少时平均成本最低?

解 $C(q) = \int_0^q C'(q)\,dq + C_0 = \int_0^q \left(\frac{1}{50}q + 30\right)dq + 900 = \frac{1}{100}q^2 + 30q + 900$,

平均成本为

$$\bar{C}(q) = \frac{C(q)}{q} = \frac{1}{100}q + 30 + \frac{900}{q},$$

从而 $\bar{C}'(q) = \dfrac{1}{100} - \dfrac{900}{q^2}$. 令 $\bar{C}'(q) = 0$, 得 $q_1 = 300$ ($q_2 = -300$ 舍去), 故当产量为 300t 时, 平均成本最低.

例 6-37 设某煤矿投资 2 000 万元建成, 在时刻 t 所追加的成本和增加的收益分别为 $C'(t) = 6 + 2t^{\frac{2}{3}}$ 和 $R'(t) = 18 - t^{\frac{2}{3}}$ (百万元/年). 试确定: 该矿在何时停止生产可获得最大利润, 以及最大利润是什么?

解 由 $R'(t) - C'(t) = 0$, 解得 $t = 8$, 又 $R''(8) - C''(8) < 0$, 可知, $t = 8$ 是最佳终止时间, 此时所获得的最大利润为

$$L_{[0,8]} = \int_0^8 [R'(t) - C'(t)] dt - 20 = 18.4 \text{ 百万元}.$$

下面再举几个定积分在医药学中应用的例子.

在医药学领域, 有许多指标具有量的累积性. 因此, 可以通过定积分来研究这些具有量累积性的指标.

例 6-38(确定药物的吸收程度) 设口服一定剂量的某种药物之后, 血药浓度与时间的关系为

$$c = c(t) = 40(e^{-0.2t} - e^{-2.3t}),$$

试确定经过时间 T, 药物的吸收量 u 及最终吸收程度 ($c(t)$ 曲线下的总面积, 记作 AUC).

解
$$u = \int_0^T c(t) dt = \int_0^T 40(e^{-0.2t} - e^{-2.3t}) dt$$
$$= 40 \left(-\dfrac{1}{0.2} e^{-0.2t} + \dfrac{1}{2.3} e^{-2.3t} \right) \Big|_0^T$$
$$= 40 \left[-\dfrac{1}{0.2}(e^{-0.2T} - 1) + \dfrac{1}{2.3}(e^{-2.3T} - 1) \right]$$

令 $T \to +\infty$, 可得

$$AUC = 40 \left(\dfrac{1}{0.2} - \dfrac{1}{2.3} \right) \approx 182.8.$$

例 6-39(测定重金属在体内的蓄积量) 实验研究发现, 某重金属(如铅、汞、镉等) t 时刻在体内的残留量

$$N = N(t) = N_0 e^{-Kt},$$

其中, N_0 为开始时体内最初数量(浓度), 即每日的吸收量; K 为该重金属由体内排出体外的速率常数(排泄率), 且已知 $T_{1/2}$ 为该毒物由体内排出一半的时间, 即生物半衰期. 求体内重金属的最大蓄积量.

解 在 $[0, T]$ 时间段内, 体内重金属的蓄积量为

$$N_{[0,T]} = \int_0^T N(t) dt = \int_0^T N_0 e^{-Kt} dt = \dfrac{N_0}{K}(1 - e^{-KT}),$$

令 $T \to +\infty$, 得体内重金属最大蓄积量

$$N_\infty = \dfrac{N_0}{K}.$$

由 $t = T_{1/2}$ 时, $N = \dfrac{N_0}{2}$, 得 $K = \dfrac{\ln 2}{T_{1/2}} \approx \dfrac{0.693\,1}{T_{1/2}}$, 从而

$$N_\infty = \dfrac{N_0 T_{1/2}}{0.693\,1} \approx 1.44 N_0 T_{1/2},$$

故最大蓄积量 $=1.44\times$ 每日吸收量 $\times$ 生物半衰期.

由 N_∞ 这个数据,根据中毒剂量,便可推出该重金属能否引起中毒,再由 $N_{[0,T]}$ 可得到中毒所需要的时间.

一、定积分的概念和性质

1. 概念

定积分 $\int_a^b f(x)\mathrm{d}x$ 作为积分和的极限

$$\int_a^b f(x)\mathrm{d}x = \lim_{\lambda\to 0}\sum_{i=1}^n f(\xi_i)\Delta x_i$$

是通过分割、近似代替、求和、取极限 4 个步骤得到的,它是一个数,仅与被积函数和积分区间有关,而与积分变量无关.

当 $f(x)$ 在 $[a,b]$ 上连续,或 $f(x)$ 在 $[a,b]$ 上虽不连续但有界,且在 $[a,b]$ 上只有有限个第一类间断点时,$f(x)$ 可积.

2. 定积分的几何意义

当 $f(x)$ 非负时,$\int_a^b f(x)\mathrm{d}x$ 表示由曲线 $y=f(x)\geqslant 0$,直线 $x=a$,$x=b$ 及 x 轴所围成的曲边梯形的面积.

3. 定积分的性质

规定 $\int_a^b f(x)\mathrm{d}x = -\int_b^a f(x)\mathrm{d}x$. 特别地,当 $a=b$ 时,有 $\int_a^b f(x)\mathrm{d}x = 0$.

性质 1 $\int_a^b [f(x)\pm g(x)]\mathrm{d}x = \int_a^b f(x)\mathrm{d}x \pm \int_a^b g(x)\mathrm{d}x$.

性质 2 $\int_a^b kf(x)\mathrm{d}x = k\int_a^b f(x)\mathrm{d}x$($k$ 为常数).

性质 3(对积分区间的可加性)$\int_a^b f(x)\mathrm{d}x = \int_a^c f(x)\mathrm{d}x + \int_c^b f(x)\mathrm{d}x$.

性质 4 $\int_a^b 1\mathrm{d}x = \int_a^b \mathrm{d}x = b-a$.

性质 5(比较性质)$\int_a^b f(x)\mathrm{d}x \geqslant \int_a^b g(x)\mathrm{d}x$(若 $f(x)\geqslant g(x)$,$x\in[a,b]$).

性质 6(估值定理)$m(b-a) \leqslant \int_a^b f(x)\mathrm{d}x \leqslant M(b-a)$.

其中,M 与 m 分别为连续函数 $f(x)$ 在 $[a,b]$ 上的最大值与最小值.

性质 7(积分中值定理)若 $f(x)$ 在 $[a,b]$ 上连续,则至少存在一点 $\xi\in[a,b]$,使得

$$\int_a^b f(x)\mathrm{d}x = f(\xi)(b-a).$$

二、积分上限函数及其导数

若函数 $f(x)$ 在 $[a,b]$ 上连续,则积分上限函数 $\Phi(x) = \int_a^x f(t)\mathrm{d}t$ 在 $[a,b]$ 上可导,且

$$\Phi'(x) = \frac{\mathrm{d}}{\mathrm{d}x}\int_a^x f(t)\mathrm{d}t = f(x) \quad (a\leqslant x\leqslant b).$$

掌握该公式,还要注意其他情形,如 $\int_x^b f(t)dt, \int_a^{\varphi(x)} f(t)dt, \int_{\psi(x)}^{\varphi(x)} f(t)dt$ 等的求导.

三、牛顿-莱布尼兹公式

$$\int_a^b f(x)dx = F(b) - F(a),$$

其中,$F(x)$ 是连续函数 $f(x)$ 在 $[a,b]$ 上的一个原函数.

四、定积分的积分方法

定积分有类似于不定积分的积分方法,但又有所区别.

1. 定积分的换元积分法

$$\int_a^b f(x)dx = \int_\alpha^\beta f[\varphi(t)]\varphi'(t)dt.$$

用此方法计算定积分时一定要做到"三换":一是把 $f(x)$ 用 $f[\varphi(t)]$ 替换;二是把 dx 用 $\varphi'(t)dt$ 替换;三是把原来积分变量 x 的积分限 a 和 b 分别替换成新变量 t 的相应积分限 α 和 β.

2. 定积分的分部积分法

$$\int_a^b u\,dv = uv\Big|_a^b - \int_a^b v\,du.$$

五、反常积分

1. 连续函数在无穷区间的反常积分

$$\int_a^{+\infty} f(x)dx = \lim_{b \to +\infty} \int_a^b f(x)dx;$$

$$\int_{-\infty}^b f(x)dx = \lim_{a \to -\infty} \int_a^b f(x)dx;$$

$$\int_{-\infty}^{+\infty} f(x)dx = \int_{-\infty}^c f(x)dx + \int_c^{+\infty} f(x)dx.$$

其中,c 为任意实数(在具体题目中可选择合适的值以简化计算,如取 $c=0$),当且仅当右端的两个反常积分都收敛时,反常积分 $\int_{-\infty}^{+\infty} f(x)dx$ 才是收敛的,否则是发散的.

设 $F(x)$ 是 $f(x)$ 在相应区间上的一个原函数,则

$$\int_a^{+\infty} f(x)dx = F(x)\Big|_a^{+\infty} = \lim_{x \to +\infty} F(x) - F(a);$$

$$\int_{-\infty}^b f(x)dx = F(x)\Big|_{+\infty}^b = F(b) - \lim_{x \to -\infty} F(x);$$

$$\int_{-\infty}^{+\infty} f(x)dx = F(x)\Big|_{-\infty}^{+\infty} = \lim_{x \to +\infty} F(x) - \lim_{x \to -\infty} F(x).$$

2. 无界函数在有限区间上的反常积分

$$\int_a^b f(x)dx = \lim_{t \to a^+} \int_t^b f(x)dx(\text{其中点 } a \text{ 为 } f(x) \text{ 的瑕点});$$

$$\int_a^b f(x)dx = \lim_{t \to b^-} \int_a^t f(x)dx(\text{其中点 } b \text{ 为 } f(x) \text{ 的瑕点});$$

$$\int_a^b f(x)dx = \int_a^c f(x)dx + \int_c^b f(x)dx(\text{其中点 } c(a<c<b) \text{ 为 } f(x) \text{ 的瑕点}),$$

当且仅当右端的两个反常积分都收敛时,反常积分 $\int_a^b f(x)dx$ 才是收敛的,否则是发散的.

设 $F(x)$ 是 $f(x)$ 在相应区间上的一个原函数,则

$$\int_a^b f(x)dx = F(x)\big|_a^b = F(b) - \lim_{x \to a^+} F(x) [\text{其中点 } a \text{ 为 } f(x) \text{ 的瑕点}];$$

$$\int_a^b f(x)dx = F(x)\big|_a^b = \lim_{x \to b^-} F(x) - F(a) [\text{其中点 } b \text{ 为 } f(x) \text{ 的瑕点}].$$

六、定积分的应用

1. 定积分应用的微元法

若所求量 Q 具有以下三个特点:

(1) Q 与定义在区间 $[a,b]$ 上的函数 $f(x)$ 有关;

(2) Q 具有区间可加性:即若把 $[a,b]$ 分为 n 个小区间 $[x_{i-1}, x_i]$,则 Q 也被分为 n 个部分量 $\Delta Q_i (i=1,2,\cdots,n)$;

(3) 部分量 ΔQ_i 可近似表示为 $f(\xi_i)\Delta x_i$,则 Q 可表示为定积分 $Q = \int_a^b f(x)dx$. 具体步骤如下:

ⅰ 选定一个自变量,比如 x 和 x 的变化区间 $[a,b]$;

ⅱ 在 $[a,b]$ 上任取一小区间 $[x, x+dx]$,写出 Q 在这个小区间上相应的量

$$dQ = f(x)dx (\text{称为 } Q \text{ 的微元});$$

ⅲ 将 Q 的微元在区间 $[a,b]$ 上积分,得

$$Q = \int_a^b f(x)dx.$$

2. 平面图形的面积

(1) 直角坐标系下平面图形的面积:

ⅰ 设平面图形由连续曲线 $y=f(x)$ 与直线 $x=a$、$x=b$ 及 x 轴围成,则

$$A = \int_a^b dA = \int_a^b |f(x)|dx.$$

ⅱ 设平面图形由连续曲线 $y=f(x)$、$y=g(x)$ 与直线 $x=a$、$x=b$ 围成,则

$$A = \int_a^b |f(x) - g(x)|dx.$$

ⅲ 设平面图形由连续曲线 $x=\varphi(y)$ 与直线 $y=c$、$y=d(c<d)$ 及 y 轴围成,则

$$A = \int_c^d |\varphi(y)|dy.$$

ⅳ 设平面图形由连续曲线 $x=\varphi(y)$、$x=\psi(y)$ 与直线 $y=c$、$y=d(c<d)$ 围成,则

$$A = \int_c^d |\varphi(y) - \psi(y)|dy.$$

(2) 极坐标系下平面图形的面积. 设曲边扇形,由曲线 $\rho=\rho(\theta)$ ($\rho(\theta)$ 为连续非负曲线) 及射线 $\theta=\alpha$、$\theta=\beta(\alpha<\beta)$ 围成,则曲边扇形面积为

$$A = \int_\alpha^\beta dA = \int_\alpha^\beta \frac{1}{2}\rho^2(\theta)d\theta.$$

(3) 已知截面面积的立体的体积. 设立体 Ω,它在 x 轴上的投影区间为 $[a,b]$. 任取 $x \in [a,b]$,设过点 x 且与 x 轴垂直的平面,截 Ω 所得的截面的面积为已知的函数 $p(x)$,则立体的体积为

$$V = \int_a^b dV = \int_a^b p(x)dx.$$

(4) 旋转体的体积. 设旋转体是由连续曲线 $y=f(x)$ 与直线 $x=a, x=b(a<b)$ 及 x 轴所围成的图形绕 x 轴旋转一周得到的,则旋转体体积为

$$V = \pi \int_a^b f^2(x)dx.$$

类似地,由连续曲线 $x=\phi(y)$ 和直线 $y=c、y=d(c<d)$ 及 y 轴所围成的图形绕 y 轴旋转一周所生成的旋转体的体积为

$$V = \pi \int_c^d \phi^2(y)dy.$$

(5) 平面曲线的弧长. 设有平面曲线 $y=f(x)$,其中 $f(x)$ 在 $[a,b]$ 上有连续导数,则该曲线的弧长为

$$s = \int_a^b \sqrt{1+y'^2}dx.$$

若平面曲线由参数方程 $x=\varphi(t), y=\psi(t)(\alpha \leqslant t \leqslant \beta)$ 给出,其中 $\varphi(t), \psi(t)$ 有连续导数,则曲线弧长 $s = \int_\alpha^\beta \sqrt{\varphi'(t)^2 + \psi'(t)^2}dt$.

若平面曲线由极坐标方程 $\rho=\rho(\theta)(\alpha \leqslant \theta \leqslant \beta)$ 给出. 由极坐标与直角坐标的关系得曲线弧长 $s = \int_\alpha^\beta \sqrt{\rho^2 + \rho'^2}d\theta$.

(6) 定积分在经济学中的应用.

(A)

1. 利用定积分的几何意义,求下列积分:

(1) $\int_{-R}^{R} \sqrt{R^2-x^2}dx$;   (2) $\int_0^t xdx(t>0)$;

(3) $\int_{-\pi}^{\pi} \sin x dx$.

2. 利用定积分的估值公式,估计下列定积分的值:

(1) $\int_0^{\frac{\pi}{2}}(1+\sin x)dx$;   (2) $\int_{-1}^{2} e^{-x^2}dx$.

3. 求下列各导数:

(1) 设 $f(x) = \int_0^{x^2} \sqrt{1+t^2}dt$,求 $f'(x)$;

(2) 设 $y=y(x)$ 由

$$\int_0^{x^2} \cos t dt + \int_0^y e^{-t}dt = 0$$

所确定,求 $\dfrac{dy}{dx}$;

(3) 设 $f(x) = \int_{\cos x}^{\sin x} \dfrac{1}{1-t^2} dt$,求 $f'(x)$.

(4) 设 $\int_1^x f(t) dt = x^2 - 2x + 1$,求 $f(x)$.

4. 求下列各极限:

(1) $\lim\limits_{x \to 0} \dfrac{\int_0^x \ln(1+t) dt}{x^2}$;

(2) $\lim\limits_{x \to 0} \dfrac{\left(\int_0^x e^{t^2} dt\right)^2}{\int_0^x t e^{2t^2} dt}$.

5. 设
$$f(x) = \begin{cases} e^x, & 0 \leqslant x \leqslant 1, \\ 0, & x < 0, \text{ 或 } x > 1. \end{cases}$$
求 $\Phi(x) = \int_0^x f(t) dt$ 在 $(-\infty, +\infty)$ 内的表达式.

6. 设 $f(x)$ 为连续函数,$\varphi(x) = \int_a^x t f(x-t) dt$,求 $\dfrac{d\varphi}{dx}$.

7. 计算下列定积分.

(1) $\int_{-1}^1 (3x^2 - 4x + 7) dx$;

(2) $\int_1^2 \dfrac{dv}{v^2}$;

(3) $\int_0^1 \dfrac{36 dx}{(2x+1)^3}$;

(4) $\int_{-1}^1 2x \sin(1-x^2) dx$;

(5) $\int_0^{\frac{\pi}{2}} \dfrac{3 \sin x \cos x}{\sqrt{1 + \sin^2 x}} dx$;

(6) $\int_0^1 \dfrac{2x+5}{x^2+1} dx$;

(7) $\int_1^{e^2} \dfrac{dx}{x(1+\ln x)}$;

(8) $\int_2^3 \dfrac{dx}{2x^2 + 3x - 2}$;

(9) 设 $f(x) = \begin{cases} 1 - \cos x, & x \leqslant 1, \\ \dfrac{\ln x}{x}, & x > 1, \end{cases}$ 计算 $\int_0^e f(x) dx$.

8. 计算下列定积分.

(1) $\int_0^2 \sqrt{4-x^2} dx$;

(2) $\int_0^3 \sqrt{x+1} dx$;

(3) $\int_{-1}^1 \dfrac{x dx}{\sqrt{5-4x}}$;

(4) $\int_1^{\sqrt{3}} \dfrac{dx}{x^2 \sqrt{1+x^2}}$;

(5) $\int_{\sqrt{2}}^2 \dfrac{x dx}{\sqrt{x^2-1}}$;

(6) $\int_0^1 \dfrac{dx}{1+e^x}$;

(7) $\int_0^1 x e^{-x} dx$;

(8) $\int_1^e x^2 \ln x dx$;

(9) $\int_1^4 \dfrac{\ln x}{\sqrt{x}} dx$;

(10) $\int_0^1 (x^3 + e^{3x}) x dx$;

(11) $\int_0^{\frac{\pi}{2}} \theta^2 \sin 2\theta d\theta$;

(12) $\int_0^{\frac{\pi}{2}} x^3 \cos 2x dx$;

(13) $\int_0^{\frac{1}{2}} \arcsin x dx$;

(14) $\int_0^5 e^{\sqrt{3x+1}} dx$;

(15) $\int_0^{\frac{\pi}{3}} x\tan^2 x\,dx$; (16) $\int_1^e \sin(\ln x)\,dx$.

9. 利用奇偶性计算下列定积分：

(1) $\int_{-\pi}^{\pi} x^4 \sin x\,dx$; (2) $\int_{-5}^{5} \dfrac{x^3\sin^2 x + x^2 + 1}{x^4 + 2x^2 + 1}\,dx$.

10. 证明下列各式成立：

(1) $\int_0^1 x^m (1-x)^n\,dx = \int_0^1 x^n (1-x)^m\,dx$;

(2) $\int_x^1 \dfrac{dt}{1+t^2} = \int_1^{\frac{1}{x}} \dfrac{dt}{1+t^2}$（其中 $x > 0$）;

(3) $\int_0^1 x^7 f(x^4)\,dx = \dfrac{1}{4}\int_0^1 x f(x)\,dx$，其中 $f(x)$ 在所讨论的区间上连续；

(4) $\int_a^b x f''(x)\,dx = [bf'(b) - f(b)] - [af'(a) - f(a)]$.

11. 判断下列反常积分的敛散性. 如果收敛，计算反常积分的值.

(1) $\int_1^{+\infty} \dfrac{dx}{x^3}$; (2) $\int_1^{+\infty} \dfrac{dx}{x^{\frac{2}{3}}}$;

(3) $\int_{-\infty}^0 x e^x\,dx$; (4) $\int_{-\infty}^{+\infty} \dfrac{dx}{x^2+4x+5}$;

(5) $\int_0^1 \dfrac{dx}{(1-x)^2}$; (6) $\int_0^1 \dfrac{dx}{\sqrt{1-x^2}}$;

(7) $\int_1^e \dfrac{dx}{x\sqrt{1-\ln^2 x}}$; (8) $\int_0^1 \ln x\,dx$;

(9) $\int_0^{+\infty} \dfrac{dx}{(1+x)\sqrt{x}}$.

12. 求使下列每个反常积分收敛的 p 值：

(1) $\int_1^2 \dfrac{dx}{x(\ln x)^p}$; (2) $\int_2^{+\infty} \dfrac{dx}{x(\ln x)^p}$.

13. $\int_{-\infty}^{+\infty} f(x)\,dx$ 可能不等于 $\lim\limits_{b\to+\infty}\int_{-b}^b f(x)\,dx$. 指出 $\int_0^{+\infty} \dfrac{2x}{x^2+1}\,dx$ 发散，从而 $\int_{-\infty}^{+\infty} \dfrac{2x}{x^2+1}\,dx$ 发散；然后指出 $\lim\limits_{b\to+\infty}\int_{-b}^b \dfrac{2x}{x^2+1}\,dx = 0$.

14. 求由下列各曲线所围成的平面图形的面积：

(1) $y = \dfrac{1}{x}$, $y = x$ 与 $x = 2$;

(2) $y = 3 - x^2$, 与 $y = 2x$;

(3) $y = x^2$, $y = 4x^2$ 与 $y = 1$;

(4) $y = \ln x$, y 轴与直线 $y = \ln a$, $y = \ln b (b > a > 0)$.

15. 求由摆线 $x = a(t-\sin t)$, $y = a(1-\cos t)$ 的一拱（$0 \leqslant t \leqslant 2\pi$）与 x 轴所围成的图形的面积.

16. 求由双纽线 $\rho^2 = 4\sin 2\theta$ 所围成的平面图形的面积.

17. 求由心形线 $\rho = 2a(2+\cos\theta)$ 所围成的平面图形的面积.

18. 求下列各题中给出的平面图形,绕指定的坐标轴旋转所产生的旋转体的体积.

(1) 顶点为 $(1,0),(2,1),(1,1)$ 的三角形,绕 x 轴, y 轴;

(2) $y=2\sqrt{x}, y=2$ 和 y 轴所围图形,绕 y 轴;

(3) $y=e^x (x\leqslant 0), x$ 轴与 y 轴所围图形,绕 x 轴;

(4) $y=\dfrac{2}{x+1}, x$ 轴, y 轴与 $x=3$ 所围图形,绕 x 轴.

19. 证明:由平面图形 $0\leqslant a\leqslant x\leqslant b, 0\leqslant y\leqslant f(x)$ 绕 y 轴旋转所成的旋转体体积为
$$V=2\pi\int_a^b xf(x)\mathrm{d}x.$$

20. 一个立体位于在 $x=-1$ 和 $x=1$ 处垂直于 x 轴的两个平面之间,在这两个平面之间并垂直于 x 轴的横截面为底边在 Oxy 平面上的正方形,且从半圆 $y=-\sqrt{1-x^2}$ 跑到半圆 $y=\sqrt{1-x^2}$. 求此立体的体积.

21. 求曲线 $y=\dfrac{2}{3}x^{\frac{3}{2}}$ 上相应于 $0\leqslant x\leqslant 3$ 的一段弧的长度.

22. 计算星形线 $x=a\cos^3 t, y=a\sin^3 t$ 的全长.

23. 求阿基米德螺线 $\rho=a\theta(a>0)$ 相应于 $0\leqslant\theta\leqslant 2\pi$ 一段的弧长.

(B)

1. 利用定积分的定义计算下列极限:

(1) $\lim\limits_{n\to\infty}\sum\limits_{i=1}^n \dfrac{1}{n}\sqrt{1+\dfrac{i}{n}}$;

(2) $\lim\limits_{n\to\infty}\dfrac{1^2+2^2+\cdots+n^2}{n^3}$.

2. 证明: $\dfrac{1}{2}\leqslant\int_0^{\frac{1}{2}}\dfrac{\mathrm{d}x}{\sqrt{1-x^n}}\leqslant\dfrac{\pi}{6}(n>2)$.

3. 设 $f(x)=\int_0^{1-\cos x}\sin t^2\mathrm{d}t, g(x)=\dfrac{x^5}{5}+\dfrac{x^6}{6}$,则当 $x\to 0$ 时, $f(x)$ 是 $g(x)$ 的( ).

A. 低阶无穷小 B. 高阶无穷小

C. 等价无穷小 D. 同阶但非等价无穷小

4. 已知 $f(x)=\begin{cases}x, 0\leqslant x<1,\\ 2-x, 1\leqslant x\leqslant 2,\\ 0, 其他.\end{cases}$

求 $F(x)=\int_{-\infty}^x f(t)\mathrm{d}t(-\infty<x<+\infty)$.

5. 求下列极限:

(1) $\lim\limits_{x\to 1}\dfrac{x}{x-1}\int_1^x f(t)\mathrm{d}t$,其中 $f(x)$ 连续;

(2) $\lim\limits_{a\to 0}\dfrac{1}{a}\int_0^a \dfrac{\ln(2+x)}{1+x^2}\mathrm{d}x$;

(3) 求 $\lim\limits_{x\to 0}\dfrac{\int_0^{x^2}f(t)\mathrm{d}t}{x^2\int_0^x f(t)\mathrm{d}t}$,其中 $f'(x)$ 连续, $f(x)=0, f'(0)\neq 0$;

(4) $\lim\limits_{x \to 0} \dfrac{\int_0^x \left[\int_0^u \arctan(1+t) dt\right] du}{x(1-\cos x)}$.

6. 求常数 a 和 b,使 $\lim\limits_{x \to 0} \dfrac{\int_0^x (at - \arctan t) dt}{b - \cos x} = 1$.

7. 设 $f(x)$ 在 $[-a, a]$ 上连续且为非零偶函数. 试证: $\varphi(x) = \int_0^x f(t) dt$ 是奇函数.

8. 设 $f(x) = \int_1^x \dfrac{\ln t}{1+t^2} dt$. 试证: $f(x) = f\left(\dfrac{1}{x}\right) (x > 0)$.

9. 设函数 $f(x)$ 在 $[0, +\infty)$ 上单调连续,试证明 $\int_0^x (x^2 - 3t^2) f(t) dt > 0$.

10. 设 $f(x)$、$g(x)$ 在 $[0,1]$ 上的导数连续,且 $f(0) = 0, f'(x) \geqslant 0, g'(x) \geqslant 0$. 证明:对任何 $a \in [0, 1]$,有 $\int_0^a g(x) f'(x) dx + \int_0^1 f(x) g'(x) dx \geqslant f(a) g(1)$.

11. 设 $f(x)$ 在 $[0,1]$ 上连续且单调减少. 试证:对任意的 $a \in (0,1)$,有
$$\int_0^a f(x) dx > a \int_0^1 f(x) dx.$$

12. 设函数 $x = x(t)$ 由方程 $t = \int_1^{x+1} e^{-u^2} du$ 确定,试求 $\left.\dfrac{d^2 x}{dt^2}\right|_{t=0}$ 的值.

13. 计算下列积分:

(1) $\int_0^\pi \max(\sin x, \cos x) dx$;

(2) $\int_1^4 |x^2 - 3x + 2| dx$;

(3) $\int_{-\frac{\pi}{2}}^{\frac{\pi}{2}} x(1 + x^{2015})(e^x - e^{-x}) dx$;

(4) $\int_{-\frac{\pi}{2}}^{\frac{\pi}{2}} (x + \cos x^2) \sin x dx$;

(5) $\int_{-\infty}^{+\infty} \dfrac{e^x}{e^{2x} + 5e^x + 6} dx$;

(6) $\int_1^{+\infty} \dfrac{x \ln x}{1 + x^4} dx$;

(7) $\int_1^3 \dfrac{x dx}{\sqrt{|x^2 - 4|}}$;

(8) $\int_{-a}^a [f(x) + f(-x)] \sin x dx$ (设 $f(x)$ 在 $[a, b]$ 上连续).

14. 设函数 $f(x)$ 连续,且 $\int_0^x t f(2x - t) dt = \dfrac{1}{2} \arctan x^2$. 已知 $f(1) = 1$,求 $\int_1^2 f(x) dx$ 的值.

15. 设 $f(x)$ 为连续函数,求 $\dfrac{d}{dx} \int_a^b f(x + t) dt$.

16. 设 $f(x)$ 为连续函数且满足 $f(x) = x + x^2 \int_0^1 f(x) dx + x^3 \int_0^2 f(x) dx$,求 $f(x)$.

17. 已知函数 $f(x)$ 在 $[0,1]$ 上连续且满足方程 $f(x) = 3x - \sqrt{1-x^2}\int_0^1 f^2(x)\mathrm{d}x$，求 $f(x)$.

18. 设 $g(x)$ 是可微函数 $f(x)$ 的反函数，其中 $x > 0$，且 $\int_1^{f(x)} g(t)\mathrm{d}t = x - 1$，求 $f(x)$.

19. 设 $f(x)$ 在 $[0, +\infty)$ 上连续，且 $\int_0^x f(t)\mathrm{d}t = x(1+\cos x)$，求 $f\left(\dfrac{\pi}{2}\right)$.

20. 设 $f(x)$ 在 $[0,1]$ 上连续，且满足 $f(x) = \mathrm{e}^x + x\int_0^1 f(\sqrt{x})\mathrm{d}x$，求 $f(x)$，并求 $f(x)$ 在 $[0,1]$ 上的最大值与最小值.

21. 若 $f(x)$ 在 $[a,b]$ 上连续，试证：$\int_a^b f(x)\mathrm{d}x = (b-a)\int_0^1 f[a+(b-a)x]\mathrm{d}x$.

22. 设 $f(x)$ 在 $[0,a]$ 上连续，试证：$\int_0^a f(x)\mathrm{d}x = \int_0^a f(a-x)\mathrm{d}x$，并计算 $\int_0^{\frac{\pi}{4}} \dfrac{1-\sin 2x}{1+\sin 2x}\mathrm{d}x$.

23. 若 $f(x)$ 在 $[-a,a]$ 上连续，试证：$\int_{-a}^a f(x)\mathrm{d}x = \int_0^a [f(x)+f(-x)]\mathrm{d}x$，并计算 $\int_{-\frac{\pi}{4}}^{\frac{\pi}{4}} \dfrac{\sin^2 x}{1+\mathrm{e}^{-x}}\mathrm{d}x$.

24. 设 n 为自然数，试证：$\int_0^{2\pi} \sin^n x\,\mathrm{d}x = \begin{cases} 4\int_0^{\frac{\pi}{2}} \sin^n x\,\mathrm{d}x, & \text{当 } n \text{ 为偶数时,} \\ 0, & \text{当 } n \text{ 为奇数时.} \end{cases}$

25. 设 $f(x)$ 在 $[0,1]$ 上连续，在 $(0,1)$ 内可导，且满足
$$f(1) = K\int_0^{\frac{1}{K}} x\mathrm{e}^{1-x}f(x)\mathrm{d}x\,(K>1).$$
证明：至少存在一点 $\xi \in (0,1)$，使得 $f'(\xi) = (1-\xi^{-1})f(\xi)$.

26. 设 $f''(u)$ 连续，已知 $n\int_0^1 xf''(2x)\mathrm{d}x = \int_0^2 tf''(t)\mathrm{d}t$，求 n.

27. 设 $f'(x)$ 在 $[a,b]$ 上连续，证明 $\lim\limits_{\lambda \to +\infty}\int_a^b f(t)\sin(\lambda t)\mathrm{d}t = 0$.

28. 设 $\int_0^1 \dfrac{\mathrm{e}^x}{1+x}\mathrm{d}x = a$，求 $\int_0^1 \dfrac{\mathrm{e}^x}{(1+x)^2}\mathrm{d}x$.

29. 设 $f''(x)$ 连续，且知 $f(\pi) = 1, f(0) = 2$，计算 $\int_0^\pi [f(x)+f''(x)]\sin x\,\mathrm{d}x$.

30. 设 $f(t) = \int_1^t \mathrm{e}^{-x^2}\mathrm{d}x$，求 $\int_0^1 t^2 f(t)\mathrm{d}t$.

31. 求 $f(t) = \int_0^1 |x-t|\mathrm{d}x$ 在 $0 \leqslant t \leqslant 1$ 上的最大、最小值.

32. 若 $f(x) = \dfrac{1}{1+x^2} + \sqrt{1-x^2}\int_0^1 f(x)\mathrm{d}x$，计算 $\int_0^1 f(x)\mathrm{d}x$.

33. 设 $f(x) = \begin{cases} x\mathrm{e}^{x^2}, & -\dfrac{1}{2} \leqslant x < \dfrac{1}{2} \\ -1, & x \geqslant \dfrac{1}{2} \end{cases}$，计算 $\int_{\frac{1}{2}}^2 f(x-1)\mathrm{d}x$.

34. 设 $f(x) = \int_1^{x^2} \frac{\sin t}{t} dt$, 求 $\int_0^1 x f(x) dx$.

35. 已知 $\lim\limits_{x \to \infty} \left(\frac{x-a}{x+a}\right)^x = \int_a^{+\infty} 4x^2 e^{-2x} dx$, 求 a.

36. 试证: $\int_0^{+\infty} \frac{dx}{1+x^4} = \int_0^{+\infty} \frac{x^2}{1+x^4} dx$.

37. 判断下列广义积分的敛散性:

(1) $\int_{\frac{1}{e}}^{e} \frac{\ln|x-1|}{x-1} dx$;

(2) $\int_0^3 \frac{dx}{\sqrt[3]{3x-1}}$.

38. 设 $\lim\limits_{x \to 0} \dfrac{\ln(1+x) - (ax + bx^2)}{\int_0^{x^2} e^{t^2} dt} = \int_e^{+\infty} \dfrac{dx}{x(\ln x)^2}$, 求常数 a 和 b.

39. 阿基米德(前287—212)——发明家、军事工程师、物理学家和西方世界古典时期最伟大的数学家,发现了抛物弧下的面积是高与底的乘积的 2/3.

(1) 用一个积分求弧 $y = 6 - x - x^2$, $-3 \leqslant x \leqslant 2$ 下的面积;

(2) 求该弧的高;

(3) 证明面积是底 b 乘高 h 的 2/3;

(4) 画抛物弧 $y = h - (4h/b^2)x^2$, $-b/2 \leqslant x \leqslant b/2$ 的草图,假定 h 和 b 是正的,再用微积分求由这个弧和 x 轴围成的区域的面积.

40. 设某商品从时刻 0 到时刻 t 的销售量为 $x(t) = Kt, t \in [0, T]$ ($K > 0$). 欲在 T 时将数量为 A 的该商品销售完. 试求:

(1) t 时的商品剩余量,并确定 K 的值;

(2) 在时间段 $[0, T]$ 上的平均剩余量.

41. 某印刷厂当印刷了 x 份广告时,印刷一份广告的边际成本是
$$\frac{dc}{dx} = \frac{1}{2\sqrt{x}},$$
(单元:元). 求:

(1) 印刷 2~100 份广告的成本 $c(100) - c(1)$;

(2) 印刷 101~400 份广告的成本 $c(400) - c(100)$.

42. 假定一公司生产和销售鸡蛋搅拌器的边际收益是
$$\frac{dr}{dx} = 2 - \frac{2}{(x+1)^2},$$
其中, r 以千元为单位,而 x 以千件为单位. 销售产品 $x = 3$ 的鸡蛋搅拌器,公司期望获得收益多少?(提示:为求出收益,从 $x = 0$ 到 $x = 3$ 积分边际收益.)

43. 设静脉注射某种药物后,其体内药物浓度 c 与时间 t 的关系为
$$c = 21 e^{-0.32t}.$$
试求整个用药过程中药物浓度-时间曲线(c-t 曲线)下的总面积 AUC.

44. 口服药物被吸收进入血液系统的药量称为该药的有效药量. 有某种药物的吸收速率为

$$r(t)=0.01t(t-6)^2 \quad (0\leqslant t\leqslant 6),$$
求该药物的有效药量.

45. 设快速静脉注射某种药物后,其血药浓度 c 与时间 t 的关系为
$$c=0.319631e^{-0.1405t},$$
求从 $t=0$ 到 $t=60$ min 这段时间内的平均血药浓度.

实验　一元函数积分的 MATLAB 实现

1. 求不定积分 $\int 161e^{0.07t}dt$.

2. 数值积分(用抛物线法即辛卜森法近似计算);

3. 计算 $\int_1^2 \sqrt{4-x^2}dx$;

4. 计算旋转体体积:求曲线 $f(x)=x\sin^2 x(0\leqslant x\leqslant \pi)$ 与 x 轴所围成的图形分别绕 x 轴和 y 轴旋转而成的旋转体积.

阅读材料

黎　　曼

黎曼(Georg Friedrich Bernhard Riemann,1826—1866)——19 世纪富有创造性的德国数学家、数学物理学家,黎曼几何学创始人,复变函数论创始人之一.

黎曼的名字出现在黎曼 ζ 函数、黎曼积分、黎曼引理、黎曼流形、黎曼映照定理、黎曼-希尔伯特问题、柯西黎曼方程、黎曼曲面中.

黎曼早年从父亲和一位当地教师那里接受初等教育,中学时代就热衷于课程之外的数学.1846 年入格丁根大学读神学与哲学.当时的格丁根大学由于有高斯而成为世界数学的中心之一,受到强烈学术气氛的感染,黎曼征得父亲同意后改学数学;1847 年,黎曼转到柏林大学,成为雅可比、狄利克雷和 Steiner 的学生,两年后重回格丁根大学攻读博士学位,成为高斯晚年的学生;1851 年,获博士学位;1854 年,成为格丁根大学编外讲师;1857 年,升为副教授;1859 年,接替狄利克雷成为教授;1862 年,因患肋膜炎及结核病在意大利疗养;1866 年,年仅 40 岁的黎曼死于肺结核.黎曼的著作不多,但却异常深刻,极富概念的创造及想象.黎曼的工作直接影响了 19 世纪后半期的数学发展.

黎曼一生清贫,但他仍全身心地投入到数学研究工作之中,终于在众多的数学领域里做出了许多奠基性和创造性的研究工作:他从几何方面开创了复变函数论;他是现代意义的解析数论的奠基者;他对微积分的严格处理作出了重要贡献;他对阿贝尔积分和阿贝尔函数的研究,开创了现代代数几何;他首创用复解析函数研究数论问题,开创了现代意义的解析数论;他对超几何级数的研究,推动了数学物理和微分方程理论的发展.随着研究成果的问世,黎曼在数学界的学术声望迅速提高,也最终继承了高斯生前的教席,获得了一个科学家可能得到的最高荣誉.

黎曼是数学史上最具独创精神的数学家之一,在他的诸多思想成果中,他亲手创造出来

的黎曼几何,展现出的奇异想象力尤其令人惊叹.多年以后,当黎曼的想法在物理界完全成熟、开花结果时,爱因斯坦曾经写道:"唯有黎曼这个孤独而不为世人了解的天才,在 20 世纪中叶便发现了空间的新概念——空间不再一成不变,空间参与物理事件的可能性才开始显现."

黎曼的一生是短暂的,不到 40 个年头.他没有时间获得像欧拉和柯西那么多的数学成果,但他的工作的优异质量和深刻的洞察能力令世人惊叹.尽管牛顿和莱布尼兹发现了微积分,并且给出了定积分的论述,但目前教科书中有关定积分的现代化定义是由黎曼给出的.为纪念他,人们把积分和称为黎曼和,把定积分称为黎曼积分.

对于他的贡献,人们是这样评价的:"黎曼把数学向前推进了几代人的时间."

附 录

附录 A 常用数学公式

1. 组合数

$$C_n^K = \frac{n(n-1)\cdots(n-K+1)}{K!} = \frac{n!}{(n-K)!\,K!}, C_n^K = C_n^{n-K}.$$

2. 牛顿二项展开式

$$(a+b)^n = C_n^0 b^n + C_n^1 ab^{n-1} + \cdots + C_n^n a^n = \sum_{k=0}^{n} C_n^k a^k b^{n-k}.$$

3. 因式分解

$a^3 - b^3 = (a-b)(a^2 + ab + b^2)$；
$a^n - b^n = (a-b)(a^{n-1} + a^{n-2}b + \cdots + b^{n-1})$；
$a^n + b^n = (a+b)(a^{n-1} - a^{n-2}b - \cdots - a^{n-2}b + b^{n-1})\ n$ 为奇数.

4. n 项和公式

$1 + 2 + \cdots + n = \dfrac{1}{2}n(n+1)$；

$1^2 + 2^2 + \cdots + n^2 = \dfrac{1}{6}n(n+1)(2n+1)$；

$1 + 3 + 5 + \cdots + (2n-1) = n^2$；

$a + aq + aq^2 + aq^{n-1} = \dfrac{a - aq^n}{1-q} = \dfrac{a(1-q^n)}{1-q}.$

5. 裂项式

$$\frac{1}{n(n+k)} = \frac{1}{k}\left(\frac{1}{n} - \frac{1}{n+k}\right)$$

6. 绝对值不等式

若 $|x-a| < \delta$，则 $a - \delta < x < a + \delta$.

7. 对数性质

$\log_a^a = 1$；$\log_a^{x^\alpha} = \alpha \log_a^x\ (x > 0)$；

$a^{\log_a x} = x$；$\log_a x = \dfrac{\log_b x}{\log_b a}$（换底公式）.

8. 三角公式

正割 $\sec x = \dfrac{1}{\cos x}$;

余割 $\csc x = \dfrac{1}{\sin x}$;

差化积 $\sin\alpha - \sin\beta = 2\cos\dfrac{\alpha+\beta}{2}\sin\dfrac{\alpha-\beta}{2}$;

$\cos\alpha - \cos\beta = -2\sin\dfrac{\alpha+\beta}{2}\sin\dfrac{\alpha-\beta}{2}$;

积化和差 $\sin\alpha\sin\beta = -\dfrac{1}{2}[\cos(\alpha+\beta) - \cos(\alpha-\beta)]$;

$\cos\alpha\cos\beta = \dfrac{1}{2}[\cos(\alpha+\beta) + \cos(\alpha-\beta)]$;

$\sin\alpha\cos\beta = \dfrac{1}{2}[\sin(\alpha+\beta) + \sin(\alpha-\beta)]$;

倍角公式 $\sin 2\alpha = 2\sin\alpha\cos\alpha$;

$\cos 2\alpha = \cos^2\alpha - \sin^2\alpha$;

半角公式 $\sin^2\alpha = \dfrac{1}{2}(1-\cos 2\alpha)$;

$\cos^2\alpha = \dfrac{1}{2}(1+\cos 2\alpha)$;

附录 B   常用数学符号

1. 数理逻辑符号

⇒ 表示"蕴含",或"若……,则……";
⇔ 表示"等价",或"充分必要";
∀ 表示"任意的"或"任一个,每一个";
∃ 表示"存在",或"有一个,有一些"称为存在量词.

2. 最大(最小)符号

max 读作最大,是 maximum 的缩写;
min 读作最小,是 minimum 的缩写.

3. 希腊字母及读音(国际音标)

α, A ['ælfə]; β, B ['biːtə]; γ, Γ ['gæmə]; δ, Δ ['deltə];
ε, E [eps'ailən]; ζ, Z ['ziːtə]; η, H ['iːtə]; θ, Θ ['θiːtə];

$\kappa, K[\text{'kæpə}]$;　　　　$\lambda, \Lambda[\text{'læmdə}]$;　　　　$\mu, M[\text{mju:}]$;　　　　$\nu, N[\text{nju:}]$;
$\xi, \Xi[\text{ksai}]$;　　　　　$\pi, \Pi[\text{pai}]$;　　　　　　$\rho, P[\text{rou}]$;　　　　　$\sigma, \Sigma[\text{'sigmə}]$;
$\tau, T[\text{tɔ:}]$;　　　　　　$\varphi, \Phi[\text{fai}]$;　　　　　　$\psi, \Psi[\text{psai}]$;　　　　$\omega, \Omega[\text{oumigə}]$;
$\chi, X[\text{kai}]$

附录 C　几种常用的曲线及其方程

(1) 概率曲线 $y = e^{-x^2}$

(2) 星形线 $\begin{cases} x = a\cos^3 t \\ y = a\sin^3 t \end{cases}$

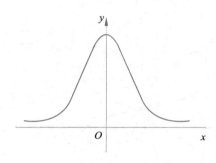
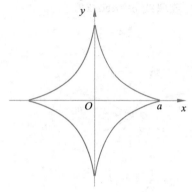

(3) 摆线 $\begin{cases} x = a(t - \sin t) \\ y = a(1 - \cos t) \end{cases}$

(4) 心形线 $\rho = a(1 + \cos\theta)$

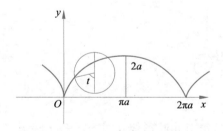
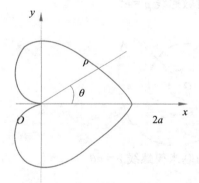

(5) 伯努利双纽线 $\rho^2 = a^2 \cos 2\theta$

(6) 伯努利双纽线 $\rho^2 = a^2 \sin 2\theta$

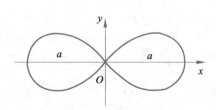
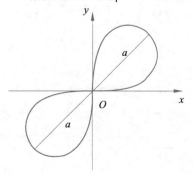

(7) 三叶玫瑰线 $\rho = a\cos3\theta$

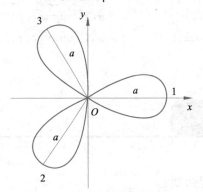

(8) 三叶玫瑰线 $\rho = a\sin3\theta$

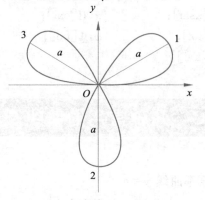

(9) 四叶玫瑰线 $\rho = a\cos2\theta$

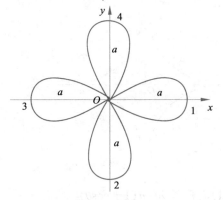

(10) 四叶玫瑰线 $\rho = a\sin2\theta$

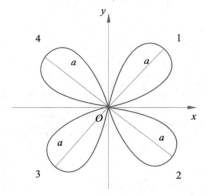

(11) 对数螺线 $\rho = e^{a\theta}$

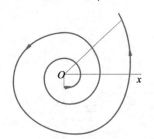

(12) 双曲螺线 $\rho = \dfrac{a}{\theta}$

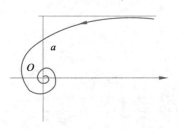

(13) 阿基米德螺线 $\rho = a\theta$

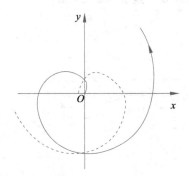

(14) 笛卡儿叶形线 $x^3 + y^3 - 3axy = 0$

或 $x = \dfrac{3at}{1+t^3}, y = \dfrac{3at^2}{1+t^3}$

附录 D 习题参考答案

(A)

1. $A \cup B = (-\infty, 3) \cup (5, +\infty)$; $A \cap B = [-10, -5]$; $A \backslash B = (-\infty, -10) \cup (5, +\infty)$; $A \backslash (A \backslash B) = [-10, -5]$.

2. $\overline{A}$ 表示该大学不学习英语的大学生集合; $\overline{B}$ 表示该大学不学习日语的大学生集合; $A \backslash B$ 表示该大学学习英语但不学习日语的大学生集合; $\overline{A \cup B}$ 表示该大学既不学习英语又不学习日语的大学生集合; $\overline{A \cap B}$ 表示该大学不学习英语或不学日语的大学生集合.

3. (1) $[-1, 0) \cup (0, 1]$; (2) $x \neq k\pi + \frac{\pi}{2} - 1, k = 0, \pm 1, \pm 2, \cdots$; (3) $2 \leqslant x \leqslant 4$; (4) $x \leqslant 3$ 且 $x \neq 0$; (5) $(-\infty, -1) \cup (1, +\infty)$; (6) $(-\infty, 0) \cup (0, +\infty)$

4. (1) $x \in [2k\pi, (2k+1)\pi]$ $k = 0, \pm 1, \pm 2, \cdots$; (2) $-a \leqslant x \leqslant 1-a$;
(3) 当 $0 < a \leqslant \frac{1}{2}$ 时, 定义域为 $[g, 1-g]$; 当 $a > \frac{1}{2}$ 时, 定义域为空集 $\varnothing$.

5. (1) 两个函数不同, 因为对应法则或表达式不同;
(2) 两个函数相同, 因为定义域和对应法则都相同;
(3) 两个函数不同, 因为它们的定义域不同;
(4) 两函数相同, 因为它们的定义域相同且对应法则相同.

6. $f(-x) = x^2 + 3x + 2$; $f\left(\frac{1}{x}\right) = \frac{1}{x^2} - \frac{3}{x} + 2$; $f(x+1) = (x+1)^2 - 3(x+1) + 2 = x^2 - x$.

7. 略.
8. 略.
9. (1) y 在 $(-\infty, 1)$ 上单调递增; (2) y 在 $(0, +\infty)$ 上单调递增.
10. 略.
11. 略.
12. 略.

13. (1) $y = x^3 - 1, x \in (-\infty, +\infty)$; (2) $y = \frac{1-x}{1+x}, x \neq -1$; (3) $y = e^{x-1} - 2, x \in (-\infty, +\infty)$; (4) $y = \log_2 \frac{x}{1-x}$ $x \in (0, 1)$.

14. (1) $y = \sin^2 x$, $y\big|_{x=\frac{\pi}{6}} = \frac{1}{4}$, $y\big|_{x=\frac{\pi}{3}} = \frac{3}{4}$; (2) $y = e^{x^2}$, $y\big|_{x=0} = 1$, $y\big|_{x=1} = e$; (3) $y = e^{2x}$, $y\big|_{x=1} = e^2$, $y\big|_{x=-1} = e^{-2}$; (4) $y = \sqrt{1+x^2}$, $y\big|_{x=1} = \sqrt{2}$, $y\big|_{x=2} = \sqrt{5}$.

15. $A = 2r^2\pi + \frac{2V}{r}, r > 0$.

16. $L = AB + BC + CD = 2h\csc 40° + \frac{s_0}{h} - h\cot 40°, h > 0$.

17. 市场均衡点为 $(p_0, Q_0) = (5, 30)$.

18. $c(x)=130+6x, x\in[0,100], \bar{c}(x)=\dfrac{c(x)}{x}=\dfrac{130}{x}+6, x\in(0,100]$.

19. $R(x)=-\dfrac{1}{2}x^2+4x$.

20. $L(Q)=P\cdot Q-C(Q)=10Q-\dfrac{Q^2}{5}-(50+2Q)=-\dfrac{Q^2}{5}+8Q-50, \overline{L(Q)}=\dfrac{L(Q)}{Q}=-\dfrac{Q}{5}+8-\dfrac{50}{Q}$.

(A)

1. (1)收敛,极限为1;(2)不收敛;(3)不收敛;(4)收敛,极限为0;(5)收敛,极限为2;(6)不收敛.

2. (1)正确;(2)错误;(3)正确;(4)错误;(5)错误.

*3. $N=\left[\dfrac{1}{\varepsilon}\right]$; $N=1000$.

*4. 略.

5. (1)0;(2)C;(3)$\dfrac{\pi}{2}$;(4)1;(5)3;(6)3.(图略)

6. D

7. A

8. A

9. A

*10. 略.

11. (1)当$x\to 3$时,$f(x)=\dfrac{x^2-9}{x+3}$是无穷小;(2)当$x\to\infty$时,$f(x)=\dfrac{x^2-9}{x+3}$是无穷大.

12. (1)0;(2)0;(3)$\left(\dfrac{3}{5}\right)^{20}\cdot\left(\dfrac{2}{5}\right)^{30}$;(4)$-3$;(5)(提示:通分化简)$\dfrac{1}{4}$;(6)2;(7)$3x^2$;(8)$\dfrac{1}{2}$;(9)$\infty$;(10)$\dfrac{1}{2}$(提示:先求和,再求极限);(11)$\dfrac{3}{4}$;(12)$\infty$(提示:求其倒数的极限).

13. (1)正确(反证法,利用极限四则运算法则).

(2)错误. 反例:$x\to 0$时,$f(x)=\sin\dfrac{1}{x}$,$g(x)=-\sin\dfrac{1}{x}$极限均不存在,但$f(x)+g(x)=0$极限存在.

(3)错误. 反例:$x\to 0$时,$f(x)=x$极限存在为零,$g(x)=\sin\dfrac{1}{x}$极限不存在,但$f(x)g(x)=x\sin\dfrac{1}{x}$极限存在,且极限为零.

14. (1)$R^2\pi$;(2)1(提示:$\sin x=\sin(\pi-x)$,或令$\pi-x=t$);(3)$\dfrac{2}{3}$;(4)$\dfrac{1}{2}$;(5)1;(6)$\dfrac{1}{2}$;(7)e;(8)e^2;(9)e^2;(10)e^2.

15. (1)提示:$1<\sqrt{1+\dfrac{1}{n}}\leqslant 1+\dfrac{1}{n}$. (2)$\dfrac{n}{\sqrt{n^2+n}}<\dfrac{1}{\sqrt{n^2+1}}+\dfrac{1}{\sqrt{n^2+2}}+\cdots+\dfrac{1}{\sqrt{n^2+n}}<\dfrac{n}{\sqrt{n^2+1}}$.

16. 提示：$x_n = \sqrt{2+x_{n-1}}$，数列$\{x_n\}$单调增加且有界.

17. (1)连续；(2)在$x=-1$处间断，图形略.

18. (1)间断点：$x=1,2$，其中$x=1$是可去间断点，$x=2$是无穷间断点；(2)$x=0$，可去间断点；(3)$x=k\pi,k=0,\pm 1,\pm 2,\cdots$，其中$x=0$是可去间断点，其他是无穷间断点；(4)$x=1$，跳跃间断点；(5)$f(x)=\lim\limits_{n\to\infty}\dfrac{1-x^{2n}}{1+x^{2n}}x=\begin{cases}x,|x|<1\\0,|x|=1\\-x,|x|>1\end{cases}$，间断点：$x=1,-1$是跳跃间断点.

19. (1)1；(2)$e^{\frac{1}{2}}$；(3)$e^{-\frac{3}{2}}$；(4)$\dfrac{1}{2}$（提示：利用平方差公式化简）.

20. 提示：要使$f(x)\in C(-\infty,+\infty)$，只需$f(x)$在$x=0$处连续，得$a=1$.

21. 提示：令$f(x)=\sin x+x+1$，证明$f(x)$在$\left[-\dfrac{\pi}{2},\dfrac{\pi}{2}\right]$满足零点定理.

22. 提示：$P(x)\in C(-\infty,+\infty)$，当$n$为奇数时，$\lim\limits_{x\to+\infty}P(x)=+\infty$，$\lim\limits_{x\to-\infty}P(x)=-\infty$，由零点定理得证.

23. 略.

习题三

(A)

1. $v(2)=h'(t)\big|_{t=2}=2g$.

2. (1)A表示$-f'(x_0)$；(2)A表示$f'(x_0)$；(3)A表示$f'(x_0)$.

3. C.

4. (1)$y'=-\dfrac{1}{2}x^{-\frac{3}{2}}$；(2)$y'=\dfrac{16}{5}x^{\frac{11}{5}}$；(3)$y'=\dfrac{1}{6}x^{\frac{5}{6}}$.

5. $\left(\sqrt{2},\dfrac{1}{\sqrt{2}}\right),\left(-\sqrt{2},-\dfrac{1}{\sqrt{2}}\right)$.

6. 直线方程为$y=e^3(x-3)$.

7. 函数在$x=0$处连续且可导($f'(0)=1$).

8. $a=2,b=-1$.

9. (1)$y'=\dfrac{2\ln x-\ln^2 x}{x^2}$；　　　　　(2)$y'=2\arcsin x\cdot\dfrac{1}{\sqrt{1-x^2}}$；

   (3)$y'=2\sec^2 x+\sec x\cdot\tan x$；　　　(4)$y'=\sec x$；

   (5)$y'=2x\ln(x+\sqrt{1+x^2})+\sqrt{1+x^2}$；(6)$y'=\dfrac{1-\sqrt{1-x^2}}{x^2\sqrt{1-x^2}}$.

10. $f'(x)=\begin{cases}\dfrac{1}{1+x},x>0\\1,x=0\\-\dfrac{\sin^2 x}{x^2}+\dfrac{\sin 2x}{x},x<0\end{cases}$.

11. $2f\left(\dfrac{1}{x}\right)\cdot f'\left(\dfrac{1}{x}\right)\cdot\left(-\dfrac{1}{x^2}\right)$.

12. $\dfrac{1}{1+e^y}$.

13. 切线方程为 $y-\sqrt{3}b=\dfrac{2}{\sqrt{3}}\dfrac{b}{a}(x-2a)$；法线方程为 $y-\sqrt{3}b=\dfrac{\sqrt{3}a}{2b}(x-2a)$.

14. $\dfrac{dy}{dx}=\dfrac{3}{2}t, \dfrac{d^2y}{dx^2}=\dfrac{3}{2}\cdot\dfrac{1}{2t}=\dfrac{3}{4t}$.

15. $y'=x^{\sin x}\left(\cos x\ln x+\dfrac{\sin x}{x}\right)$.

16. $y''=-2\cot^3(x+y+1)\cdot\csc^2(x+y+1)$

17. (1) $-\dfrac{1}{1+x}+c$；(2) $2\sqrt{x}+c$；(3) $\dfrac{1}{3}\sin(3x+1)+c$；(4) $-\dfrac{1}{6}e^{-6x}+c$；(5) $\dfrac{\sin x}{x}+c$；(6) x^2e^x+c.

18. (1) D；(2) C (提示：$f(x)=\begin{cases}4x^3, & x\geqslant 0\\ 2x^3, & x<0\end{cases}$)；(3) D.

19. $\dfrac{d^2y}{dx^2}=\ln a\{f''(a^x)a^{2x}\ln a+f'(a^x)a^x\ln a+a^{f(x)}[f'(x)]^2\ln a+a^{f(x)}f''(x)\}$.

20. $\dfrac{dy}{dx}=\dfrac{tf''(t)}{f''(t)}=t, \dfrac{d^2y}{dx^2}=\dfrac{1}{f''(t)}, \dfrac{d^3y}{dx^3}=-\dfrac{f'''(t)}{[f''(t)]^2}$.

21. (1) $y^{(n)}=\dfrac{(-1)^{n-1}2^n(n-1)!}{(1+2x)^n}$ $(n=1,2,\cdots)$；(2) $y^n=2^{n-1}\cos\left(2x+n\cdot\dfrac{\pi}{2}\right)$ $(n=1,2,\cdots)$.

22. $(-1)^n n!\left(\dfrac{1}{(x-2)^{n+1}}-\dfrac{1}{(x-1)^{n+1}}\right)$ (提示：$\dfrac{1}{x^2-3x+2}=(x-2)^{-1}-(x-1)^{-1}$).

习题四

(A)

1. C.
2. D.
3. 略.
4. 提示 (1) 令 $f(x)=\ln x$，$f(x)$ 在 $[x,1+x]$ 上满足拉格朗日定理的条件。(2) 略.
5. $f(x)$ 在 $[-4,0]$ 和 $[0,3]$ 上满足罗尔定理的条件。
6. (1) $-\sin a$；(2) 1；(3) 2；(4) $\dfrac{1}{3}$；(5) $+\infty$；(6) $a^a(\ln a-1)$；(7) $-\infty$；(8) 0；(9) $\dfrac{1}{6}$；(10) ∞ (提示：先通分再利用洛必达法则计算)；(11) $e^{-\frac{1}{6}}$；(12) $e^{-\frac{1}{6}}$；(13) 1；(14) 1.

7. $\dfrac{5}{2}$ (提示：使用一次洛必达法则，再利用导数的定义求解).

8. $\dfrac{1}{x}=-1-(x+1)-(x+1)^2-(x+1)^3-\cdots-(x+1)^n+o[(x+1)^n]$.

9. $f(x)=-56+21(x-4)+37(x-4)^2+11(x-4)^3+(x-4)^4$.

10. (1) $f(x)$ 在 $(-\infty,0]$ 单调减少；$f(x)$ 在 $[0,+\infty)$ 单调增加.

(2) $f(x)$ 在 $\left(0,\dfrac{1}{2}\right]$ 单调减少；$f(x)$ 在 $\left[\dfrac{1}{2},+\infty\right)$ 单调增加.

(3) $f(x)$ 在 $(-\infty,-1]$ 单调增加；$f(x)$ 在 $[-1,3]$ 单调减少；$f(x)$ 在 $[3,+\infty)$ 单调增加.

(4) $f(x)$ 在 $(-\infty,-2]$ 单调增加；$f(x)$ 在 $[-2,-1]$ 单调减少；$f(x)$ 在 $[-1,0]$ 单调减少；$f(x)$ 在 $[0,+\infty)$ 单调增加.

(5) $f(x)$ 在 $[0,+\infty)$ 单调增加.

11.(1)略;(2)提示:要证 $2^x > x^2$,即证 $x\ln 2 > 2\ln x$,令 $f(x) = x\ln 2 - 2\ln x$, $f'(x) = \ln 2 - \dfrac{2}{x} = \dfrac{\ln 4}{2} - \dfrac{2}{x} > \dfrac{\ln e}{2} - \dfrac{2}{4} = 0$,当 $x > 4$, $f(x)$ 单调增加;(3)略.

12. 提示:令 $f(x) = \sin x - x$, $f(x)$ 在 $(-\infty, +\infty)$ 单调减少,又根据零点定理 $f(x)$ 在 $\left(-\dfrac{\pi}{2}, \dfrac{\pi}{2}\right)$ 至少有一个实根,故方程 $\sin x = x$ 在 $\left(-\dfrac{\pi}{2}, \dfrac{\pi}{2}\right)$ 内只有一个实根。

13.(1)曲线在 $(-\infty, -2]$ 是凹的,在 $[-2, 0]$ 是凸的,在 $[0, +\infty)$ 是凹的;拐点为 $(-2, -4)$、$(0, 0)$;

(2)曲线在 $(-\infty, -1]$ 是凸的,在 $[-1, 1]$ 是凹的,在 $[1, +\infty)$ 是凸的;拐点为 $(-1, \ln 2)$、$(1, \ln 2)$;

(3)曲线在 $(-\infty, 2]$ 是凸的,在 $[2, +\infty)$ 是凹的,拐点为 $(2, 2e^{-2})$;

(4)曲线在 $\left(-\infty, \dfrac{5}{3}\right]$ 是凸的,在 $\left[\dfrac{5}{3}, +\infty\right)$ 是凹的,拐点为 $\left(\dfrac{5}{3}, \dfrac{110}{27}\right)$.

14.(1)极大值为 $f(0) = 7$,极小值为 $f(2) = 3$;(2)极小值为 $f(0) = 0$,极大值为 $f(2) = 4e^{-2}$;

(3)无极大、极小值;(4)极大值为 $f(e^2) = \dfrac{4}{e^2}$,极小值为 $f(1) = 0$;

(5)极小值为 $f(0) = 0$

(6)极小值为 $f\left(\dfrac{1}{2}\right) = -\dfrac{27}{16}$.

15. $a = -3, b = 3, c = -2$.

16.(1)最大值为 11,最小值为 -14;(2)最大值为 $\dfrac{5}{4}$,最小值为 -1;

(3)最大值为 $\sqrt{2}$,最小值为 $-\sqrt{2}$.

17. $f(x)$ 在 $x = -3$ 有最小值 27.

18. 略.

19.(1) $y = f(x) = \dfrac{51}{50}x - 0.01x^2 - \ln\dfrac{x}{10}, x \in (6, 12]$;

(2) y 在 $x = 12$ 时取得最大值约为 10.62.

20. 当产量 $x = 200\sqrt{65}$ 时,平均成本最小值为 $\dfrac{\sqrt{65}}{5} + 2 + 0.2\sqrt{65} \approx 5.22$.

21. 每批生产 250 台时,能获得最大利润.

22. 当单价定位 6.5 元时,取得最大利润.

23.(1)价格函数 $P(x) = 550 - \dfrac{x}{10}$;

(2)降价 175 元时,取得最大收益;

(3)降价 100 元时,取得最大利润.

24. 当销量 $Q = 2000$ 条时,利润取得最大值.

25. 每年订货 5 次,批量为 20 台.

习题五

(A)

1.(1) $\sqrt{x} + C$;　　　　　　　　　　　　(2) $\dfrac{2}{3}x^{\frac{3}{2}} + \dfrac{3}{4}x^{\frac{4}{3}} + C$;

(3) $\frac{1}{3}x^3+2x-\frac{1}{x}+C$;

(4) $x^2+\frac{2}{x}+C$;

(5) $2\arctan x-\frac{2}{x}+C$;

(6) $\frac{(3e)^x}{\ln 3+1}+C$;

(7) $3\cot x+C$;

(8) $-\cot x-x+C$;

(9) $3\arctan x-\arcsin x+C$;

(10) $-\cot x-\tan x+C$;

(11) $x^3-x+\arctan x+C$;

(12) $\tan \theta+C$.

2. $f(x)=2x^{\frac{3}{2}}-50$.

3. (1) 16m; (2) 10s.

4. 略.

5. (1) $-\frac{1}{11}(1-x)^{11}+C$;

(2) $\frac{1}{7}\sin(7x+5)+C$;

(3) $-2e^{-\frac{x}{2}}+C$;

(4) $-\frac{1}{3}\ln|1-3x|+C$;

(5) $2\sin\sqrt{x}+C$;

(6) $\cos\frac{1}{x}+C$;

(7) $-\ln|\cos x^2|+C$;

(8) $\frac{1}{3}\sin x^3+C$;

(9) $-\sqrt{1-2\ln x}+C$;

(10) $\frac{\sqrt{2}}{2}\arctan\sqrt{2}x+C$;

(11) $\frac{1}{2}\arcsin 2x+C$;

(12) $\arctan e^x+C$;

(13) $-\frac{1}{x\ln x}+C$;

(14) $\frac{1}{3}\cos^3 x-\cos x+C$;

(15) $\frac{1}{2}t+\frac{1}{4\omega}\sin 2(\omega t+\varphi)+C$;

(16) $\frac{1}{4}\tan^4 x+\frac{1}{3}\tan^6 x+\frac{1}{8}\tan^8 x+C$;

(17) $-\frac{1}{\arctan x}+C$;

(18) $\ln|\ln\ln x|+C$;

(19) $(\arctan\sqrt{x})^2+C$;

(20) $\frac{1}{2}\arcsin\frac{2x}{3}+\frac{1}{4}\sqrt{9-4x^2}+C$;

(21) $\frac{1}{5}\ln\left|\frac{x-3}{x+2}\right|+C$;

(22) $\arcsin(2x-1)+C$;

(23) $-\cot\frac{x}{2}+C$;

(24) $\frac{1}{204}(1-x^2)^{102}-\frac{1}{202}(1-x^2)^{101}+C$;

(25) $\arctan f(x)+C$.

6. (1) $\frac{a^2}{2}\left(\arcsin\frac{x}{a}-\frac{x\sqrt{a^2-x^2}}{a^2}\right)+C$;

(2) $\frac{x}{\sqrt{1+x^2}}+C$;

(3) $\sqrt{x^2-4}-2\arccos\frac{2}{|x|}+C$;

(4) $\arccos\frac{1}{|x|}+C$;

(5) $\ln\left|\frac{\sqrt{1+e^x}-1}{\sqrt{1+e^x}+1}\right|+C$;

(6) $\sqrt{2x}-2\ln(\sqrt{2x}+2)+C$;

(7) $-2\sqrt{2-x}\left(\frac{1}{5}x^2+\frac{8}{15}x+\frac{32}{15}\right)+C$;

(8) $x+1-4\sqrt{1+x}+4\ln(\sqrt{1+x}+1)+C$;

(9) $6(\sqrt[6]{x}-\arctan\sqrt[6]{x})+C$;

(10) $-\frac{1}{7}(\ln|1+x^7|-7\ln|x|)+C$.

7. (1) $-\frac{1}{3}xe^{-3x}-\frac{1}{9}e^{-3x}+C$;

(2) $2\sqrt{x}(\ln x-2)+C$;

(3) $-2x\cos\frac{x}{2}+4\sin\frac{x}{2}+C$;

(4) $(x^2-5x-2)\sin x+(2x-5)\cos x+C$;

(5) $\frac{1}{3}x^3\arctan x-\frac{1}{6}x^2+\frac{1}{6}\ln(1+x^2)+C$;

(6) $x(\ln^2 x-2\ln x+2)+C$;

(7) $x\tan x+\ln|\cos x|+C$;

(8) $\frac{1}{2}e^{-x}(\sin x-\cos x)+C$;

(9) $x\ln(x+\sqrt{1+x^2})-\sqrt{1+x^2}+C$;

(10) $2\sqrt{x}\arcsin\sqrt{x}+2\sqrt{1-x}+C$;

(11) $-\frac{1}{4}(x\cos 2x-\frac{1}{2}\sin 2x)+C$;

(12) $3\sqrt[3]{x^2}\cos\sqrt[3]{x}-6\sqrt[3]{x}\sin\sqrt[3]{x}-6\cos\sqrt[3]{x}+C$;

(13) $e^{\sqrt{2x+3}}(\sqrt{2x+3}-1)+C$;

(14) $-\frac{1}{x}(\ln^3 x+3\ln^2 x+6\ln x+6)+C$;

(15) $\frac{x}{2}[\sin(\ln x)+\cos(\ln x)]+C$.

8. (1) $6\ln|x+2|+\frac{5}{x+2}+C$;

(2) $-3\ln|x-2|+4\ln|x-3|+C$;

(3) $\frac{1}{2}x^2-2\ln(x^2+4)+C$;

(4) $-\frac{1}{2}\arctan x+\frac{1}{4}\ln|\frac{x-1}{x+1}|+C$;

(5) $\frac{1}{2}\ln(x^2+2x+3)-\sqrt{2}\arctan\frac{x+1}{\sqrt{2}}+C$;

(6) $\ln(x^2+3x-10)+C$.

9. 提示: $I_n=x(\ln x)^n-nI_{n-1}$,从而 $I_n=\sum_{k=0}^{n}(-1)^k P_n^k x(\ln x)^{n-k}$.

习题六

(A)

1. (1) $\frac{1}{2}\pi R^2$; (2) $\frac{t^2}{2}$; (3) 0.

2. (1) $\frac{\pi}{2}\leqslant\int_0^{\frac{\pi}{2}}(1+\sin x)dx\leqslant\pi$;

(2) $\frac{3}{e^4}\leqslant\int_{-1}^{2}e^{-x^2}dx\leqslant 3$.

3. (1) $2x\sqrt{1+x^4}$;

(2) $-2xe^y\cos x^2$;

(3) $\sec x+\csc x$;

(4) $2x-2$.

4. (1) $\frac{1}{2}$;

(2) 2.

5. $\Phi(x)=\begin{cases}0, x<0;\\e^x-1, 0\leqslant x<1;\\e-1, x\geqslant 1.\end{cases}$

6. $af(x-a)+\int_0^{x-a}f(u)du$.

7. (1) 16;

(2) $\frac{1}{2}$;

(3) 8;

(4) 0;

(5) $3(\sqrt{2}-1)$;

(6) $\ln 2+\frac{5}{4}\pi$;

(7) $\ln 3$;

(8) $\frac{1}{5}(\ln 7-2\ln 5+\ln 4)$;

(9) $\dfrac{3}{2}-\sin 1$.

8. (1) π; (2) $\dfrac{14}{3}$;

(3) $\dfrac{1}{6}$; (4) $\sqrt{2}-\dfrac{2}{3}\sqrt{3}$;

(5) $\sqrt{3}-1$; (6) $1-\ln(1+e)+\ln 2$;

(7) $1-2e^{-1}$; (8) $\dfrac{2e^3+1}{9}$;

(9) $4\ln 4-4$; (10) $\dfrac{1}{5}+\dfrac{1+2e^3}{9}$;

(11) $\dfrac{\pi^2}{8}-\dfrac{1}{2}$; (12) $-\dfrac{3\pi^2}{16}+\dfrac{3}{4}$;

(13) $\dfrac{\pi}{12}+\dfrac{\sqrt{3}}{2}-1$; (14) $2e^4$;

(15) $\dfrac{\sqrt{3}}{3}\pi-\ln 2$; (16) $\dfrac{e(\sin 1-\cos 1)+1}{2}$.

9. (1) 0; (2) $2\arctan 5$.

10. (1) 提示：作代换 $x=1-t$; (2) 提示：作代换 $t=\dfrac{1}{u}$;

(3) 略; (4) 提示：用分部积分法.

11. (1) $\dfrac{1}{2}$; (2) 发散; (3) -1; (4) π; (5) 发散; (6) $\dfrac{\pi}{2}$; (7) $\dfrac{\pi}{2}$; (8) -1; (9) π.

12. (1) $p<1$; (2) $p>1$.

13. 略.

14. (1) $\dfrac{3}{2}-\ln 2$; (2) $\dfrac{32}{3}$; (3) $\dfrac{2}{3}$; (4) $b-a$.

15. $3\pi a^2$.

16. 4.

17. $18\pi a^2$.

18. (1) $\dfrac{2\pi}{3},\dfrac{4\pi}{3}$; (2) $\dfrac{2\pi}{5}$; (3) $\dfrac{\pi}{2}$; (4) 3π.

19. 略.

20. $\dfrac{16}{3}$.

21. $\dfrac{14}{3}$.

22. $6a$.

23. $\dfrac{a}{2}[2\pi\sqrt{1+4\pi^2}+\ln(2\pi+\sqrt{1+4\pi^2})]$.